무적의 바이오기술 시리즈 | 개정 제4판

단백질실험노트

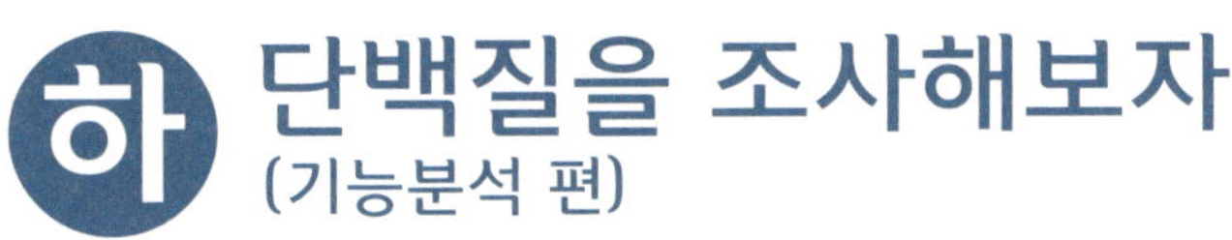

하 단백질을 조사해보자 (기능분석 편)

岡田雅人／三木裕明／宮崎 香 편

안봉애／이용호 역

BIO BIOSCIENCE (주)바이오사이언스출판

개정 제4판 단백질 실험 노트 (하)

초판 인쇄: 2018년 9월 1일
초판 발행: 2018년 9월 15일

편 저 자: **岡田雅人, 三木裕明, 宮崎 香**
역 자: 안봉애, 이용호
발 행 인: 문정구
발 행 처: (주)바이오사이언스출판
본 사: (우)10410 경기도 안양시 동안구 전파로 107(호계동)
서울 사무소: (우)06569 서울특별시 서초구 도구로 115, 1층(방배동, 월드빌딩)
전 화: (02)581-4057~8 팩스: (02)581-4059
이 메 일: inquiry@biosciencepub.com
홈페이지: http://www.biobooks.co.kr
I S B N: 978-89-6824-084-3 13470
등록번호: 제22-3079호
값 20,000원

이 도서의 국립중앙도서관 출판예정도서목록(CIP)은 서지정보유통지원시스템 홈페이지(http://seoji.nl.go.kr)와 국가자료공동목록시스템(http://www.nl.go.kr/kolisnet)에서 이용하실 수 있습니다. (CIP제어번호 : CIP2018027180).

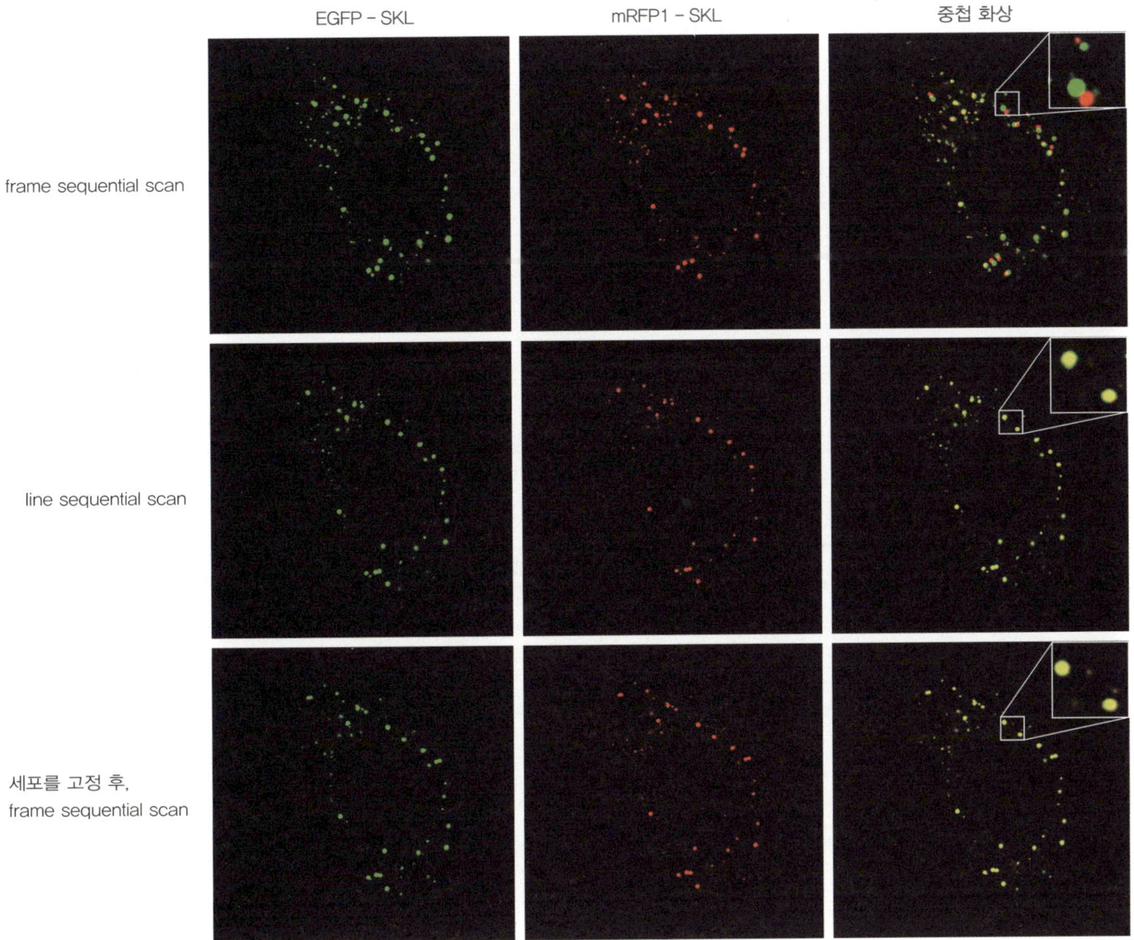

9 살아 있는 세포에서의 공동분포 관찰

EGFP−SKL과 mRFP1−SKL을 공동 발현한 세포를 (위) frame sequential scan, (중간) line sequential scan, (아래) 고정 후 frame sequential scan을 실시하였다. Frame sequential scan에서는 EGFP와 mRFP1의 형광 화상 취득에 시간의 차이(이 그림에서는 3초)가 있기 때문에 peroxisome이 이동하고 함께 공동분포하지 않는 것처럼 보인다. (본문 132페이지 참고)

단백질 변형의 분석(제5장 참고)

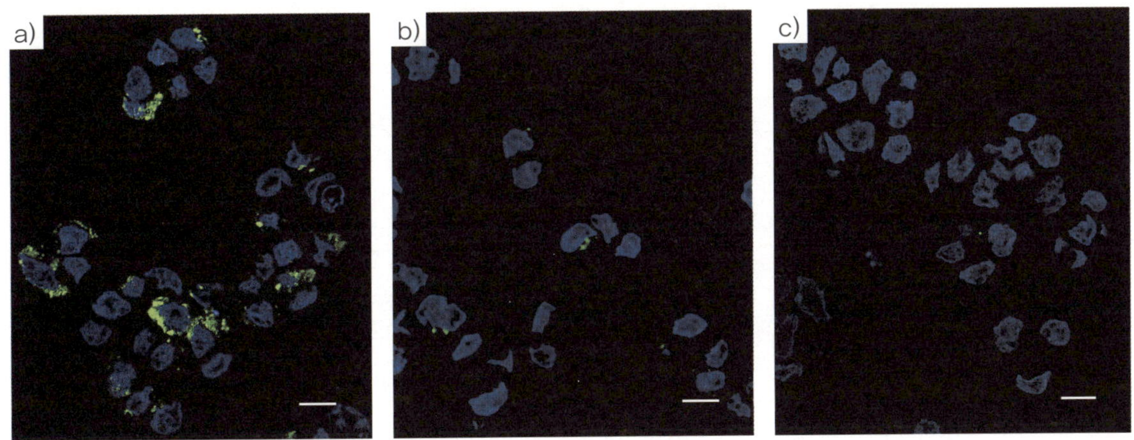

10 암세포의 바나나렉틴(BanLec) 결합성

인간의 대장암 유래세포 HCT15 표면의 당사슬을, biotin−BanLec(2차시약 : Alexa488−streptavidin)으로 검출하였다(a). Methyl α−mannoside 존재(b : 67 mM, c : 200 mM)하에서는 결합이 감소하므로, a에서 검출된 시그널이 BanLec과 당사슬과의 특이적인 결합에 의한 것임을 알 수 있다. BanLec : 초록, 핵 : 파랑. scale bar : 10 μm (본문 177페이지 참고)

차례

편 집

岡田雅人	(Masato Okada)	大阪大学微生物病研究所発癌制御研究分野
三木裕明	(Hiroaki Miki)	大阪大学微生物病研究所細胞制御分野
宮崎　香	(Kaoru Miyazaki)	横浜市立大学大学院生命ナノシステム科学研究科ゲノムシステム科学専攻細胞生物学分野

집 필 자

相川京子	(Kyoko Aikawa)	お茶の水女子大学大学院人間文化創成科学研究科自然・応用科学系
伊東文祥	(Bunsho Itoh)	大阪大学微生物病研究所発癌制御研究分野
岩井一宏	(Kazuhiro Iwai)	大阪大学大学院生命機能研究科代謝調節学 / 医学系研究科医化学
上杉加奈美	(Kanami Uesugi)	大阪大学微生物病研究所細胞制御分野
岡田雅人	(Masato Okada)	大阪大学微生物病研究所発癌制御研究分野
奥村宣明	(Nobuaki Okumura)	大阪大学蛋白質研究所蛋白質高次機能学研究部門体内環境統合蛋白質研究グループ
片山博幸	(Hiroyuki Katayama)	理化学研究所脳科学総合研究センター細胞機能探索技術開発チーム
木村博信	(Hironobu Kimura)	大阪大学蛋白質研究所蛋白質化学研究部門エピジェネティクス研究室
後藤直久	(Naohisa Goto)	大阪大学微生物病研究所附属遺伝情報実験センターゲノム情報解析分野
小柳　潤	(Jun Koyanagi)	横浜市立大学大学院生命ナノシステム科学研究科ゲノムシステム科学専攻細胞生物学分野
齊藤一伸	(Kazunobu Saito)	大阪大学微生物病研究所中央実験室
斎藤多佳子	(Takako Saito)	お茶の水女子大学大学院人間文化創成科学研究科自然・応用科学系
佐野宗一	(Soichi Sano)	大阪大学大学院医学系研究科医化学
寒川　剛	(Takeshi Sangawa)	大阪大学蛋白質研究所附属プロテオミクス総合研究センタープロテオーム物質創製研究系
下薗　哲	(Satoshi Shimozono)	理化学研究所脳科学総合研究センター細胞機能探索技術開発チーム
高木淳一	(Junichi Takagi)	大阪大学蛋白質研究所附属プロテオミクス総合研究センタープロテオーム物質創製研究系
田嶋正二	(Shoji Tajima)	大阪大学蛋白質研究所蛋白質化学研究部門エピジェネティクス研究室
中野佑妃子	(Yukiko Nakano)	お茶の水女子大学大学院人間文化創成科学研究科自然・応用科学系
林　達也	(Tatsuya Hayashi)	大阪大学微生物病研究所細胞制御分野
東　昌市	(Shouichi Higashi)	横浜市立大学大学院生命ナノシステム科学研究科ゲノムシステム科学専攻生化学分野
船戸洋佑	(Yosuke Funato)	大阪大学微生物病研究所細胞制御分野
松本勲武	(Isamu Matsumoto)	お茶の水女子大学名誉教授
三木裕明	(Hiroaki Miki)	大阪大学微生物病研究所細胞制御分野
宮崎　香	(Kaoru Miyazaki)	横浜市立大学大学院生命ナノシステム科学研究科ゲノムシステム科学専攻細胞生物学分野
宮脇敦史	(Atsushi Miyawaki)	理化学研究所脳科学総合研究センター細胞機能探索技術開発チーム
森山佳谷乃	(Kayano Moriyama)	横浜市立大学大学院医学研究科分子細胞生物学部門
山本和博	(Kazuhiro Yamamoto)	Kennedy Institute of Rheumatology, University of Oxford
吉川由利子	(Yuriko Yoshikawa)	大阪大学微生物病研究所発癌制御研究分野

역 자

안봉애

효성여자대학교(現: 대구가톨릭대학교) 일어일문학과

일본 국립니가타(新潟)대학교 대학원 일어교육학과 교육학석사

파고다외국어학원 강사

이용호

現) 대구가톨릭대학교 의생명과학과 교수

고려대학교 생물학과

고려대학교 대학원 생물학과 이학석사, 이학박사

미국 국립보건연구원(NIH) 박사후 연구원

미국 버몬트주립대학교 의학과 연구조교수

무적의 바이오기술 시리즈 개정 제4판

단백질실험노트

하 단백질을 조사해보자
(기능분석 편)

제 1 장

단백질의 기능분석 방법

「개정 제3판 단백질 실험노트 하권」에서는 새롭게 발견한 단백질의 분리 · 동정을 목표로 하는 기초적인 실험법을 소개하였다. 그러나 그 후 생명과학은 눈부시게 발전하였고, 연구대상이 되는 대부분 생물종의 유전체가 해독되고, 표적단백질의 1차구조 정보는 이미 확보되어 있는 상황이 되었다. 또한 질량분석계의 감도나 정밀도도 현저히 향상되어 극미량의 단백질이라도 그 동정이 쉬워졌다. 따라서 지금까지 큰 과제였던 미지의 단백질 동정에 걸리는 노력의 비중이 줄고(어려운 것도 아직 있지만, 동정만으로는 성과라고 하기는 어려워졌음), 그 후의 기능분석이 강조되고 있다. 따라서 이번 개정 제4판에서는 전기영동–질량분석계에 의한 동정–기능분석이라는 흐름을 축으로 하여, 기능분석을 위한 기본적인 연구법을 더 충실한 내용으로 변신을 꾀하였다(**그림 1**).

우선 **2장**에서, 단백질 분리의 기본조작인 전기영동법을 소개하고, 그 gel상의 표적단백질의 질량분석에 의한 동정법을 설명한다. 고가인 질량분석계를 갖추고 있는 연구실은 한정적이므로 위탁분석이나 공동연구 등으로 외부에 분석을 의뢰하고 있고, 그 경우에 낭비 없이 좋은 결과를 얻을 수 있기 때문에 전처리 방법을 주로 소개한다. **3장**에서는, 단백질의 기능분석을 위한 필수 방법인 항체 제작법, 항체를 이용한 단백질의 분리(면역침강법), 세포 내에서의 검출(면역염색법), 정량법(ELISA법)을 소개한다. **4장**에서는, 단백질의 생리적 기능에 중요한 역할을 담당하는 단백질 상호작용의 검출법을 소개한다. 이 방법은, 상 · 하권에서 소개되는 다양한 방법의 응용이지만, 분석결과의 평가방법 등 실제 논문에 사용할 수 있는 데이터 작성법을 소개한다. 또한 이미 기능분석의 필수 항목이 된 형광단백질을 이용한 세포 내에서 단백질의 분포와 거동의 분석법을 소개한다. **5장**에서는, 단백질 기능의 발현과 조절에 중요한 역할을 담당하는 번역후 변형의 검출이나 분석법을 중심으로 설명한다.

최근의 생명과학 연구에서는 표적단백질의 유전자 knockout, knockdown, 과발현, 변이체 발현 등의 복합적인 유전자 조작에 의한 영향을 평가하여 표적단백질의 생리적 중요성을 확인하는 것이 강하게 요구되고 있다. 더욱이 knockout mouse 등을 이용한 생체 수준에서의 생리기능 분석도 기본정보로서 필요하다. 그러나 그들 유전자 조작 실험의 결과를 바르게 평가하기 위해서는 신뢰성 높은 단백질의 기능분석이 여전히 중요한 것임에는 변함이 없다.

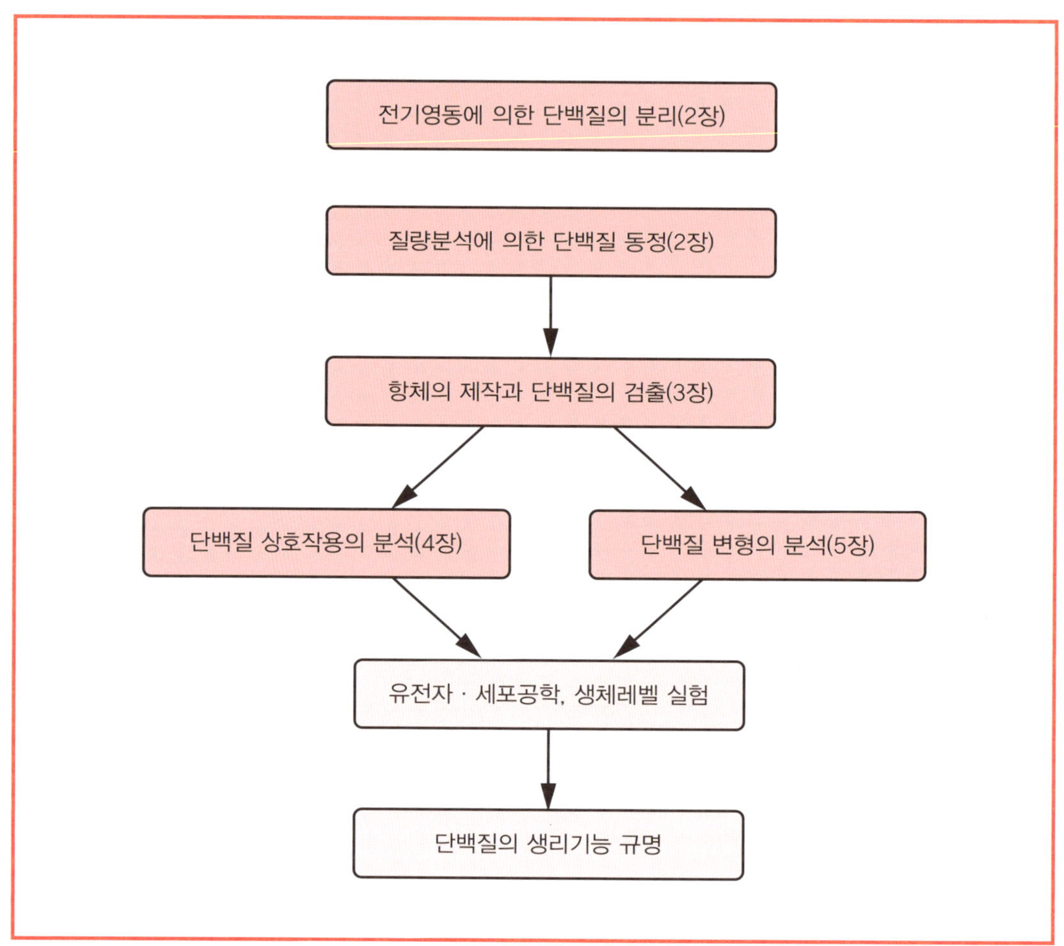

그림 1 단백질 기능분석의 진행 방식

제2장

전기영동에 의한 단백질의 분리 동정

I Polyacrylamide gel 전기영동

I-1 SDS-polyacrylamide gel 전기영동(SDS-PAGE)

정제과정에서 단백질의 순도 검정에는, SDS-polyacrylamide gel 전기영동법(SDS-PAGE)[1]이 가장 널리 이용되고 있다. SDS-PAGE에서 작은 단백질일수록 빨리 이동하기 때문에, 분자량 마커와 비교함으로써, 대략적인 분자량을 추정할 수 있다.

SDS-PAGE를 실시하기 위해서는 우선 샘플에 sodium dodecyl sulfate(SDS, 그림 1)와 환원제 2-mercaptoethanol(그림 2) 또는 DTT 등을 첨가하여 끓인다. SDS는 음이온성의 계면활성제로서, 단백질을 강력하게 변성시키는 동시에, 소수성 부분이 단백질의 주사슬(backbone)과 결합한다. 또한 2-mercaptoethanol은 S-S 결합을 환원하여 절단한다. 그 결과, 단백질은 완전히 변성되고, 복수의 소단위로 이루어진 경우는 해리되고, 전체가 거의 균일하게 음전하를 띤 상태가 된다(그림 3). 이것을 polyacrylamide gel에서 전기영동하면, 원칙적으로 단백질의 형태나 성질에 관계없이 gel의 분자 체 효과와 전하의 효과로 분자량에 따라서 분리할 수 있다. 단 막단백질, 당단백질, 인산화단백질, 프롤린이 많은 단백질 등에서는 SDS 결합량이 보통의 단백질과 약간 다르기 때문에, SDS-PAGE 상에서 보이는 분자량은 실제의 분자량과 약간 차이가 나는 경우도 있다.

단백질의 이동도는, gel의 "단단함"에도 의존하므로 표적단백질의 분자량에 따라 적당한 농도의 gel을 제작한다(그림 4, 그림 5). Acrylamide의 농도를 높게 할수록 "단단한 gel", 즉 망상구조가 세밀하고 작은 단백질을 분리하기에 적당한 gel이 된다. 분자량에 관한 정보가 없을 때는, 10~12% gel을 사용하면 분자량 20,000에서 200,000 정도의 단백질을 1장의 gel로 검출할 수 있다. Acrylamide의 농도기울기 gel(gradient gel)을 쓰는 방법도 있다.

또 전기영동의 원리에 대한 상세한 것은 다른 참고문헌[2),3)]을 참고하기 바란다.

$CH_3(CH_2)_{11}SO_3^{\ominus}Na^{\oplus}$

그림 1 SDS 구조

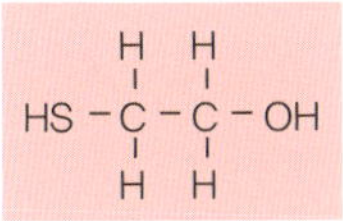

$HS-CH_2-CH_2-OH$ (HS-C(H)(H)-C(H)(H)-OH)

그림 2 2-mercaptoethanol 구조

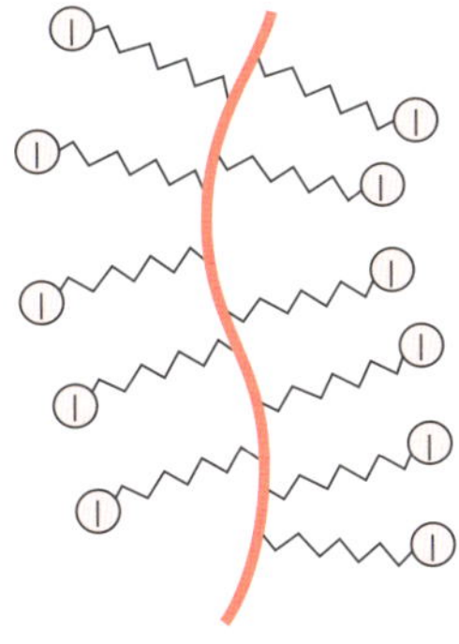

그림 3 전기영동 중의 단백질 구조

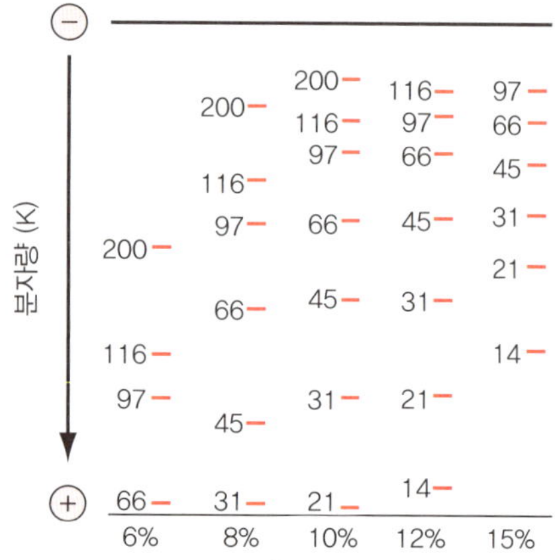

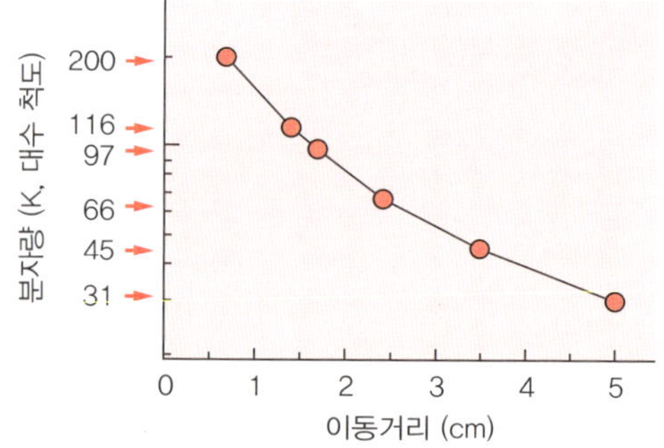

그림 4 Gel의 농도[%T]와 단백질 분자량 마커의 이동도

가교제로 bis-acrylamide를 이용했을 경우의 gel 농도(%T)와 크로스링크(%C)는 아래와 같다.

%T = [% acrylamide(w/v) + bisacrylamide(w/v) (100 mL 중의 acrylamide와 bisacrylamide 중량의 합)]

%C = bisacrylamide(g) / [acrylamide(g) + bisacrylamide(g)]

일반적으로 SDS-PAGE의 분리 gel로는 5~15%T, 2~3%C의 gel이 사용된다. 분리 범위는 주로 %T로 결정된다. SDS-PAGE의 경우, %C의 값을 다소 바꾸더라도 이동도에 거의 영향 없어서 보통 %C는 따질 게 없지만, 지나치게 낮추면 gel의 강도가 떨어지면서, 분자 체 효과가 작아지고, 전하의 영향에 비교적 민감하다.

그림 5 단백질 분자량 마커의 이동도

SDS-PAGE

준비물

1) Mini gel용 전기영동장치ⓐⓑ

- 전기영동조
- 전기영동판(glass제, 100×100 mm 정도, gel 두께가 1 mm 되도록 spacer가 붙은 것)
- 전기영동판용 패킹 또는 실리콘 튜브(No.0)
- Comb(polyethylene제, 두께 1 mm, 10~16 well)
- 클립(gel 1장당 4개)
- 전원 장치(직류 정전류로 20~100 mA로 조절할 수 있는 것, 전기영동장치의 회사에서 판매되고 있음)
- 50 μL Hamilton syringe(샘플 apply용, Pipetman도 가능)
- 5 mL 주사기와 19~24 G의 주사바늘(gel판 하단의 거품을 빼는 데 사용)

ⓐ 이 protocol에서는 80×80 mm 정도 크기의 gel을 사용하는 것을 가정하고 있다. 이 크기의 gel은 분리도 그런대로 되고, 전기영동시간도 짧고, Western blotting도 쉽기 때문에 편리한 크기이지만, 그 밖에 일반적으로 자주 사용되고 있는 크기로서 130×130 mm의 gel이 있고, 또는 좀 더 큰 크기나 작은 크기, 또는 disc(원주상) gel을 사용하기도 한다. 전기영동의 방법은 기본적으로는 어느 것이나 같기 때문에, 제작하는 gel의 크기에 따라서 buffer의 양이나 전류를 조정하기 바란다.

ⓑ Gel은 이미 제작된 상품(precast gel)을 구입하여 사용하는 것도 가능하다.

2) 시약

- 30% Acrylamide mixture
- 0.75 M Tris-HCl(pH 8.8)
- 0.25 M Tris-HCl(pH 6.8)
- 10% Sodium dodecylsulfate(SDS)
- N,N,N′,N′-Tetramethylethylenediamine(TEMED)
- 25% Ammonium Persulfate(APS)
- 분자량 마커
- 2× sample buffer
- 전기영동 buffer

3) 시약의 조제

30% Acrylamide mixture*		(최종 농도)
Acrylamide	73 g	(29.2%)
N-N′-Methylenebisacrylamide	2 g	(0.8%)

DW를 가하여 total 250 mL 되게 한다. 차광 냉장보관

* Acrylamide는 신경독성이 있는 것으로 알려져 있고, 독극물로 분류되며, 화학물질 배출 · 이동량(PRTR) 정보시스템에서 제1종 지정물질로 되어 있다. 분말은 흡입하지 않도록 취급하고 액체는 직접 피부에 닿지 않도록 장갑을 착용하는 것이 좋다. Polyacrylamide에서는 이와 같은 독성은 없다고 생각된다.

0.75 M Tris-HCl(pH 8.8)**	
Tris base	90.75 g

DW를 첨가하여 약 800 mL가 되게 하고, 실온에서 6N HCl로 pH 8.8로 만든 후, 최종 1 L가 되도록 맞춘다. 냉장보관

** Tris buffer는 온도에 따라 pH가 변한다. SDS-PAGE는 실온에서 실시하기 때문에 pH의 조정은 실온에서 한다. pH를 맞출 때 중화열로 용액 온도가 상승하면, 일단 pH를 맞춘 후 실온이 될 때까지 정치하고 한 번 더 정확하게 pH를 맞춘 후 최종 부피로 DW를 첨가한다.

0.25 M Tris-HCl(pH 6.8)**	
Tris base	30.25 g

DW를 첨가하여 약 800 mL 되게 하고, 실온에서 6N HCl로 pH를 6.8에 맞춘 후 최종 1 L가 되도록 한다. 냉장보관

10% SDS		
SDS	10 g	(10%)

DW를 첨가하여 total 100 mL 되게 한다. 실온보관

25% APS		
Ammonium Persulfate	250 mg	(25%)
DW	1 mL	
total	약 1 mL	

차광 냉장보관으로 3~4주간 사용가능

2× Sample buffer		
0.25 M Tris-HCl(pH 6.8)	25 mL	(0.125 M)
2-Mercaptoethanol	5 mL	(10%)
SDS	2 g	(4%)
Sucrose	5 g	(10%)
Bromophenol blue	2 mg	(0.004%)

DW를 가하여 total 50 mL 되게 한다. 냉장보관

2-Mercaptoethanol 대신에 100 mM dithiothreitol(DTT, 최종 농도 50 mM)을 사용해도 좋다(환원력은 DTT쪽이 강함). 둘 다 장시간 실온에 보관하면 공기 중의 산소 등의 영향으로 천천히 산화되고, S-S 결합을 환원하는 능력이 없어지므로 장기간 보관할 때는 냉동보관하든지 또는 환원제를 넣지 않고 보관하는 것이 좋다.

10× 전기영동 buffer		
Tris base	30.3 g	(250 mM)
Glycine	144 g	(1.92 M)
SDS	10 g	(1%)

DW를 가하여 total 1 L 되게 한다. 실온보관

영동 buffer	
10× 전기영동 buffer	100 mL
DW	900 mL
total	1 L

실온보관

Protocol

1) Gel 제작  60분

❶ Gel판을 **아래 그림**처럼 조립한다ⓒ.

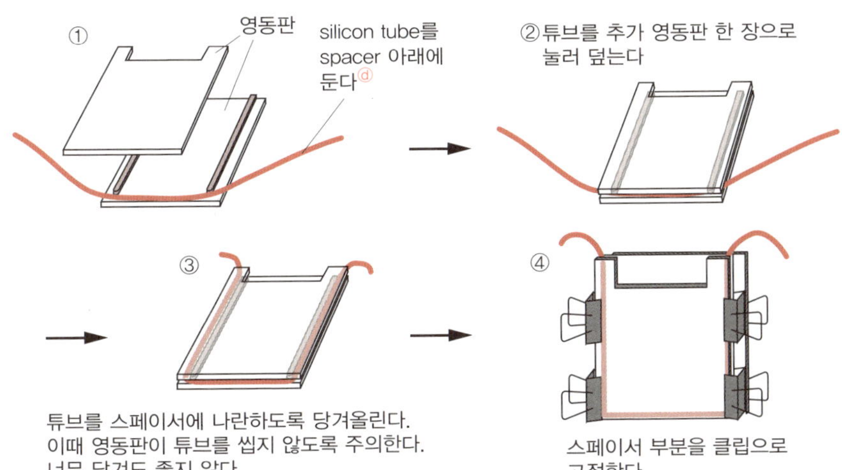

ⓒ 조립 중에, 되도록 판의 안쪽을 만지지 않도록 한다.

ⓓ 실리콘 튜브 대신 판매되는 전기영동용 패킹을 쓰면 보다 간단하게 할 수 있다.

❷ 아래 표에 따라, 적당한 농도의 분리 gel용 용액을 만들고 실온에 보관한다ⓔⓕ.

	Gel의 acrylamide 농도 (%T)				
	6%	8%	10%	12%	14%
30% Acrylamide mix.	3 mL	4 mL	5 mL	6 mL	7 mL
DW	4.3 mL	3.3 mL	2.3 mL	1.3 mL	0.3 mL
0.75 M Tris-HCl(pH 8.8)	7.5 mL	7.5 mL	7.5 mL	7.5 mL	7.5 mL
(10% SDS)	(150 μL)	(150 μL)	(150 μL)	(150 μL)	(150 μL)
TEMED	12 μL	12 μL	12 μL	12 μL	12 μL

(미니 gel 2장분, total 15 mL)

❸ 25% APS를 50 μL 가하고, 잘 교반한 후 gel판 위의 3 cm 정도 위치에서 흘려 넣는다ⓖⓗⓘⓙⓚ.

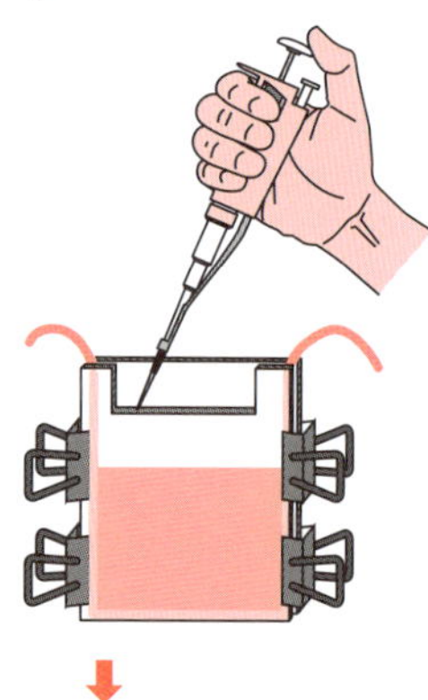

❹ 1 mL의 Pipetman, 파스퇴르 피펫, 또는 주사기를 사용해서 조심스럽게 DW를 중층한다ⓛ.

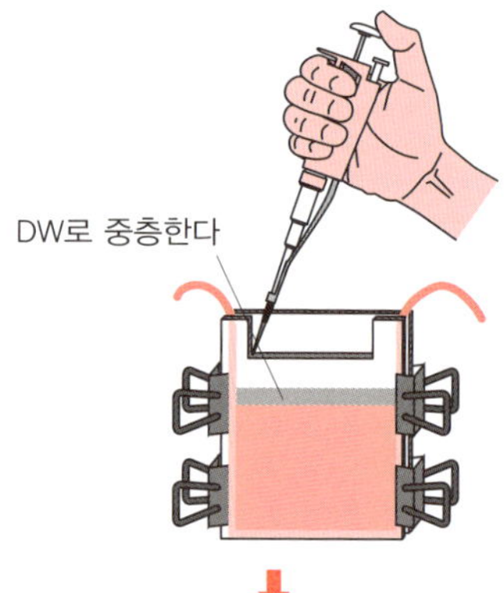

❺ 10~20분 정도 지나, DW와 gel의 경계면이 명료하게 보이면 gel이 딴딴해져 있으므로 중층한 DW를 버린다.

ⓔ 실온에 옮겨서 중합시키지 않으면, gel에 기포가 생기거나, 중합반응이 불균일하게 된다. Gel의 농도와 대응하는 분자량은 **그림 4**를 참고할 것.

ⓕ SDS는 양극 buffer 안에 포함되어 있는 것이 전기영동 중에 gel 내에 들어오므로 반드시 gel에 처음부터 넣어둘 필요는 없다. 또한 SDS를 넣은 gel을 제작할 경우, 큰 기포는 생겨도 곧 빠지지만 눈에 보이지 않을 정도의 미세한 기포가 발생하면 빼기가 매우 어렵고, 그대로 굳어지면 은염색 등의 경우 때로는 비가 내린 듯한 세로 방향의 모양이 나타난다. 따라서 SDS는 gel 제작 시 넣지 않는 것이 좋다고 생각된다.

ⓖ APS를 가하면 중합이 개시되므로 ❸~❹의 조작은 수분 이내에 완료하도록 한다.

ⓗ Gel에 SDS를 넣을 경우에는 특히 기포를 만들지 않도록 주의한다. Gel판을 수직으로 세운 채 Pipetman으로 조심스럽게 넣는 방법을 추천한다.

ⓘ Gel의 중합속도는 온도나 중합제의 양에 따라 크게 변한다. Gel은 보통 실온에서 만들기 때문에 따뜻한 계절이면 TEMED 양을 줄이는 등의 대책이 필요하다.

ⓙ 분리 gel은 보통 10~30분이 되면 굳어지게 해야 된다. 중합이 너무 빠르면 gel이 불균일해지기 쉽다. 반대로 너무 늦으면 설령 굳더라도 중합이 불완전하게 되고, gel의 굳기가 예정대로 되지 않을 가능성이 있다.

ⓚ 중합 개시 전에 탈기하라는 protocol도 있다. 용액 중의 산소가 중합을 약간 저해하기 때문이지만 일반적인 실험에서는 거기까지 신경 쓸 필요는 없다고 생각된다. 만약 탈기한다면 SDS는 탈기 후에 넣는 것이 좋다. 그렇지 않으면 기포만 생기고 탈기가 잘 되지 않는다.

ⓛ 공기 중의 산소에 의한 중합의 저해를 방지하기 위함이다.

❻ 아래 표에 따라 스태킹 gel용 용액을 만들고 실온에 둔다ⓕ.

30% Acrylamide mix.	0.75 mL
DW	2.9 mL
0.25 M Tris–HCl(pH 6.8)	3.75 mL
(10% SDS)	(75 μL)
TEMED	6 μL

(미니 gel 2장분, total 7.5 mL)

❼ 25 μL의 25% APS를 가하여 섞고, gel판에 충분히 흘려 넣고 comb을 끼워 넣는다ⓜ.

❽ 20~60분 정도면 gel이 굳는다ⓝ.

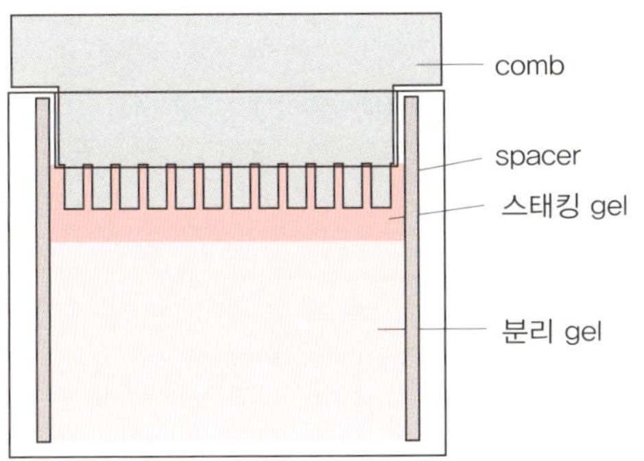

완성된 gel

2) 샘플의 준비ⓞ  10분

❶ 샘플 20~50 μL을 1.5 mL 튜브에 옮긴 후 동량의 2× sample buffer를 첨가하고 vortex mixer로 섞는다.

❷ 끓는 물 또는 95°C의 알루미늄 블록 항온조ⓟ에서 3분간 고온 처리한다. 이때 튜브 뚜껑이 열리지 않도록 해주는 장치나 도구가 필요하다.

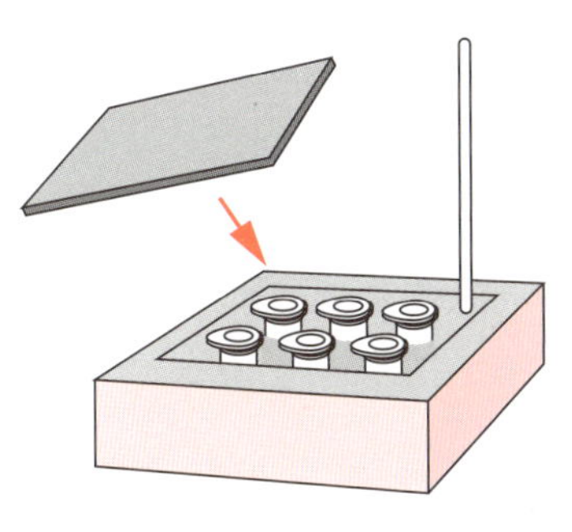

알루미늄 블록 항온조에 뚜껑을 덮는다

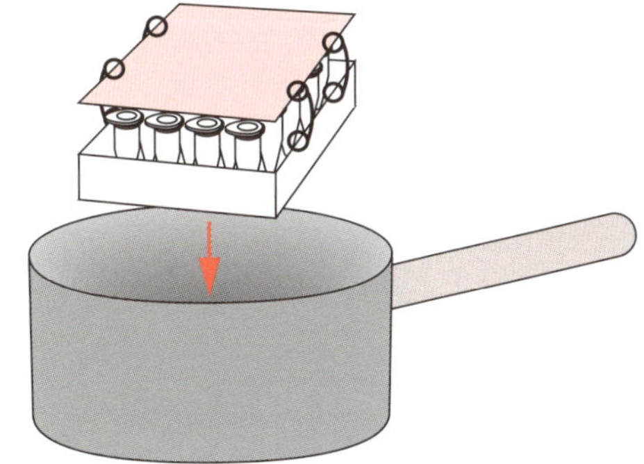

튜브 랙에 덮개를 덮고 냄비에 끓인다

❸ 가볍게 vortex mixer로 교반하고 간단히 원심분리한다.

〈분자량 마커〉

SDS–PAGE용 마커(Sigma, Bio–Rad, GE Healthcare 등)를 샘플과 마찬가지로 처리하여 냉동 보관한다.

ⓜ 기포가 들어가면 그곳만 굳어지지 않기 때문에 잘 확인한다.

ⓝ 랩이나 비닐봉지로 싸서 건조하지 않게 두면, 최소한 하루는 보관 가능하다. 만들어진 gel에는 free(중합 안 된) acrylamide가 약간 남아 있을 가능성이 있고, 이것은 쉽게 시스테인과 결합하기 때문에, 질량을 분석할 경우에는 주의를 요한다. 실온에서 하루 동안 두면 개선되지만, in–gel digestion 때의 acrylamide의 알킬화를 이용하는 방법도 있다.

ⓞ **샘플 준비 시의 주의 :**
단백질량이 너무 많으면 전기영동 패턴이 흐트러지기 때문에, crude 샘플의 경우에는 많아도 10~20 μg protein/lane 정도 apply하는 것이 좋다. 샘플의 pH는 중성부근이라면 그다지 문제되지 않지만, 염 농도가 너무 높으면(> 0.5 M) 이동도가 변하거나 전기영동 패턴이 흐트러진다. 또한 SDS는 K^+와 결합하기 쉽고, 용해도가 낮은 염을 형성하기 때문에, KCl 등을 다량으로 포함한 샘플에서는 SDS가 석출된다. 핵을 포함한 샘플에서는 샘플의 점성이 매우 높아지고, 전기영동 패턴도 나빠지기 쉽다. 이것은 주로 DNA–단백질 복합체가 해리되지 않았기 때문이라고 생각한다. 세포를 TNE buffer나 RIPA buffer(**5장 I–1** 참고)로 가용화하여 원심분리하면, DNA–단백질 복합체는 침전하기 때문에 그 상층부를 취해 전기영동하면 그와 같은 문제는 생기지 않는다. 어떻게든 핵을 포함한 샘플을 전기영동하고 싶은 경우에는 단백질 농도를 충분히 낮추거나 또는 26G 바늘을 꽂은 주사기로 샘플을 10~20회 넣고 빼는 등의 처리가 필요하다. 또 8 M 정도의 요소를 포함한 buffer 안에서 잘 균질화하면 요소의 변성작용 때문에, 고농도에서도 점성이 낮은 homogenate를 얻을 수 있다. 고농도의 요소가 들어 있어도 SDS–PAGE에는 지장이 없지만, 냉각하면 석출되므로 주의해야 한다. 염산 guanidine은 SDS와 섞으면 석출되기 때문에 SDS–PAGE에 apply하려면 투석 등으로 농도를 낮출 필요가 있다.

ⓟ 알루미늄 블록이 100°C 이상이 되면, 샘플이 끓어 팽창할 수 있기 때문에 주의한다.

분자량 마커에는 BSA가 포함되어 있는 경우가 많지만, BSA는 원래 분자 내에 16개의 S–S 결합을 가지고 있고, sample buffer와 섞어 끓이는 단계에서 그것들이 모두 환원된다고 생각할 수 있다. 동결융해를 몇 번이나 반복하면 차츰 BSA의 밴드가 아래로 내려오는 경우가 있는데, 이것은 아마도 분자 내에서 S–S 결합이 형성되었기 때문이다. 환원제의 활성이 남아 있으면 한 번 더 끓이는 것으로 원래대로 돌아가지만, 환원제가 활성을 잃은 경우에는 끓여도 안 된다. 마커 내에서 BSA의 밴드만 비스듬하게 되는 경우가 드물게 있는데 아마 옆 lane에 흘려보낸 샘플의 환원제로 일부만 환원되었기 때문이라고 생각된다.

3) 전기영동의 개시와 종료 　2~3시간

❶ Gel판으로부터 실리콘 튜브(패킹)와 comb를 떼어내고 전기영동조에 세팅한다.

❷ 전기영동조의 상하에 전기영동 buffer를 넣는다. 이때 위의 buffer가 샐 수 있기 때문에 꼼꼼히 확인한다[q].

❸ 5 mL의 주사기를 사용하여 well에 남아 있는 중합되지 않은 acrylamide와 gel의 하단에 고여 있을 수 있는 기포를 buffer로 빼낸다.

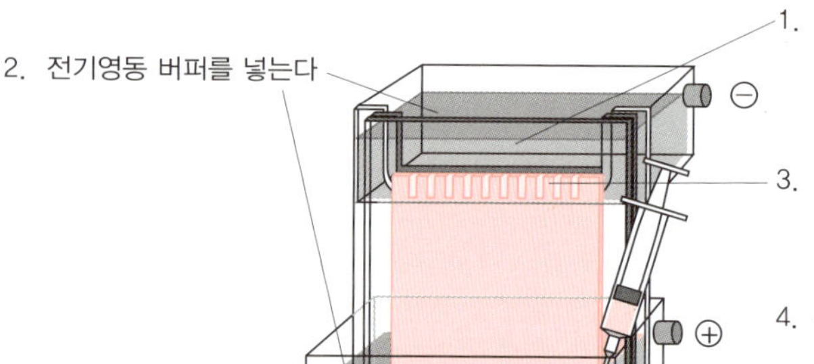

❹ 10~20 μL의 샘플을 Hamilton syringe나 Pipetman으로 well에 넣는다[r].

❺ 전원을 연결하고, 20 mA/gel(정전류)로 전기영동한다[s].

❻ Tracking dye가 gel의 말단 가까이까지 이동하면 전류를 정지시키고, 전기영동 buffer를 버리고 gel판을 분리한다.

❼ Gel판을 spatula 등을 이용하여 떼어낸다.

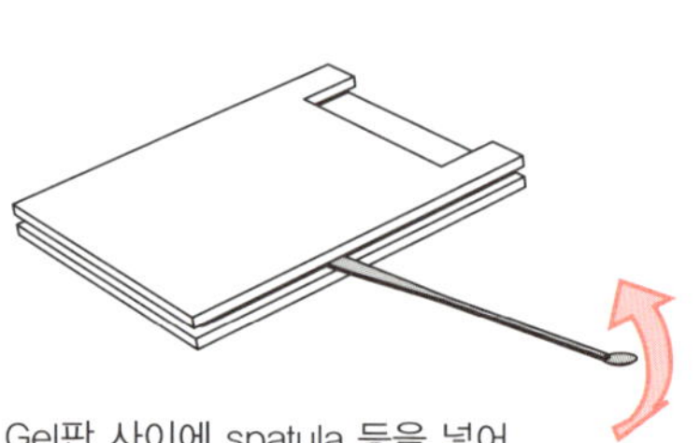

Gel판 사이에 spatula 등을 넣어 움직여서 위의 gel판을 뗀다

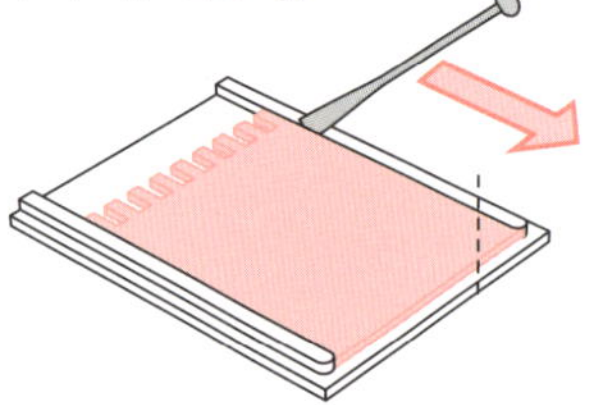

스페이서를 따라 spatula를 움직여 gel을 떼어낸다. 이때 gel의 일부를 잘라내어 상하좌우를 알 수 있도록 한다

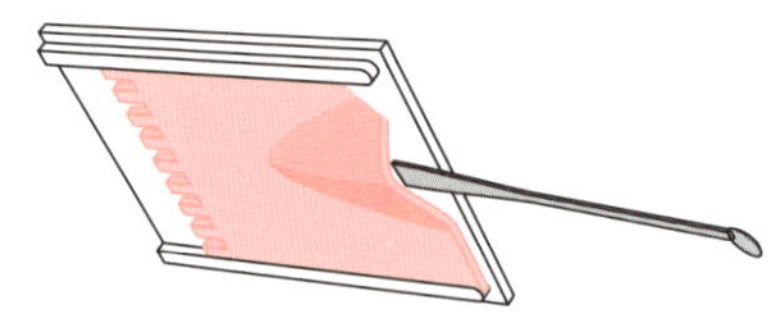

Gel판을 염색액이 들어 있는 용기 위에서 뒤집어 spatula 등으로 gel판과 gel 사이에 공기를 넣으면 gel이 벗겨져 떨어지게 한다

ⓠ Buffer가 새는 경우, 전기영동판과 전기영동조 사이의 패킹이 비틀어져 있지 않은지 확인한다.

ⓡ 양끝 lane은 조금 굽어 휘어지는 것이 보통이다. 분자량 마커 등의 전개는 문제없지만, 어떻게든 굽은 밴드를 피하고 싶으면 양끝에는 샘플을 넣지 말고, 1× sample buffer를 넣어두면 좋다.

ⓢ 단백질은 결합한 SDS에 따라 음전하를 띠고 있기 때문에 양(+)극을 향하여 이동한다. 전압을 일정하게 하여 전기영동해도 좋다. 결과에 큰 차이는 없다.

⑧ Gel을 CBB 염색액에 담그거나, 적당한 고정액(예를 들면, 25% 에탄올/5% acetic acid)에 담근 후 은염색하거나(다음 항목 I-2 참고), 또는 Western blotting(**2장 II** 참고)한다.

토끼나 쥐의 항체를 제작할 때는, 항원을 GST나 His tag와의 융합단백질로서 대장균에서 발현시키고 glutathione column이나 nikel column으로 정제하는 방법이 자주 이용된다(**상권 5장 I** 참고). 그러나 정제단백질에 미량의 대장균유래의 단백질이 혼입되어 있으면 오염된 단백질에 대한 항체도 함께 만들어져버리는 경우가 있다. 대장균유래 단백질은 포유류의 단백질보다 일반적으로 항체가 생기기 쉽기 때문에 포유류의 단백질에 대한 항체를 만들 때는 특히 주의가 필요하다. 항원을 일단 glutathione column 등으로 정제한 후, 다시 이온교환이나 gel 여과로 정제해도 좋지만(**상권 4장** 참고), SDS-PAGE에 대량으로 apply하고, CBB 염색 후 gel을 잘라내어 용출해도 좋다. 이 방법은 불용성 단백질에도 적용할 수 있기 때문에 봉입체(inclusion body, **상권 5장 I-4** 참고)로 밖에 회수할 수 없는 단백질의 경우에도 봉입체를 잘 씻어서 SDS-PAGE를 하면 항원으로서 사용할 수 있게 된다. 포유류의 단백질의 경우, 토끼를 면역하기에는 한 마리에 한 번, 적어도 100 μg 정도를 주사할 필요가 있기 때문에 정제한 재조합단백질을 13×13 cm 정도의 gel 수매에 수백 μg씩 apply하면 좋을 것이다.

용출한 단백질을 항원으로 이용하는 것은 일반적으로 어떠한 방법으로 농축할 필요가 있다. 일례로 투석해서 동결 건조하는 방법이 있다. 이 방법으로는 SDS나 CBB가 남지만, 필자의 경험으로는 그대로 항원으로 이용해도 문제는 없다. CBB나 그 밖의 염색 시약을 어떻게든 남기고 싶지 않은 경우에는 아연염색, SDS를 제거하고 싶다면 에탄올 침전을 시도해 보면 좋을 것이다. 농축법은 그 밖에, 각종 침전법(아세톤침전, TCA 침전, 황산암모늄침전 등)이나, 한외여과막을 이용하는 방법이 있다.

I-2 단백질의 염색

전기영동한 단백질은 Coomassie brilliant blue(CBB) 염색, 또는 은염색(silver staining)에 의해서 검출하는 것이 일반적이다. CBB 염색의 검출한계는 0.1~0.01 μg 정도이지만, 간편하고 값싸며 또한 안정성도 좋다.

은염색은 CBB 염색에 비하여 10~100배 고감도이기 때문에(**그림 6**), CBB 염색으로 검출되지 않을 경우에 유효하다. 또한 CBB 염색에서 single 밴드로 보이더라도 은염색에서 보면 많은 불순물이 검출되는 경우도 자주 있으므로 순도의 검정에는 필수적이다. 단 CBB 염색에 비하여 단백질의 종류에 의한 발색의 차이가 크기 때문에 주의가 필요하다.

은염색은 기본적으로는 고정(fixation), 증감(sensitization), 은염색(impregnation), 현상(development)의 4가지 step으로 이루어지지만, 각 step에서 무엇을 사용하느냐에 따라 매우 많은 protocol이 있다. Kit도 다수 시판되고 있다(Wako Chemical사, Nacalai Tesque사, GE Healthcare사, Bio-Rad사, Invitrogen사 등).

일반적인 은염색법의 증감 step에서 glutaraldehyde를 이용하는 방법이 있지만, 이 방법으로는 단백질의 측쇄가 변형되기 때문에, 질량분석계를 이용한 분석 등에는 사용할 수 없다. 그러므로 glutaraldehyde 대신에 티오황산나트륨(sodium thiosulfate)을 이용하는 방법이 개발되어[4], 은염색한 gel에서 밴드를 잘라내어 질량분석 등의 분석(**2장 IV** 참고)이 가능하게 되었다. Kit도 양쪽 시스템이 있다.

은염색은 간편하고 고감도인 반면, 정량성이 부족한 결점이 있다. 그래서 미량단백질의 정량적 분석과 질량분석계에 의한 구조 분석을 목적으로, 여러 가지 새로운 염색법이 개발되어 왔다. 예를 들면, SYPRO Ruby에 의한 형광염색은 은염색보다 감도는 약간 떨어지지만(**그림 6**), 선형성(linearity)과 dynamic range에 매우 뛰어나고 정량분석에 유용하다.

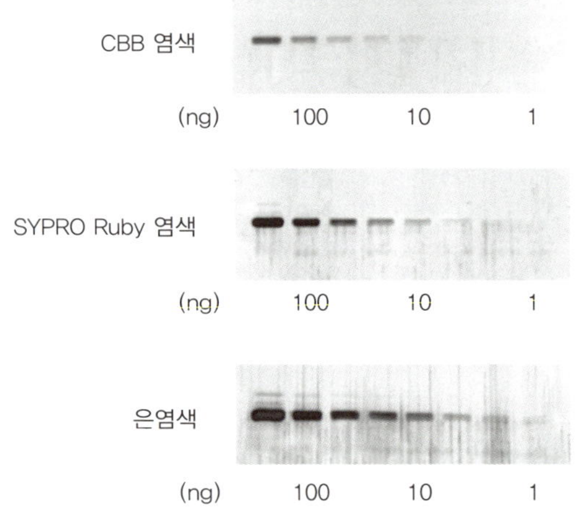

그림 6 염색법 3종류의 민감도 비교
BSA를 SDS-PAGE한 후 본문 중에 나타낸 3종류의 방법으로 염색하였다.

1 CBB 염색

준비물

1) 기구

- 플라스틱 용기 : gel이 2장 정도 들어가는 것. **그림 7**의 용기는 11.5×19.5×7.0 cm ⓣ
- 진탕기(shaker)
- Gel 건조기
- 셀로판지(문구점에서 구입 가능)
- Filter paper(Whatman사의 3MM 등)

ⓣ 염색한다면 일반 용기를 사용해도 괜찮지만 바닥이 평면이 아닌 것은 Western blot에는 조금 불편하다.

2) 시약

- CBB 염색액
- 탈색액

3) 시약의 조제ⓤ

ⓤ 염색이나 탈색에 이용하는 알코올은 메탄올, 에탄올 어느 쪽이라도 큰 차이는 없지만, 위험성 및 시약 관리의 편리성을 고려해서 본 책에서는 전부 에탄올로 했다.

CBB 염색액		(최종 농도)
Coomassie brilliant blue R-250	0.5 g	(0.25%)
에탄올(또는 메탄올)	10 mL	(5%)
Acetic acid	15 mL	(7.5%)

DW를 첨가하여 total 200 mL 되게 한다. 실온보관. Bradford의 단백질 정량에 이용되는 CBB G-250과 혼동하지 않도록 주의한다.

탈색액		
에탄올(또는 메탄올)	500 mL	(25%)
Acetic acid	150 mL	(7.5%)

DW를 첨가하여 total 2 L 되게 한다. 실온보관

Protocol

2시간

❶ 플라스틱 용기에 CBB 염색액을 50~100 mL 정도 넣고, gel을 담근 후 30분~2시간 진탕한다(그림 7).

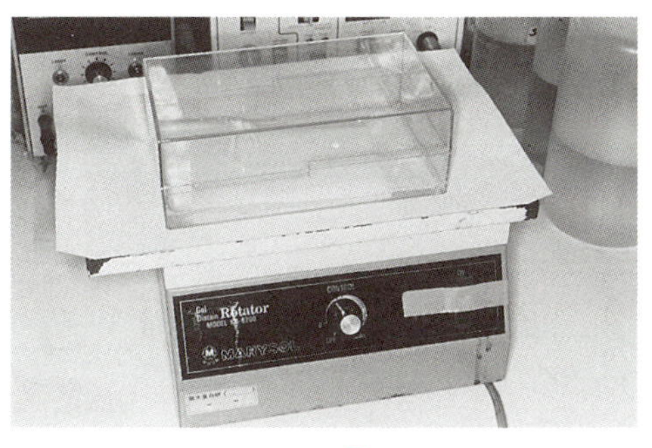

그림 7 진탕 중인 gel

↓

❷ 염색액을 회수하고 탈색액으로 가볍게 씻는다.

↓

❸ 새로운 탈색액 내에서 진탕한다. 탈색액이 청색으로 변하면 교환한다.

↓

❹ 수십 분에서 수 시간 지나 백그라운드 색이 탈색되어 단백질의 밴드가 확실하게 보이면 DW 내에서 5분 이상 진탕하여 gel 내의 탈색액을 DW로 교환한다[ⓥ]. 필요에 따라 gel을 스캔한다(그림 8)[ⓦⓧ].

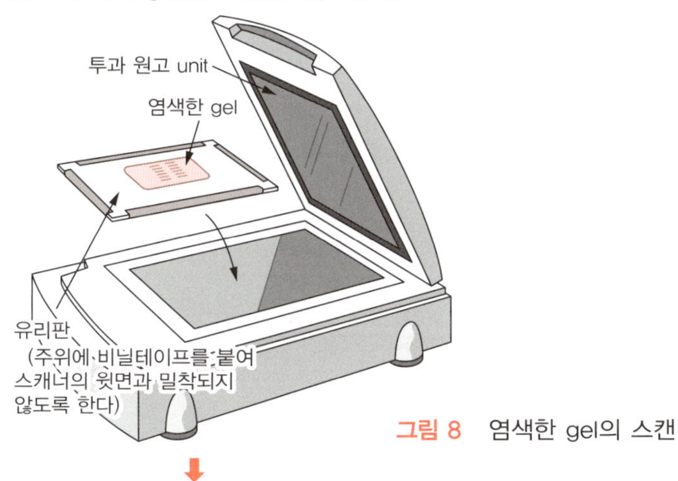

그림 8 염색한 gel의 스캔

↓

❺ Gel을 여과지에 놓고 그 위에 DW로 적셔둔 셀로판지로 덮는다[ⓨ].

↓

❻ Gel 건조기를 사용한다(장치에 따라 다르지만 30분~1시간 정도)[ⓩⓐⓑ].

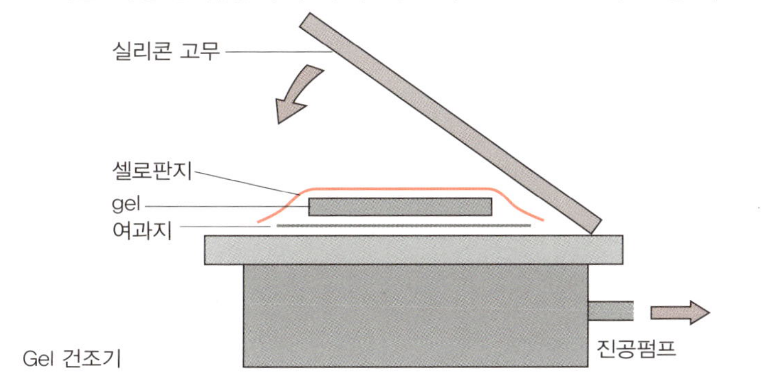

ⓥ Overnight 동안 탈색할 때는, 이대로의 조건으로는 단백질의 밴드까지 옅어지게 되므로, 탈색액의 에탄올 농도를 5% 정도로 낮게 하거나, 또는 어느 정도 탈색하고 나서 DW로 하는 편이 좋다.

ⓦ Gel을 스캔할 경우, 이 단계에서 personal computer용 투과원고 unit 부착 스캐너로 스캔하면 비교적 깨끗하게 할 수 있다(그림 8). 그러면 반드시 gel 건조를 할 필요도 없다. 스캐너는 A4 정도의 투과원고를 읽을 수 있는 것이 사용하기 쉽다. Gel을 적당한 glass판에 놓고, glass판째 스캐너에 놓고 스캔하여도 괜찮다.

ⓧ CBB 염색의 밴드를 통과하는 빛은 Beer-Lambert의 법칙에 따라 생각할 수 있는 것으로, 원리적으로는 투과광의 강도 대수값과 샘플 농도가 선형 비례한다고 생각된다. 형광염색의 경우는 형광강도가 샘플 농도에 정비례한다고 생각할 수 있다. 실제로 어떻게 될지는 검량선(calibration curve)을 그려 조사해보면 좋다.

ⓨ 여과지 대신에 하단에도 적신 셀로판지를 놓고 건조시키면 gel은 투명한 필름상태로 건조된다.

ⓩ 완전히 건조되지 않은 상태에서 떼어내면 gel이 산산조각 부서진다. Gel 부분을 만져보아 주위보다 차가우면 아직 완전히 건조된 것이 아니다.

ⓐ 오일 진공펌프(oil rotary vacuum pump)는 안이 녹슬면 사용할 수 없기 때문에 gel 건조에 사용할 경우에는 gel 안의 탈색액을 충분히 DW로 바꾸거나, 사용 시에는 cold trap을 사용하고 수개월에 한 번씩 오일을 교환한다. Diaphragm식의 펌프의 경우 진공도는 약간 떨어지지만, 이 정도의 실험이라면 cold trap이 없어도 상관없다.

ⓑ 진공펌프를 사용하지 않는 방법으로서 셀로판으로 양쪽을 붙이고 플라스틱 틀에 끼우고 바람으로 건조시키는 방법(그림 9)이 있는데, BioRad, Invitrogen사 등에서 판매되고 있다. 마무리가 투명하고 매끈하지만, 건조 중에 부서지지 않도록 균일하게 건조해야 한다. 건조 전에 1% 의 glycerol로 gel을 치환하면 갈라지지 않는다.

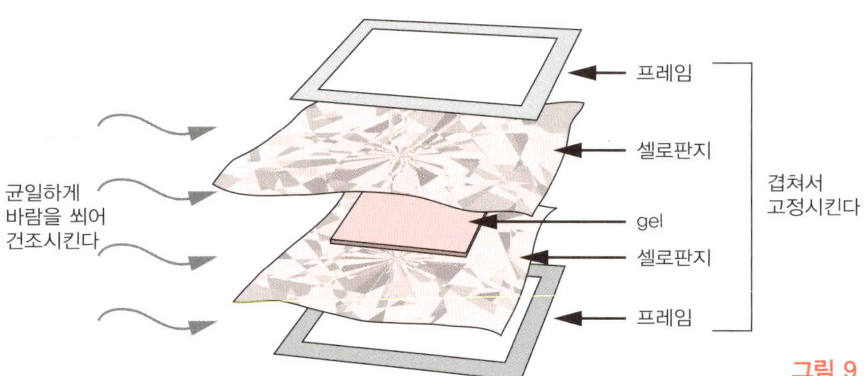

그림 9 진공펌프를 사용하지 않는 gel 건조기의 원리

2 은염색[c]

준비물

1) 기구

- 플라스틱 용기(gel 2장 정도가 들어가는 것, 1 CBB 염색 참고)
- 진탕기
- Gel 건조기

2) 시약

- 고정액
- 증감액
- 은염색액
- 현상액
- 정지액

3) 시약의 조제

고정액		(최종 농도)
에탄올	50 mL	(25%)
Acetic acid	10 mL	(5%)

DW를 가하여 total 200 mL 되게 한다.

증감액[d]		
Sodium thiosulfate	40 mg	(0.02%)

DW를 가하여 total 200 mL 되게 한다.

은염색액[e]	
Silver nitrate	100 mg

DW를 가하여 100 mL 되게 한다.

현상액		
30% formaldehyde[f]	120 μL	(0.036%)
Na_2CO_3	2 g	(2%)

DW를 가하여 100 mL 되게 한다.

정지액	
Acetic acid	2 mL

ⓒ 은염색한 gel은 탈색도 가능하다. 사진의 고정과 같이 은이온이 sodium thiosulfate에 용해하기 쉬운 성질을 이용하면 좋다. 효율 높게 탈색하려면 산화제(예를 들어 0.1% 시안화칼륨)를 넣고 은의 이온화를 도울 필요가 있지만, 단지 고농도의 sodium thiosulfate에 담가 두는 것만으로도 탈색된다. 또 사진의 고정액을 그대로 사용하는 고전적인 방법도 있다. 단, 탈색하면 다시 은염색하는 것은 어렵다. Mass spectrometry를 이용한 질량분석의 경우이더라도 탈색하지 않고 진행하더라도 거의 영향이 없으므로 실제로는 탈색할 필요성은 거의 없다.

ⓓ Sodium thiosulfate 외에 glutaraldehyde가 주로 이용된다. Glutaraldehyde를 이용하는 방법은 염색법으로서는 우수하지만 단백질을 변형시키기 때문에 서열분석이나 mass spectrometry에는 사용하지 못한다.

ⓔ Silver nitrate를 단독으로 사용하는 방법과, ammonium 용액으로 해서 사용하는 방법으로 크게 두 가지로 나뉜다. Silver nitrate는 회수해서 다시 사용하는 것도 가능하다.

ⓕ 제3판에서는 formaldehyde의 농도를 0.015%로 했지만, 반응이 조금 늦기 때문에 0.036%로 변경했다.

Protocol

2시간

❶ 【고정】 Gel을 고정액에 담그고 진탕한다 (1시간~)[g].

⬇

❷ DW로 진탕하면서 세척한다(10분간×2회).

⬇

❸ 【증감】 Gel을 증감액에 담그고 진탕한다(1분간).

⬇

❹ DW로 진탕하면서 세척한다(1분간×2회).

⬇

❺ 【은염색】 Gel을 은염색액에 담그고, 실온에서 진탕한다(30분).

⬇

❻ DW로 진탕하면서 세척한다(30초×1회)[h].

⬇

❼ 【현상】 Gel을 현상액에 담그고, 밴드가 적당한 농도가 될 때까지 진탕한다[i].

⬇

❽ 【정지】 Acetic acid를 현상액 100 mL에 대해서 2 mL 첨가하고, 반응을 정지시킨다[j].

⬇

❾ DW로 5분×3회 이상 세척한다.

ⓖ 이 step에서는 단백질을 고정하는 동시에 SDS, glycine, mercaptoethanol, 2차원전기영동에서 사용된 ampholyte 등 염색을 저해하는 물질을 씻어낸다. 감도와 contrast가 낮을 경우, 백그라운드가 높을 경우 또는 gel에 따라 염색의 정도가 다를 경우에는 이 과정의 처리가 불충분한 경우라고 생각된다. 그러면 시간을 연장하든가, 고정액의 양이나 조성을 바꾸면 개선될 가능성이 높다.

ⓗ 물로 씻는 시간이 길어지면 발색이 나빠진다. 물로 씻기 시작하고 나서 1분 내에 현상액으로 옮기면 염색이 비교적 안정된다.

ⓘ 포르말린 농도를 높이면 현상이 빨라지고, 감도도 향상되지만, 알맞은 타이밍에 반응을 정지하기가 어려워진다. 강하게 현상하면 68 kDa와 54 kDa 부근에 희미한 인공의 밴드가 나타나는 경우가 있지만, 이것은 손표면 등에서 오염된 케라틴이라는 사실이 알려졌다. Western blotting에서도 항체에 따라서는 나타나는 경우가 있다.

ⓙ 반응정지와 세척이 불충분하면 나중에 변색되기도 한다.

3 SYPRO Ruby 염색

준비물

1) 기구

- 플라스틱 용기(gel 2장이 들어가는 것. 1 CBB 염색 참고)
- 진탕기

2) 시약

- 고정액
- 탈색액
- 염색액 : SYPRO Ruby 염색액(Invitrogen)

3) 시약의 조제

고정액 · 탈색액		(최종 농도)
에탄올	100 mL	(10%)
Acetic acid	75 mL	(7.5%)

DW를 첨가하여 total 1,000 mL가 되게 한다.

Protocol

❶ Gel을 고정액에 담그고, 진탕한다(1시간～).

⬇

❷ Gel을 염색액에 담그고, 진탕한다(1시간～).

⬇

❸ Gel을 탈색액에 담그고, 진탕한다(1시간～).

⬇

❹ DW로 진탕하면서 씻는다(5분간×2회～).

⬇

❺ 형광검출장치로 이미지를 획득한다(아래 내용 참고)ⓚ.

ⓚ 몇 개 또는 몇십 개의 밴드 중에서 하나의 밴드를 잘라낼 때는 transilluminator로 보면서 손으로 잘라내면 된다. 자동적으로 자르기 위한 장치도 판매되고 있다.

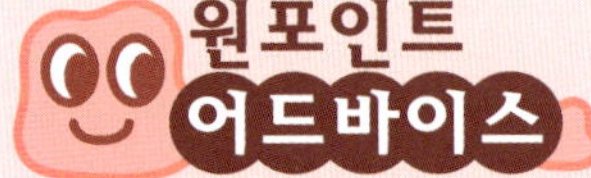

형광염색한 gel의 분석에 자주 이용되는 장치에는, ① laser로 scan하는 장치, ② CCD 카메라 또는 디지털 카메라와 광원의 조합 등이 있다(**그림 10**). ①은 빛이 퍼지는 영향이 없고 광원 얼룩이나 렌즈성능의 영향을 받지 않으므로 정량성이 뛰어나고, 2색 형광에 의한 differential 분석에 부합하는 것도 있지만, 고가이다. 또한 gel을 잘라낼 때는 별도의 transilluminator를 이용해서 할 필요가 있다. ②는 정량성에서는 ①에 비해 조금 떨어지지만, SYBR safe 등에 의한 DNA의 검출에도 이용할 수 있고, gel 자르기도 가능하다. 광원은, 400～500 nm에서 최대를 가진 청색광의 transilluminotor나 단색광의 장치가 판매되고 있다. 카메라에 관해서는, 시판의 형광 gel 분석 장치의 대부분은 CCD 카메라를 내장하고 있다. CCD 카메라도 다양하게 있지만, 형광의 강도에 대응하는 감도를 가지며, dynamic range가 넓은 것이 사용된다. 또한 렌즈의 성능에 따르지만 시야 주변부는 광량이 저하하는 경우가 있기(주변 감광) 때문에 가능한 사용하지 않는 것이 좋다. 디지털 카메라에 대해서는, 최근에는 고급기종이 아니더라도 눈에 보이는 정도의 형광 강도면 용이하게 사진 촬영을 할 수 있다. Live view가 가능할 것, release를 사용할 수 있을 것, manual 노출 조절이 가능할 것, manual focus가 가능할 것, RAW 형식으로 보관 가능할 것, filter를 장착할 수 있을 것 등을 충족하는 것이 바람직하다. Single-lens 디지털 카메라 및 상위의 소형 디지털 카메라는 이러한 점을 충족하고 있다. 디지털 이미지의 처리에 대해서는 **2장 II-3-3**을 참고할 것.

a)

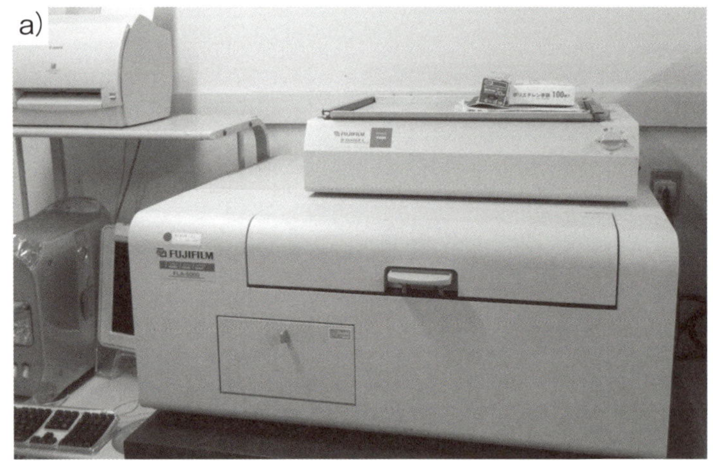

b)

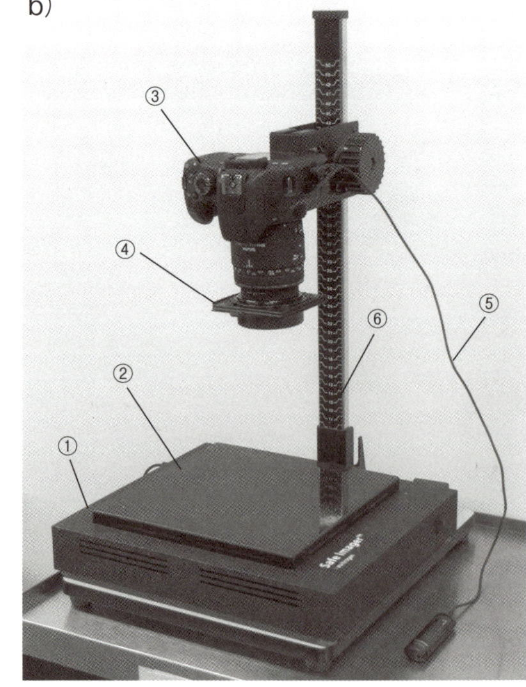

그림 10 Gel의 형광 화상을 취득하는 장치의 예

a) 레이저광을 이용한 형광 스캐너(FLA-5000, Fuji Film사).

b) 간단한 형광 gel 촬영 장치. ① 청색광 transilluminator(Invitrogen사), ② 필터(transilluminator에 부착된 것), ③ 디지털 카메라(EOS kiss 4, Cannon), ④ 필터(triacetate 필터 SC-58, 75×75, Fuji Film사)와 필터 홀더(Technical holder II, Kenko사), ⑤ 릴리스, ⑥ 스탠드. 또 외부의 빛을 차단하기 위해서 암실, 간이 암실, 또는 상자 같은 것이 필요하다. 또한 디지털 카메라가 이 기종처럼 PC에서 조작할 수 있는 경우는 사용하기 쉽다.

I-3 기타 전기영동법

A) 비환원 SDS-PAGE

SDS-PAGE에서는 일반적으로 SDS와 환원제(2-mercaptoethanol 또는 DTT)로 단백질을 변성시키고 전기영동하지만, S-S 결합을 절단하고 싶지 않을 경우에는 환원제를 넣지 않고 전기영동할 수 있다(**5장 VI** 참고). 이러한 경우에도 단백질의 이동도는 원칙적으로 분자량에 의존하지만, S-S 결합으로 oligomer가 되어 있는 경우에는 oligomer 분자량에 해당하는 부분에 밴드가 나타나게 된다[l].

전기영동하는 방법으로 일반적인 SDS-PAGE의 sample buffer에서 환원제를 제거하기만 하면 되지만, 샘플 준비 중 또는 전기영동 중에 추가적인 S-S 결합이 형성될 가능성이 있기 때문에[m], 상세한 것은 **5장 VI**을 참고할 것. 또한 1장의 gel에 환원제를 포함한 샘플과 환원제를 포함하지 않은 샘플을 함께 전개시키면, 전기영동 중에 환원제가 gel 안에서 확산되어 비환원상태의 샘플을 환원시켜 버릴 가능성이 있으므로 주의가 필요하다.

ⓛ 예를 들면 IgG의 경우, 일반적인 SDS-PAGE로는 55 kDa(H쇄)와 20 kDa(L쇄)의 2개의 밴드로 나눠지지만, 환원제를 쓰지 않으면 150 kDa(H쇄 X 2 + L쇄 X 2)의 1개가 된다.

ⓜ S-S 결합을 갖지 않는 단백질에서도 일반적인 SDS-PAGE와 비교해서 밴드가 흐려지거나 옅어지는 경우가 많다. 아마 전기영동 전이나 전기영동 중에 분자 내 또는 분자간의 S-S 결합이 형성되기 때문일 것이다.

B) Native-PAGE[n]

Native-PAGE는 변성제를 사용하지 않고 실시하는 전기영동으로, polyacrylamide gel 전기영동의 원형이다[5]. SDS-PAGE는 원래 Native-PAGE 시스템에 SDS를 가해줌으로써 고안해낸 것이다. Native-PAGE에서는 단백질의 이동도는 그 분자량, 형태와 함께 전하에 크게 의존하기 때문에, 단백질의 종류에 따라 적당한 pH의 buffer를 선택하고, 양(+)극과 음(−)극의 어느 쪽으로 이동될지를 검토해 두지 않으면 안 된다.

가장 간단한 방법은, SDS-PAGE 시스템에서 SDS와 환원제를 제거하는 것이다. 중성에서 산성의 등전점을 갖는 단백질은 대단히 많지만, 그것들은 pH 8.8의 buffer 안에서는 양(+)극으로 이동하게 된다. 그러나 등전점이 8.8에 가까운 단백질에서는 전하가 적어지기 때문에 이동도가 느려지고, 더욱이 염기성의 단백질에서는 음(−)극으로 이동할 것이다. 그 때문에 단백질의 종류에 따라서는 다른 buffer를 사용할 필요가 있다[o].

ⓝ Blue Native-PAGE에 대해서는 **4장 I-1-4**를 참고할 것.

ⓞ 예를 들면, 50~100 mM 정도의 Tris-HCl(pH 7.4), Sodium phosphate(pH 7.0), β-Alanine-acetate(pH 5) 등이 사용된다.

C) 요소를 이용한 PAGE

Native-PAGE 시스템에 요소를 더해서 전기영동하는 방법이다[p]. 요소는 단백질을 변성시키기 때문에, SDS-PAGE와 마찬가지로 변성 상태에서 흐르게 되지만, Native-PAGE처럼 단백질 자신의 전하로 이동하기 때문에, 이동도는 단백질의 전하 상태를 반영한다. 인산화 상태의 차이를 검출하는 경우나, 분자량이 비슷한 복수의 단백질을 분리하는 경우에 이용된다.

ⓟ 요소는 6~8 M를 사용되는 경우가 많지만, 더 낮은 경우도 있다. 단백질을 변성시키는 데에 필요한 요소의 농도는 일반적으로 6~8 M이지만, 단백질의 종류에 따라서도 다르고, 8 M에서 완전히 변성되지 않는 것도 많이 있다.

D) Tris-Tricine SDS-PAGE

일반적인 SDS-PAGE에서는, 단단한 쪽의 한계는 acrylamide의 농도로 15%, 분자량으로는 12,000정도이지만, 저분자량의 단백질을 검출하려는 경

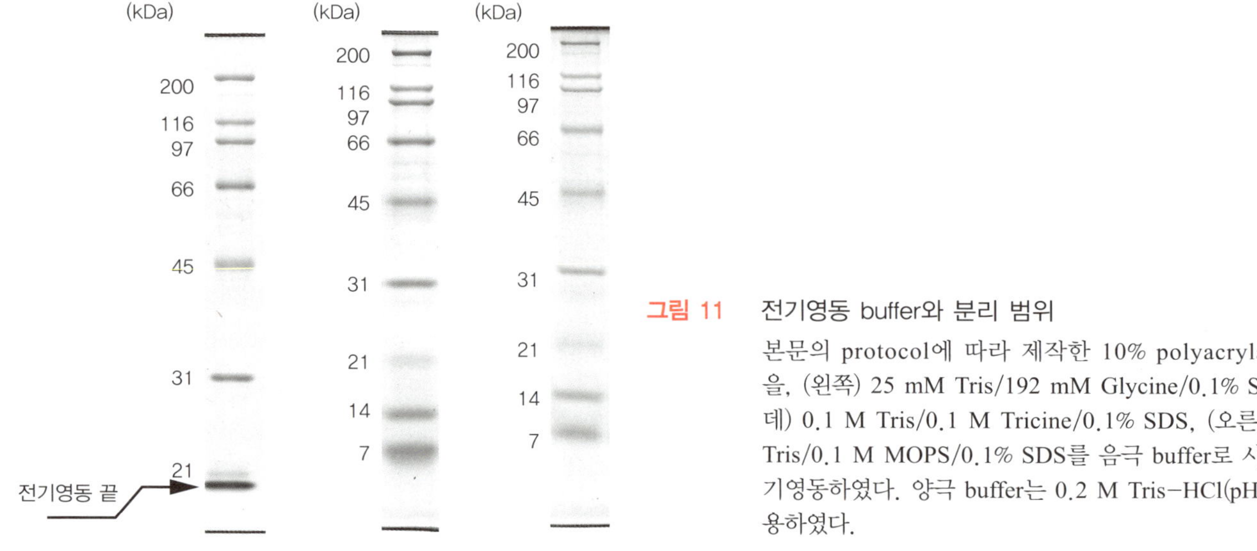

그림 11 전기영동 buffer와 분리 범위

본문의 protocol에 따라 제작한 10% polyacrylamide gel을, (왼쪽) 25 mM Tris/192 mM Glycine/0.1% SDS, (가운데) 0.1 M Tris/0.1 M Tricine/0.1% SDS, (오른쪽) 0.1 M Tris/0.1 M MOPS/0.1% SDS를 음극 buffer로 사용하여 전기영동하였다. 양극 buffer는 0.2 M Tris-HCl(pH 8.8)을 사용하였다.

우에는, glycine 대신에 tricine을 이용한 SDS-PAGE를 실시하는 것이 좋다[6]. 이 방법으로 분자량 3,000~10,000의 단백질이 분리될 수 있기 때문에, peptide mapping에 의한 인산화 site 분석에 종종 이용된다[⑨]. 분획하는 분자량에 대한 전기영동 buffer의 영향에 대해서는 **그림 11**도 참고한다.

⑨ 분자량이 1,000~2,000 정도인 펩타이드의 경우, 일반적인 염색조작에서는 염색 중에 gel에서 빠져나갈 가능성이 있기 때문에 검출이 어려울 수도 있다.

SDS-PAGE에서는 같은 gel이더라도 buffer에 의해 분리 가능한 분자량이 변화한다. 예를 들면 일반적인 Tris/Glycine buffer(pH 8.3) 대신에 Tris/Tricine(pH 7.8), Tris/MOPS(pH 7.3) 등의 buffer 시스템를 이용하면, 저분자의 분리가 개선됨과 동시에 분리 범위가 넓어진다(**그림 11**).

참고문헌

1) Laemmli, U. K. : Nature, 227 : 680-685, 1970
2) 宮崎 香, 他 :「タンパク質, 酵素の基礎実験法 改訂第2版」, pp.325-372, 南江堂, 1994
3) 宇井信夫, 他 :「タンパク質の化学 I 一分離精製」, pp.211-312, 東京化学同人, 1976
4) Shevchenko, A. et al. : Anal. Chem., 68 : 850-858, 1996
5) Davis, B. J. : Ann. N. Y. Acad. Sci., 121 : 404-427, 1964
6) Schagger, H. & von Jagow, G. : Anal. Biochem., 166 : 368-379, 1987

II Western Blotting

Western blotting은, SDS-PAGE 실시 후, 단백질을 membrane에 transfer하고, 항체(그림 1)를 이용해 특정의 단백질을 검출하는 방법이다. 표적단백질에 대한 항체를 가지고 있으면, 이 방법으로 검출하는 것이 가능하다(그림 2).

항체에는 다클론항체와 단일클론항체가 있다. 다클론항체를 만들기 위해서는, 토끼에게 항원을 주사하여 면역시키고, 항체가 형성된 때를 가늠하고 채혈해서 혈청(항혈청)을 채취한다. Western blotting에는 이것을 그대로 희석하여 이용하는 경우도 있고, 또는 항원 column 등을 이용하여 특이적 항체를 정제하여 이용하는 경우도 있다. 일률적으로 어느 쪽이 좋다고 말할 수 없지만, 항혈청으로 깨끗하게 검출된다면 정제할 필요는 없다.

단일클론항체를 만들기 위해서는, 면역된 마우스로부터 항체생산세포를 분리하여 배양하고, 그중에서 표적단백질에 대한 항체를 생산하는 세포를 선별하여 clone화하고, 이것을 배양액 중 또는 마우스의 복수 중에서 증식시켜서 항체를 회수한다. 한 개의 clone은 한 종류의 항체밖에 만들지 못하기 때문에 다른 항체를 포함하지 않는 만큼 높은 특이성이 기대된다. 그러나 항체는 보통 항원의 비교적 작은 영역(<10 아미노산)을 인식하기 때문에 의외의 교차반응이 나타나고, 전혀 관계없는 단백질과 반응하는 경우도 있다. 항체의 성질과 제작법에 관하여서는 3장 I 이나 다른 문헌을 참고하기 바란다[1].

항체는 종류에 따라 역가나 특이성에 의한 큰 차이가 있기 때문에 처음에 조건을 잘 검토하여야 한다. 특히 사용 시의 희석률은 결정적인 영향을 미치기 때문에 후술하는 바와 같은 요령으로 최적농도를 결정한다.

밴드가 검출되었다면, 그것이 표적단백질의 것인지 아닌지를 검토해야 한다. 예상 분자량과 잘 맞는가를 보면 대략 짐작은 할 수 있지만, 변형이나 protease에 의한 분해 때문에 본래의 분자량과 조금 다른 위치에 나타나는 것도 있고, 역으로 간혹 표적단백질과 같은 분자량의 위치에 비특이적 결합을 하는 것이 나타나는 경우도 있기 때문에, 신중하게 검토해야 한다. 검출된 것이 정말로 표적단백질에 의한 것인지를 확인하기 위해서는 흡수실험(1차항체 용액에 항원을 혼합하여 둔다. 그림 3)이 가장 바람직하다. 그러나 정제된 항원이 대량으로 필요하기 때문에 실행하기 곤란한 경우도 많다. 또 2차항체의 비특이적 결합도 나타나기 때문에, 1차항체가 없는 컨트롤도 반드시 한 번 해본다.

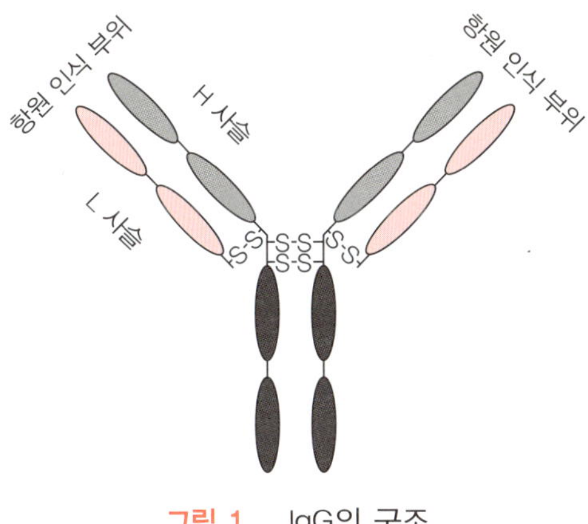

그림 1 IgG의 구조

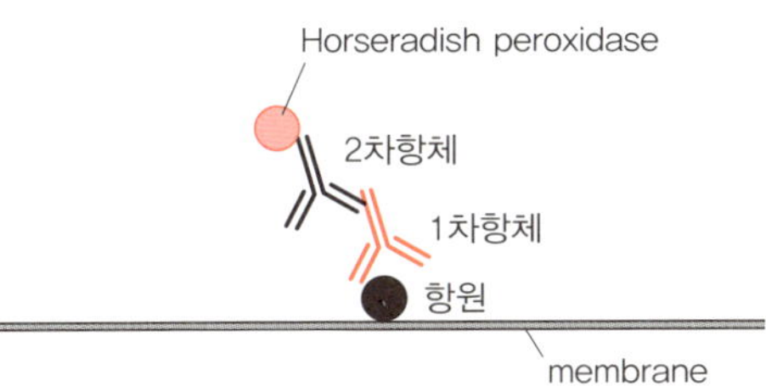

그림 2 Western blotting의 원리

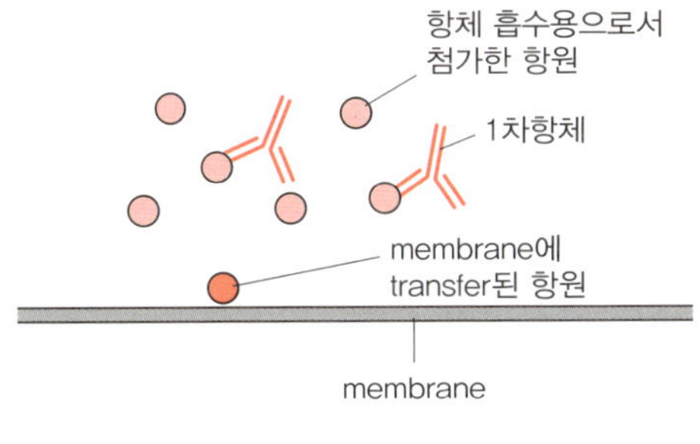

그림 3 흡수실험

II-1 단백질의 membrane으로의 transfer와 Ponceau S 염색

SDS-PAGE의 gel로부터 단백질을 membrane에 transfer하기 위해서는, 전용 장치(blotting 장치)를 사용하여 단백질을 전기로 이동시킨다. Blotting 장치에는 semidry식과 tank식이 있다. Semidry식이 transfer에 필요한 시간이 짧고 적은 양의 buffer가 사용되지만, 고분자량의 단백질 transfer 효율은 나쁘다. Buffer 선택에 따라 어느 정도 개선되지만, tank식이 고분자 transfer 효율은 좋다.

잘 사용되는 membrane에는 nitrocellulose와 PVDF가 있는데, 어느 쪽이 특히 유리한 것은 없다고 생각된다[r]. PVDF는 약간 고가이지만, 단백질과의 흡착력이 보다 강하며, 또한 잘 찢어지지 않기 때문에 reprobing[s]할 경우 등에 적합하다. 그리고 Protein sequencing으로 N-말단 아미노산 서열 분석을 실시할 경우에는, PVDF membrane에 transfer해서 밴드를 잘라내는 경우가 많다. 단백질을 PVDF membrane상에서 protease 반응시키는 방법도 있지만[t], gel 내에서 반응시키는 방법(**2장 IV** 참고)을 발견하고부터는 그다지 많이 시행하지 않게 되었다.

Transfer시킬 때 buffer에는 몇 가지의 선택이 있다. Transfer할 때에는, 먼저 단백질이 gel로부터 떨어져 전압에 의해 이동하고, 마지막에 membrane과 결합해야 한다. 잘 이용되는 것은 pH 8 부근의 buffer이며, 고분자의 단백질은 gel과의 상호작용이 강하고 gel에서 떨어지기 어렵기 때문에, 120~150 kDa 이상의 단백질을 semidry 방식으로 transfer할 경우에는, 염기성 전기영동 buffer를 사용하는 것이 좋다. 또한 단백질의 성질에 따라서는 고분자가 아니더라도 염기성 transfer buffer를 사용하는 것이 좋을 수 있다. 그러나 역으로 염기성에서 transfer하면 저분자 단백질은 membrane으로부터 쉽게 분리될 수 있다.

Transfer가 완료되면, 항체와의 반응 전에, membrane을 Ponceau S로 염색하고 transfer가 잘 되었는지를 확인함과 동시에 분자량 마커 단백질의 위치를 조사한다면 좋을 것이다. 이외에도 여러 가지 방법이 있지만, Ponceau S는 가역적으로 단백질과 결합하고 쉽게 탈색되기 때문에 조작이 간단하다[u][v]. 탈색이 되고 나면 항체와의 반응에는 영향을 미치지 않는다. 검출감도는 gel을 CBB로 염색하는 것보다 약간 낮은 정도이다.

ⓡ Alkaline phosphatase의 화학발광 기질에는 nitrocellulose는 사용하지 못한다고 명기되어 있는 것이 있다(SDP-star, CSPD). Alkaline phosphatase 반응에도 NBT/BCIP와 같은 발색기질의 경우에는 전혀 문제가 없다.

ⓢ 한 번 검출한 후, 항체를 떼어내고, 다시 다른 항체와 반응시켜 검출하는 것.

ⓣ PVDF membrane을 사용하는 방법에도 장점이 있기 때문에, 상황에 따라서는 선택사항이 될 수 있다. PVDF membrane상에서 소화하는 방법이 먼저 개발된 것은, 단백질 서열분석기에서는 단백질을 PVDF membrane상에서 반응시킨 점에서 발상이 쉬웠다는 점과, gel 내에서 소화하는 것이 어려웠던 점이 주된 이유라고 생각된다.

ⓤ Prestained 분자량 마커를 사용하면 염색하지 않아도 마커가 보이기 때문에 편리하지만, Ponceau S 염색은 조작도 간단하고, 샘플의 각 lane의 단백질의 양이나 패턴을 확인할 수 있기 때문에 이것을 이용하는 것이 권장된다.

ⓥ Ponceau S나 Colloidal gold는 nitrocellulose와 PVDF에서 거의 같은 정도로 염색되지만, CBB(예를 들면, 0.25% CBB-R250/25% 에탄올/7% Acetic Acid)의 경우 PVDF membrane이 아니면 염색, 탈색이 잘 되지 않는 것 같다.

1 Semidry식에 의한 blotting

준비물

1) 기구

- Semidry blotting 장치[w]
- 전원 장치(정전류로 100 mA 정도 출력할 수 있는 것. 전기영동장치의 각 제조사에서 판매되고 있음)
- 플라스틱 케이스(**2장 I-2-1** CBB 염색 참고)
- 여과지 6장(Whatman사의 3MM 등[x]. Gel 1장 또는 2장을 놓을 수 있을 정도의 크기로 잘라 놓은 것)
- Nitrocellulose membrane 또는 PVDF membrane(gel 1장 또는 2장을 놓을 수 있을 정도의 크기로 잘라 놓은 것)

ⓦ Blotting 장치에 따라서는 (+)와 (−)가 역으로 되어 있는 경우가 있기 때문에(같은 회사의 것일지라도) 처음부터 확인한다.

ⓧ 두꺼운 여과지(Whatman사의 17 Chr 등)를 사용하면 3장을 겹치지 않아도 좋다.

2) 시약

- Transfer buffer
- Ponceau S 염색액
- Tween-PBS

3) 시약의 조제

저분자량의 단백질(<120~150 kDa)용의 transfer buffer[y]

		(최종 농도)
Glycine	14.4 g	(192 mM)
Tris	3.0 g	(25 mM)
메탄올	200 mL	(20%)

DW를 첨가하여 total 1,000 mL 되게 한다. Tris는 분말만 넣어주고 pH를 조절할 필요는 없다. 실온보관

ⓨ Tank식(2 참고)의 경우에는 200~300 kDa의 단백질이더라도 이것으로 transfer 할 수 있다.

고분자량의 단백질(>120~150 kDa) 및 강한 염기성의 단백질용 transfer buffer

100 mM CAPS(pH 11)	100 mL	(10 mM)
메탄올	100 mL	(10%)

DW를 첨가하여 total 1,000 mL 되게 한다. 실온보관

10× Ponceau S 염색액

100% TCA	30 mL	(30%)
Sulfosalicylic acid	30 g	(30%)
Ponceau S	2 g	(2%)

DW를 첨가하여 total 100 mL 되게 한다. 실온보관

Ponceau S 염색액

10× Ponceau S 염색액	5 mL
DW	45 mL
total	50 mL

실온보관. 회수하여 반복하여 사용할 수 있다.

10× Tween PBS

NaCl	80 g	(1.37 M)
KCl	2 g	(27 mM)
$Na_2HPO_4 \cdot 12H_2O$	29 g	(81 mM)
KH_2PO_4	2 g	(15 mM)
Tween 20	10 g	(1%)

DW를 가해 total 1,000 mL 되게 한다. 실온보관

Tween-PBS

10× Tween-PBS	100 mL
DW	900 mL
total	1,000 mL

실온보관

Protocol

❶ PVDF membrane의 경우에는, 사용 전에 메탄올 또는 에탄올에 1분간 담근 후, transfer buffer에 담가 둔다. Nitrocellulose membrane의 경우에는 메탄올에 담그지 않고 그대로 transfer buffer에 담근다[z].

ⓩ Membrane은 glove를 끼고 작업을 하며, 맨손에 닿지 않게 한다(이하 전 과정의 조작은 glove를 끼고 작업한다).

❷ 플라스틱 케이스 안에 여과지 3장을 transfer buffer에 담그고, (+)전극 쪽에 기포가 들어가지 않도록 쌓는다[a].

ⓐ 여과지는 가능한 gel의 크기에 맞추어 자르는 것이 좋다. 여과지가 필요 이상 크면, 전류의 일부가 gel을 통과하지 않고 흐르기 때문에 transfer 효율이 나빠지게 된다. 그러나 너무 엄격하게 신경 쓸 필요는 없다.

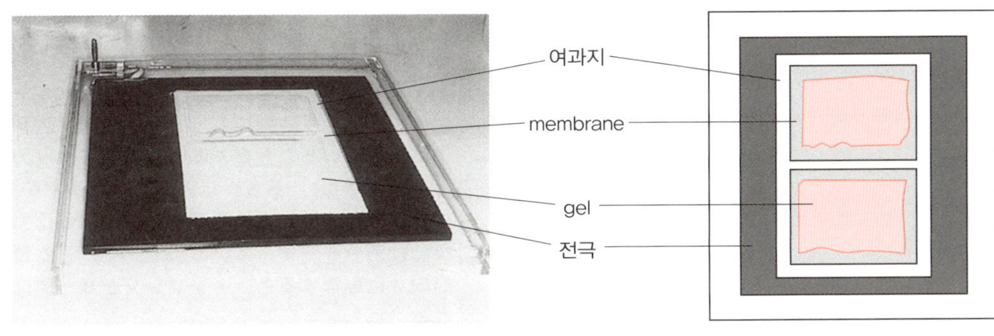

⬇

❸ Membrane을 여과지 위에 얹고 그 위에 gel을 놓는다(❷의 그림). Transfer buffer에 담근 여과지를 3장 정도 놓는다. (−)전극을 놓는다[ⓑⓒ].

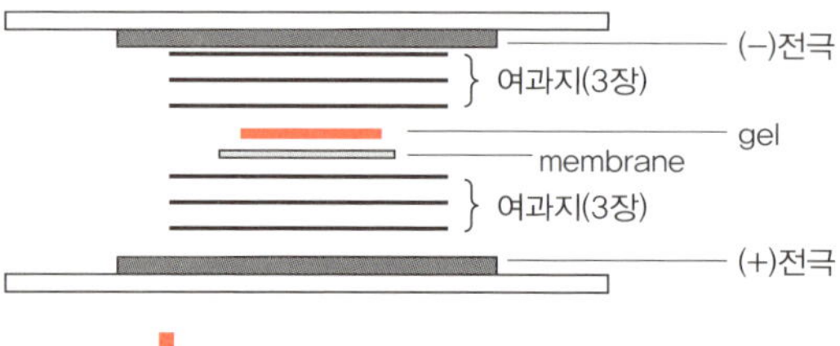

↓

❹ 100 mA(gel 2장의 경우)로 1시간 전기를 통한다.

↓

❺ 전원을 끄고 membrane을 떼어 내어, DW에 담근다[ⓓ].

↓

❻ Membrane 전체를 Ponceau S 염색액에 약 1분간 담근다.

↓

❼ 염색액을 회수하고 마커가 보이도록 membrane을 DW로 가볍게 세척한다.

↓

❽ 불필요한 부분을 잘라내고, 연필로 마커 단백질의 위치를 표시하여 둔다.

↓

❾ Tween–PBS로 진탕하고, 탈색한다(5분×3회 정도).

↓

❿ 블로킹 처리를 진행한다(II–2 참고).

ⓑ 전기영동 후의 gel을 그대로 membrane에 올려놓으면 된다. Gel을 transfer buffer 안에 담가 두어도 괜찮지만, transfer buffer 안에서 장시간 진탕하면, 메탄올의 영향으로 단백질에 결합하고 있는 SDS가 떨어질 가능성이 있기 때문에 별로 좋지 않다. 특히 메탄올 농도가 높은(20% 이상) transfer buffer를 사용할 때는 주의.

ⓒ 여과지는 두꺼운 것 1장도 가능.

ⓓ 전극이 탄소로 만들어졌을 경우, 세척 시 딱딱한 스펀지로 문지르면 깎이므로 주의. 부드러운 스펀지를 쓰면 깎이는 일은 없다. 최근에는 백금 전극이 많이 쓰이고 있다.

2 Tank식 blotting의 경우

Tank식은 buffer의 사용량이 많은 것, 얼음 등을 사용하여 buffer를 냉각시키지 않으면 안 되는 것 등, semidry식과 비교하면 번거로운 점도 있지만, 무엇보다도 깨끗한 Western blotting 결과를 얻을 수 있다는 장점이 있다. 인산화 항체 등, membrane 전체적으로 밴드가 검출되는 항체를 사용했을 때 특히 알기 쉽다. Semidry식은 아무래도 열이 발생하고, 고르지 못하게 transfer가 되기 쉽지만, tank식은(어느 정도 숙련도 필요하지만) 전체적으로 골고루 transfer된다. 저분자량의 단백질을 검출하고 싶을 때, 또는 고분자량일 때 등, 표적분자가 결정되어 있을 때는, transfer 시간을 조절하면 어떤 분자도 깨끗하게 검출된다. 만약 semidry식에서 Western blotting이 깨끗하게 되지 않을 경우에는, 조금 번거롭지만 반드시 tank식을 시도하기 바란다.

준비물

1) 기구

- Tank식 blotting 장치(그림 4)
- 전원 장치(정전류로 300 mA 정도를 출력할 수 있는 것, 전기영동장치의 각 제조사에서 판매되고 있음)
- 플라스틱 케이스(2장 I–2–1 CBB 염색 참고)
- 여과지 2장(1 「Semidry식에 의한 blotting」 참고)
- PVDF membrane(gel 1장을 놓을 정도의 크기)
- Stirrer bar
- 얼음(부속 용기에 넣어둔다)

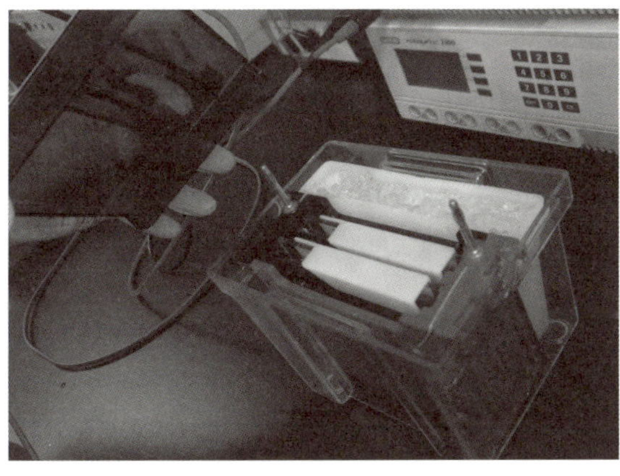

그림 4 Tank식 blotting 장치

2) 시약

1 「Semidry식에 의한 blotting」 참고

3) 시약의 조제

Transfer buffer[e], Ponceau S 염색액, Tween-PBS에 대해서는 1 참고

Protocol

❶ PVDF membrane은 사용 전에 메탄올에 1분간 이상 담근 후, transfer buffer에 담가둔다[f].

❷ SDS-PAGE gel의 스태킹 gel을 잘라버리고, 분리 gel만을 사용한다. Gel을 꺼내면 transfer buffer에 담가둔다[g][h].

❸ Blotting 장치의 gel holder cassette 한쪽 편에 스펀지를 놓고, 그 위에 transfer buffer에 담근 여과지를 1장 얹는다.

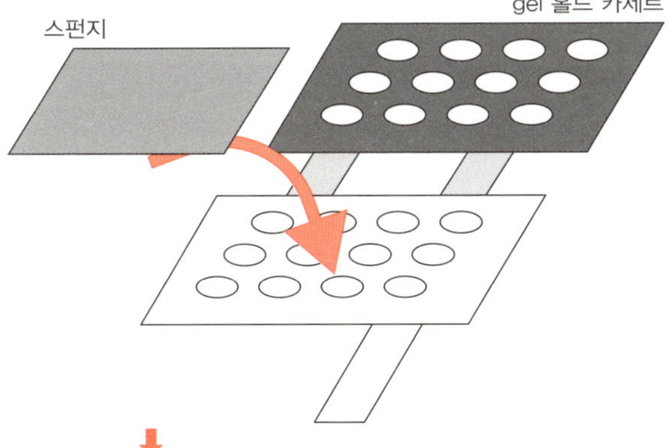

↓

❹ Membrane을 여과지 위에 놓고 그 위에 gel을 얹는다[i]. Transfer buffer에 담근 여과지를 1장 얹는다[j].

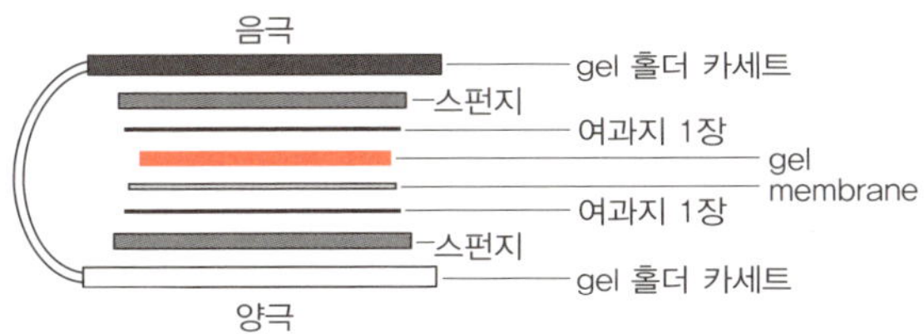

[e] Transfer buffer를 조제할 때, 메탄올을 가하면 열이 발생한다. 탱크식의 경우, buffer를 대량(약 500 mL)으로 사용하기 때문에, 사전에 조제하고 실온정도까지 식혀 두는 것을 추천한다(SDS-PAGE를 시작한 직후 조제하면 좋다).

[f] PVDF membrane은 소수성이 강하고, transfer buffer에 담근 뒤에도 떠오르는 것이 있으므로 주의할 것. 확실하게 전면을 담근다. 또 membrane은 glove나 핀셋을 사용하고, 맨손으로 만지지 않도록 한다(이하, 모든 조작에서 마찬가지이며, Western blotting을 깨끗하게 하는 최대 주의점의 하나).

[g] Gel은 스태킹 gel을 잘라버리고, 분리 gel만을 사용한다. 유리에서 떼어 낼 때, gel 상하 좌우를 알 수 있도록, 샘플과 관계없이 네 귀퉁이의 어딘가를 작게 자르던지 하여 표시를 해 두면 좋다. Gel은 핀셋으로 들면 부서지므로 장갑을 낀 손으로 들면 좋다.

[h] 장시간 담그는 것은 좋지 않으므로, 살짝 담그는 정도가 좋다. 너무 장시간 침투하면 gel 안의 단백질이 빠지거나 단백질에 결합한 SDS가 빠져 버릴 가능성이 있으므로 좋지 않다(단백질에 SDS가 결합하여 음전하를 띰으로서 membrane으로 transfer되기 쉬워진다).

[i] Gel이 어긋난 경우, 다시 들어서 바로 놓으면 된다. Gel의 하단이 쭈굴쭈굴하거나, 기포가 들어가 버린 경우에도, 유리 막대 등으로 위에서 부드럽게 굴려서 gel과 membrane을 밀착시켜, 기포를 제거할 수가 있다.

[j] 재차, 유리 막대 등으로 여과지 위에서 돌돌 굴려서 기포를 빼고 하면 좋다.

⑤ ❹의 위에서 스펀지를 놓고, gel holder cassette를 닫는다ⓚ. Tank식 장치에 (+)와 (−)의 방향에 주의를 하여 설치한다. 얼음을 넣어둔 용기를 세팅하고 stirrer bar를 넣고, transfer buffer를 위에서 붓는다ⓛ(그림 4).

⬇

⑥ 전원을 연결하고, tank를 stirrer 위에 얹는다. 100 mA로 30분간 전기를 통한다.

⑦ 300 mA로 전류를 올려, 30분 더 전기를 통한다ⓜⓝ.

⬇

⑧ Membrane을 꺼내어, DW에 담근다.

⬇

⑨ Membrane 전체를 Ponceau S 염색액에 약 1분간 담근다ⓞ.

⬇

⑩ 염색액을 회수하고, 마커가 보이도록 DW로 가볍게 세척한다.

⬇

⑪ 불필요한 부분을 잘라내고, 연필로 마커 단백질의 위치를 표시하여 둔다.

⬇

⑫ Tween−PBS로 염색액을 씻어낸다(5분 진탕×3회 정도)ⓟ.

⬇

⑬ 블로킹 처리를 한다(II−2 참고).

ⓚ Gel holder cassette를 어긋나게 닫으면, 장치에 들어가지 않으므로, 상하 좌우 모서리가 제대로 맞게 닫을 것.

ⓛ Membrane이 잠길 정도로 transfer buffer를 충분히 넣는다.

ⓜ Transfer buffer가 열을 띠는 것을 방지하기 위해서, 처음에는 100 mA로 전류를 통한다.

ⓝ 고분자량의 단백질(200 kDa~)을 보고 싶은 경우, 300 mA의 시간을 30분 이상으로 해도 된다. 고분자량의 단백질은 transfer되기 어려우므로, 시간을 연장하여 transfer되게 한다. 그 대신 저분자량의 단백질은 membrane을 투과하여 빠져나가 버릴 가능성이 생긴다.

ⓞ PVDF membrane은 Ponceau S로 염색되어도, nitrocellulose membrane에 비해선 염색되기 어렵다. 빛에 비추어 보면 염색하지 않아도 밴드가 보인다.

ⓟ Ponceau S 염색액이 막에 남아 있으면, Western blotting으로 검출할 때 더러워져 버릴 가능성이 있으므로, 확실하게 Tween−PBS로 Ponceau S를 제거해 둔다.

원포인트 어드바이스

장치의 세척 방법

장치는 수돗물로 헹군 후, DW를 흘려주는 것만으로도 괜찮다. 전극이 있으므로 지나치게 문질러 세척하는 것은 좋지 않다.

Tank식 장치에 사용한 스펀지는 수돗물로 여러 번 헹구어, 물기를 다 뺀 후 DW로 수차례 헹구면 된다. 물기를 없앨 때 손으로 너무 꽉 쥐면 스펀지가 변형되고 transfer 효율이 불균일해지므로 스펀지 모서리를 잡고 상하로 흔들어 물기를 빼도록 한다. 약간 번거롭지만, Western을 깨끗하게 실시하기 위해서는 장치를 소중하게 취급하는 것도 중요.

Transfer buffer 중의 메탄올의 역할

메탄올은 gel의 안정제이다. Gel의 팽윤을 방지한다. 일반적으로 transfer buffer의 20%가 메탄올이지만, 고분자량의 단백질을 보고 싶을 경우는 10%까지 떨어뜨린다(1 참고). 이에 따라 gel이 느슨해지고, gel로부터 단백질이 용출되기 쉬워진다.

II−2 항체와의 반응과 항원의 검출

그림 5에 항체를 이용한 항원 단백질의 검출방법의 흐름을 나타내었다.

단백질을 transfer시킨 membrane은, 항체와의 비특이적 흡착을 방지하기 위해 블로킹 처리를 한다. 블로킹에는 여러 가지 용액이 이용되지만, 처음의 선택으로는, 1~3%의 BSA나 gelatin을 함유한 Tween−PBS, 또는 단순한 Tween−PBS가 적당할 것이다. Tween과 같은 계면활성제는 membrane의 소수성의 부분에 흡착하고 이것을 효과적으로 block한다. Skim milk(1~5% in Tween−PBS)는 블로킹이 보다 강력하기 때문에 잘 이용되지만, 특이적 반응까지 억제해 버리는 경우도 있다.

블로킹이 끝나면 1차항체와 반응시킨다. 이때, 항체의 농도가 너무 높으면 관계없는 단백질과

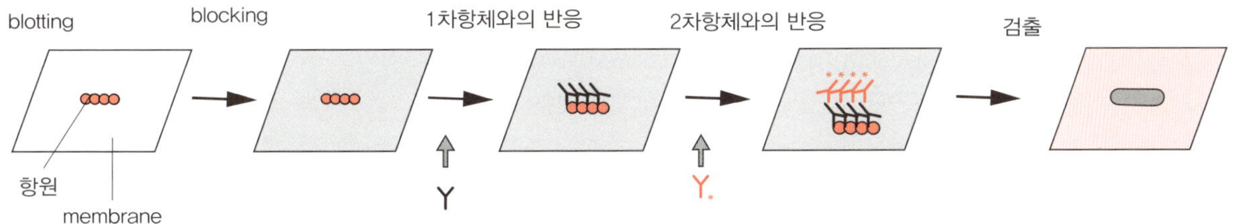

그림 5 Western blotting 과정의 개요

비특이적으로 반응하거나, membrane 전체가 오염되기도 한다. 역으로 농도가 너무 낮으면, 표적 단백질조차 검출할 수 없다. 따라서 처음 사용하는 항체는 희석률을 바꿔서(예를 들면 ×200, ×500, ×1,000, ×2,000, ×5,000, ×10,000, 1차항체 없음) 최종 농도를 검토하면 좋다. 이와 같은 경우에는 1매의 gel에 같은 샘플을 여러 lane에 흘려서, transfer한 membrane을 Ponceau S 염색한 후 직사각형으로 잘라서 반응시키면 좋다.

2차항체에는 보통, Horseradish peroxidase(HRP)나 Alkaline phosphatase(ALP)로 표지된 시판의 항체를 사용한다. 1차항체가 토끼에서 생산된 항체의 경우에는 표지된 anti-rabbit IgG, mouse가 생산한 항체의 경우에는 표지된 anti-mouse IgG를 사용한다. 단일클론항체의 경우에는 IgG가 아닌 IgM인 경우, 또한 마우스가 아닌 쥐인 경우도 있으므로 잘 확인해둔다.

HRP의 검출에는 발색법과 화학발광법이 있다. 대표적인 발색 시약으로서는 diaminobenzidine (DAB)을 들 수 있다. 이것은 갈색으로 발색하는 시약으로, 감도도 좋고, 면역조직화학에도 널리 이용되고 있다. 그러나 약한 발암성이 있기 때문에 주의 깊게 취급하여야 한다. 최근에는 DAB법을 대신하여 화학발광법이 가장 표준적인 방법으로 되어 있다. 화학발광법에서는 membrane을 반응액과 반응시킨 후, 발생한 광을 X선 필름이나 냉각 CCD 카메라로 검출한다. 고감도로서 contrast도 좋고, 사진촬영도 쉽다. AP 검출법에도, BCIP/NBT를 기질로서 이용하는 발색법과, CDP-Star 또는 CSPD를 이용하는 화학발광법이 있다.

1 블로킹과 항체와의 반응

준비물

1) 기구

- 플라스틱 케이스
- 진탕기

2) 시약

- Tween-PBS[q]
- 블로킹 용액 : Tween-PBS, 1% BSA/Tween-PBS, 1% gelatin/Tween-PBS, (1~5% skim milk/Tween-PBS) 등으로부터 적당한 것을 선택한다.
- 1차항체(Tween-PBS로 적당한 농도로 희석한다)
- 2차항체(Tween-PBS로 적당한 농도로 희석한다)[r]

[q] Buffer로서 인산 대신 10 mM Tris-HCl(pH 7.4)을 사용해도 좋다.

[r] Jackson ImmunoResearch사, Invitrogen사, Cell Signaling Technology사, Santa Cruz사 외에, 수많은 업체에서 판매되고 있다.

3) 시약의 조제

1% BSA/Tween-PBS		(최종 농도)
BSA	2 g	(1%)
Tween-PBS	200 mL	
total	200 mL	

냉동보관, 수개월간 보관 가능

1% Gelatin/Tween-PBS		
Gelatin	2 g	(1%)
Sodium azide	40 mg	(0.02%)
Tween-PBS	200 mL	
total	200 mL	

Hot stirrer 등을 이용해서 60°C 정도까지 따뜻하게 하며 교반하여 용해시킨다. 차게 하면 다시 응고된다. 실온보관, 수개월간 보관 가능

1% Skim milk/Tween-PBS		
Skim milk	2 g	(1%)
Tween PBS	200 mL	
total	200 mL	

사용시 조제

Protocol

❶ 플라스틱 케이스에 50~100 mL의 블로킹 용액을 넣고, 이 안에서 membrane을 진탕한다[s].

↓ 1시간~

❷ 블로킹 용액을 버리고, Tween-PBS로 교환하여 가볍게 세척하여 블로킹 용액을 제거한다.

↓

❸ Parafilm[t][u]을 잘라 플라스틱 케이스의 바닥에 깔고, 그 위에 membrane을 놓는다.

❹ 1차항체를 Tween-PBS로 희석하고, membrane에 놓는다(8×10 cm의 membrane 1장당 5 mL).

↓ 1시간~

❺ Parafilm을 버리고 Tween-PBS로 10분간×3회 진탕한다.

↓

❻ 2차항체를 Tween-PBS로 희석하고[v][w], membrane에 놓는다(8×10 cm의 membrane 1장당 5 mL).

❼ Tween-PBS로 10분간×3회 세척한다.

ⓢ 2일에 걸쳐 실시할 경우는, 블로킹이나 1차항체와의 반응을 overnight하면 좋다. 어느 쪽이 좋은가는 항체에 따라 다르다.

ⓣ Parafilm을 밑에 깔아 두면, parafilm이 물을 튀겨내므로 항체용액을 membrane에 잘 놓을 수가 있다. 이때 플라스틱 케이스의 바닥이 수평이 아니면 항체가 균일하게 놓이지 않고, membrane이 부분적으로 건조되기 쉽다.

ⓤ 플라스틱 백에 넣고 sealer로 sealing해도 좋다. 지퍼가 붙어 있는 비닐 백에 넣는 방법도 있다. 단 항체가 불균일하게 되기 쉬우므로 주의.

ⓥ Sodium azide는 HRP의 효소 활성을 저해하므로, 이 단계 이후에는 사용해서는 안 된다.

ⓦ 시판되고 있는 2차항체는, 500~2,000배 정도로 희석하는 것이 적당한 경우가 많지만, 제조사나 lot에 따라 차이가 크고, 검출 방법에 따라서도 다르기 때문에, 새로 구입하였다면 스스로 농도의 검정을 하는 것이 바람직하다.

대부분의 항체는 0.02% sodium azide를 방부제로 첨가하여 두면 4°C에서 수년간 안정하게 사용할 수 있다. 희석한 1차항체의 용액도 대개의 경우 재사용할 수 있다. 그러나 종류에 따라서는 4°C에서도 활성이 없어지는 경우가 있다. 또한 동결 융해를 반복하는 것은 좋지 않다. 따라서 분주하여 동결 보관하고 일단 융해하면 냉장고에 보관하는 것이 좋다. 최근에 시판되고 있는 항체 등에는 glycerol이 50% 정도 첨가되어 있고, 4°C 또는 20°C에 보관하도록 지시되어 있는 것을 자주 본다. Glycerol은 단백질의 안정성을 향상시키는 것이라고 생각된다. 또한 이 상태라면 −80°C에서는 동결되지만 −20°C에서는 동결되지 않는다. 또한 시판 항체에는 방부제로서 유기 수은화합물(thimerosal, mercury oleate 등)이 미량 첨가된 것도 있고, 그 경우에는 폐액 처리가 적절하게 이루어져야 한다.

2 HRP 반응에 의한 항원의 검출–DAB법

준비물

- DAB 반응액
- 30% H_2O_2(30%의 수용액이 시판되고 있기 때문에, 그대로 사용한다. 피부에 닿으면 아프기 때문에 물로 잘 씻는다)

DAB 반응액		(최종 농도)
3–3′ Diaminobenzidine	10 mg	(0.2%)
1 M Tris–HCl(pH 7.4)	2.5 mL	(50 mM)
DW	47.5 mL	
total	50 mL	

교반기로 10~30분 교반한다[ⓧ]. 사용 시 조제

Protocol

❶ DAB 반응액 50 mL에 대하여 7.5 μL의 30% H_2O_2를 첨가하고, membrane을 담근다(8×10 cm 정도의 membrane 2장의 경우, 수초~수분 간 실시한다).

❷ 밴드가 보이기 시작하면 적당한 시점에 DAB 반응액을 버리고, membrane을 DW로 잘 씻는다.

❸ 공기에 말린다.

3 HRP 반응에 의한 항원의 검출–화학발광법[ⓨ]

준비물

- 화학발광 검출시약[ⓩ]
- X선 필름(CCD 카메라로 검출할 경우는 불필요)
  (8×10 inch = 20.3×25.4 cm 또는 5×7 inch = 13×18 cm)[ⓐ]
- X선 필름용 현상액[ⓑ](CCD 카메라로 검출할 경우는 불필요)
- 정지액(1.5% acetic acid)[ⓑ](CCD 카메라로 검출할 경우는 불필요)
- X선 필름용 고정액[ⓑ](CCD 카메라로 검출할 경우는 불필요)

Protocol

1) X선 필름에 의한 검출

❶ 화학발광 검출시약을 설명서에 따라 조제한다.

❷ Parafilm 위에 membrane을 놓고 그 위에 검출시약을 올려놓는다(1분).

ⓧ DAB는 발암작용이 있기 때문에, 결코 손에 묻히거나 엎지르지 않도록 주의한다. 특히, 분말은 위험.

ⓨ 화학발광 시그널의 검출은, ① X선 필름에 노출시키는 방법, ② 고감도 CCD 카메라를 이용하는 방법이 있다.

ⓩ GE Healthcare사의 ECL, ECL plus, Perkin Elmer사의 Western lightning plus 등이 있다. 이러한 것들은 대단히 고감도이고, 특히 ECL plus, Western lightning plus는 plus가 아닌 쪽에 비하여 5~20배 정도 감도가 높기 때문에, 아주 약한 시그널도 검출할 수 있는 반면, 비특이적인 것도 검출되기 쉽다. 깨끗한 결과를 얻기 위해서는, 전기영동하는 단백질의 양이나, 1차항체와 2차항체의 희석률을 최적화할 필요가 있지만, 시그널이 너무 강하게 나왔을 때는, 우선 membrane을 씻고 기질 용액을 희석하든지, 또는 plus가 너무 강한 경우는 plus가 아닌 것으로 바꾸어 한 번 더 노출시키는 것도 가능하다.

ⓐ Autoradiography용 필름 또는 화학발광 검출용 필름으로 시판되고 있는 것. 예컨대 Kodak사의 Bio Max light, Bio Max XAR(이상은 Sigma사의 카탈로그에도 기재되어 있다). GE Healthcare사의 Hyperfilm 등을 사용할 수 있다. 또 감도는 약간 낮지만, 일반적인 X선 직접 촬영용 필름(Fuji RX–U 등)도 이용 가능하다. 필름 기초 색으로 무색과 블루가 있고 겉보기에는 무색 쪽이 좋지만, 감도나 해상도와는 직접 관계가 없다. 유제는 단면 도포와 양면 도포가 있으며, autoradiography의 경우는 용도가 다르지만, 화학발광에서는 한쪽 면 밖에 감광하지 않으므로 어느 쪽도 좋다.

ⓑ 현상액, 고정액은 필름에 따라 지정된 것을 구입하여 설명서대로 제작하면 된다. 정지액은 acetic acid를 1.5%로 희석하여 사용한다. 자동 현상기가 있으면 편리하지만, 없으면 암실에서 손으로 현상한다. 필름 한 장이 그대로 들어가는 용적 1 gallon(3.8 L) 정도의 용기가 있으면 편리하다(protocol ❺~❼의 **그림**). 찾을 수 없다면, 주문 제작이나 자체 제작도 좋지만, 마트에 쓰레기 통으로 팔고 있는 것을 대용하여도 된다.

❸ Membrane을 핀셋으로 들어내고, wrap으로 감싼다. Autoradiogarphy용 카세트를 이용하면 좋다.

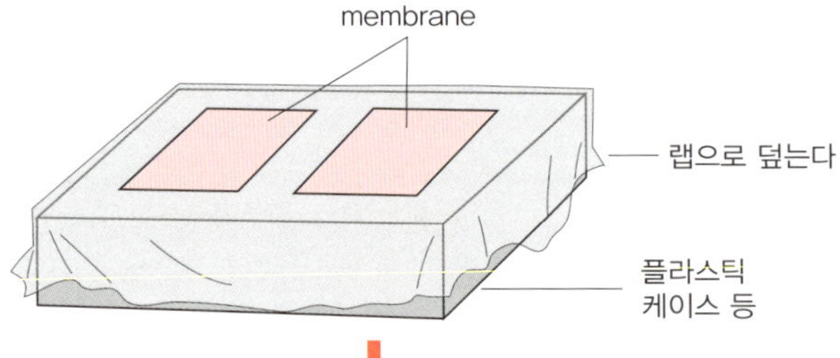

❹ 암실에서 X선 필름을 한 장 꺼내어ⓒ, 이것에 밀착시켜 노출시킨다. 적정의 노출시간을 모를 경우, 우선 15초와 60초 2종류를 시도해 본다.

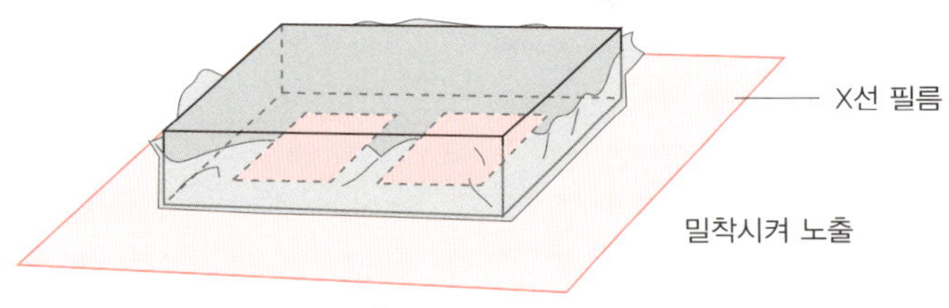

❺ 현상액에 담근다(1~5분, 가끔 교반한다)ⓓ.

❻ 정지액에 담근다(수십 초).

❼ 고정액에 담근다(1~5분)ⓔⓕ.

❽ 전원을 켜고, 수돗물로 씻는다.

❾ 건조시킨다.

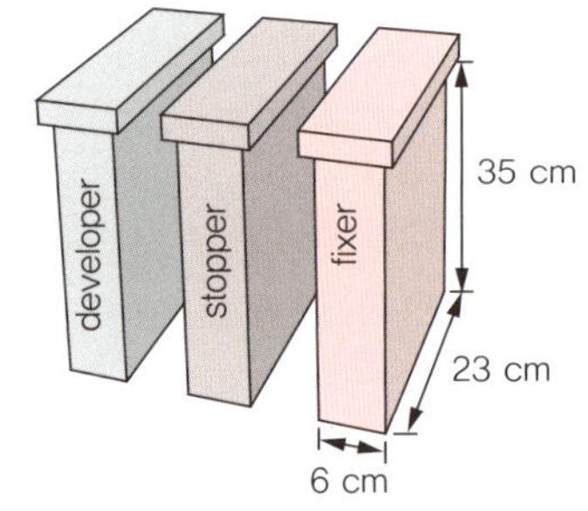

현상 탱크의 예
(숫자는 내경)

ⓒ 인화지용의 안전광에서는 감광되므로, X선 필름용 안전광을 사용하든지 아니면 완전한 암실에서 행한다.

ⓓ 사진의 이론에서 말하자면, 현상은 항상 표준적인 조건에서 실시하고, 밴드의 강도 조절은 노출시간, 또는 그 이전의 조건(항체의 희석률 등)에서 실시해야 한다. 적정한 현상을 실행하지 않으면 적당한 contrast상을 얻을 수 없기 때문이다. 밴드의 검은색이 깔끔하지 않을 때는 현상부족, 배경이 깔끔하지 않을 때는 현상과다이다. 현상액이 오래된 경우에도 이렇게 된다. 적정 현상 시간은 현상액의 종류, 온도 및 상태에 의존하지만 보통 20°C에서 2~3분, 25°C에서 1~2분 정도이다.

ⓔ 필름에 백색의 불투명한 부분이 남아 있을 때는 고정 부족이기 때문에 한 번 더 고정액에 담근다.

ⓕ 오래된 현상액, 고정액에는 은이 포함되어 있기 때문에, 폐기할 때는 관리자의 지시에 따라 적절히 처리한다.

2) CCD 카메라에 의한 검출

❶ 1)의 ❶~❸에 따라, membrane을 화학발광 검출시약과 반응시킨다.

❷ 화학발광 검출 장치(그림 6)에 세팅하고 노출시킨다ⓖ.

ⓖ X선 필름에서는 dynamic range가 좁기 때문에, 그에 맞게 노출로 조정하는 반면, CCD 카메라는 dynamic range가 넓기 때문에 포화하지 않는 범위에서 충분한 노출을 주어 12 bit, 14 bit 등에서 이미지를 확보하여 레벨보정으로 밴드가 적정하게 표시되도록 조정한다. 상세한 것은 후술의 II-3-3을 참고할 것.

그림 6 냉각 CCD 카메라를 사용한 화학발광 이미지 분석기
사진 장치는 GE Healthcare사 제품. ① 냉각 CCD 카메라, ② 렌즈, ③ 샘플을 두는 스테이지, ④ PC

4 Alkaline phosphatase 반응에 의한 항원의 검출

준비물

- 100× NBT
- 100× BCIP
- Alkaline phosphatase buffer
- 발색액

100× NBT		(최종 농도)
Nitro blue tetrazolium	0.33 g	(3.3%)
70% dimethylformamide	10 mL	
total	10 mL	

1.5 mL의 플라스틱 튜브에 1 mL씩 분주하여 냉동보관. 수개월간 보관 가능

100× BCIP		
Bromochloroindolyl phosphate	0.165 g	(1.65%)
100% dimethylformamide	10 mL	
total	10 mL	

잘 녹지 않을 경우에는 10 mL의 증류수를 가하여, 50× 용액으로 만든다. 1.5 mL의 플라스틱 튜브에 1 mL씩 분주하여 냉동보관. 수개월간 보관가능.

Alkaline phosphatase buffer		
1 M Tris–HCl(pH 9.5)	10 mL	(100 mM)
5 M NaCl	2 mL	(100 mM)
1 M $MgCl_2$	0.5 mL	(5 mM)
DW	87.5 mL	
total	100 mL	

냉장보관, 수개월간 보관 가능

발색액	
100× BCIP	0.1 mL
100× NBT	0.1 mL
Alkaline phosphatase buffer	9.8 mL
total	10 mL

사용할 때마다 조제

Protocol

❶ 발색액을 제작한다(8×10 cm의 membrane 1장에 대하여 5~10 mL).

⬇

❷ Membrane을 parafilm 위에 놓고, 발색액을 붓는다.

⬇

❸ 밴드가 보이게 되면 적당한 시점에 발색액을 버리고, DW로 씻는다.

⬇

❹ 건조시킨다.

밴드의 검출이 잘 되지 않을 경우의 대책을 29페이지 Troubleshooting에 정리하였다. 항체가 표적단백질 이외의 밴드와 반응할 경우, 비특이적인 반응에 의한 경우와 특이적인 경우가 있다. 전자는 항체의 농도가 너무 높거나 전기영동한 단백질의 양이 너무 많음으로써 단백질의 비특이적 흡착이나 항체의 변성에 의한 membrane의 흡착 등이 있다. 후자에는, 다클론항체(2차항체도 포함) 중에 다른 단백질에 대한 항체가 혼합되어 있는 경우, 또는 단일클론항체로서 가끔 인식부위와 유사한 서열이 다른 단백질에 존재하는 경우 등이 있다. IgG 결합단백질이나 biotin 결합단백질의 밴드와 반응하는 경우가 있을지도 모른다. 블로킹을 강하게 하는 방법은 비특이적 반응을 억제하기 위한 한 가지 대책은 되지만, 특이적 반응의 경우에는 효과를 그다지 기대할 수 없다. 그러한 경우에는 다클론항체라면 affinity 정제를 실시하고, 단일클론항체는 바꾸고, 2차항체라면 다시 교체하여야 하는 대책이 필요하게 될 것이다.

면역침강의 경우, 침강에 이용한 항체가 Western blotting할 때 강하게 나타나는 경우가 많고, 가끔은 아주 방해가 되기도 한다. 여러 가지 대책은 있지만, L쇄 특이적인 2차항체를 사용하면 H쇄의 밴드는 나타나지 않는다. L쇄에는 kappa형과 lambda형이 있어, 어느 type인지는 항체에 따라 다르므로 2차항체의 선택이 필요하지만, 양쪽과 반응하는

(다음 페이지에 계속)

(앞 페이지에서 계속)

2차항체도 시판되고 있다(Jackson ImmunoResearch사).

2차항체의 표지에는, HRP 표지, AP 표지 외에도 ^{125}I 표지, biotin 표지 등이 있다. ^{125}I 표지의 경우에는 autoradiography로 검출한다. Biotin 표지의 경우는 다시 streptavidin 표지의 HRP와 AP를 반응시켜 검출한다. 감도는 어느 방법이든 큰 차이는 없다.

1차항체가 토끼의 IgG인 경우에는, 2차항체 대신에 표지한 Protein A(Sigma사 등)를 이용하는 것도 가능하다. Protein A는 IgG의 intact(변성되지 않은 것)한 Fc 부분에만 반응하기 때문에, 변성한 IgG에 의한 비특이적 반응이 강하게 나타날 때는 결과가 개선되는 경우가 있다.

화학발광으로 검출한 경우에는 membrane 자체에 색이 나타나지 않기 때문에, 한 번 검출한 후, 일단 1차항체, 2차항체를 떼어내고, 한 번 더 항체를 반응시키고 검출하는 것도 가능하다. 단, 한 번 반응시킨 항체를 완전히 제거하는 것은 항체에 따라서도 다르지만 의외로 어렵고, 아주 강한 조건에서 세척하여도 남는 경우가 많다. 또한 강하게 세척하면 단백질이 membrane으로부터 떨어져 버리는 경우도 있어 주의가 필요하다.

그리고 1회째 검출 후, Sodium Azide를 포함하는 buffer에서 incubation하면, 항체는 남지만 HRP는 활성을 잃어버리기 때문에, 잘 이용하면 한 장의 membrane으로 2회 반응할 수 있다. 좀 더 확실하게 두 종류의 항체에 의한 염색을 실시하기 위해서는 transfer하여 Ponceau S로 염색한 단계에서 membrane을 표적단백질의 분자량에 따라 잘라서 사용하면 좋다.

II-3 밴드의 정량

1 Blot의 이미지화와 밴드의 정량

Western의 membrane 이미지는, scanner, CCD 카메라, 또는 디지털 카메라로 파일화할 수 있다[h]. X선 필름은 gel과 마찬가지로 scanner[i]로 스캔하거나 light box에 얹어 CCD 카메라나 디지털 카메라로 촬영하면 좋다.

밴드의 정량을 위한 소프트웨어는 다수 있지만, ImageJ라고 하는 freeware는 그중 하나이고, NIH-image라고 하는 예전부터 유명한 소프트웨어가 발전한 것이다. Windows용, MacOS용, Linux용을 다운로드할 수 있다. 다기능으로 여러 가지 사용법이 있지만, 예를 들면 TIFF 형식으로 보관한 이미지를 ImageJ로 열고, 선택 tool(예를 들면 사각)로 밴드를 둘러싸고 'Analyse' → 'Measure'로 진행하면 측정된다.

얻어진 데이터의 정량성과 선형성은, 많은 요인이 관여하기 때문에 매우 복잡하지만, 어느 정도의 정량성이 있는지를 확인하려면, 검량선을 한 번 쓰는 것도 좋을 것이다.

ⓗ 어느 경우에도, 센서에서 얻은 정보를 linearly 저장하는 것이 바람직하다.

ⓘ Scanner에 대해서는, **2장 I-2-1**을 참고한다.

2 기타 정량법

Western의 경우, ^{125}I 표지의 2차항체와 반응시켜, autoradiography, RI image analyzer, 또는 membrane에서 밴드를 잘라내어 감마-counter로 분석하는 방법도 있지만 최근에는 비RI화의 흐름으로 인해 그다지 시행하지 않게 되었다.

또한 특정의 단백질을 보다 정확하게 정량하는 방법으로, radioimmunoassay와 enzyme immunoassay법이 있고, 중요한 혈중의 인자 등에 대한 assay kit가 시판되고 있으며, 일반의 생화학, 분자생물학의 연구자가 자신의 시스템을 확립할 기회는 적은 상황이다. 그러므로 상세하게 기술한 서적들이 있으니 그것들을 참고하기 바란다.

Troubleshooting

문제점	가능성 있는 원인	해결을 위한 조치
● 밴드가 너무 많이 나타난다.	• 항체의 희석률과 특이성에 문제가 있다.	➲ 1차항체의 농도 측정을 다시 한다(1차항체가 없는 컨트롤도). ➲ 2차항체의 농도 측정을 한다(반드시 시그널이 나타나는 1차항체를 사용하여). ➲ 1차항체를 affinity 정제한다.
	• 단백질 사용량이 너무 많다.	➲ 단백질 사용량을 줄인다.
	• 블로킹이 불충분하다.	➲ 블로킹을 1시간에서 overnight으로 늘린다.
● 밴드가 전혀 나타나지 않는다.	• 항체가가 약하거나 희석률이 부적당하다.	➲ 반드시 나올 1차항체를 positive control로 하여 1차항체, 2차항체의 농도 검정을 다시 한다.
	• 블로킹이 너무 강하다.	➲ 블로킹을 1시간 정도로 끝내고 1차항체를 overnight 반응시킨다.
	• 항원이 너무 적다.	➲ 단백질 사용량을 늘인다.
	• 검출법이 적당하지 않다.	➲ DAB법으로 검출되지 않는 경우는 화학발광법으로 검출한다.
	• Buffer가 적당하지 않다.	➲ Tween-PBS를 Tween-TBS(Tris buffer) 등으로 바꾼다.
● Membrane 전체가 검게 된다.	• 블로킹이 불충분하다.	➲ Tween이 있는 블로킹 용액을 사용하고 overnight 블로킹한다.
	• 항체가 변성되었다.	➲ 표지한 Protein A로 검출한다.

참고문헌

1) Harlow, E. & Lane, D. : Antibodies, Cold Spring Harbor Laboratory, 1988

2) 小島┌嗣, 岡本洋一 編：「像解析テキスト 改訂第3版 NIH Image, Scion Image 実践講座」, 羊土社, 2006

III 등전점 전기영동과 2차원전기영동

III-1 2차원전기영동과 프로테옴 분석

2차원전기영동법에는 1차원째와 2차원째에 이용하는 전기영동의 종류에 따라 다양한 방법이 있다. 1차원째에는 등전점 전기영동 외, Native-PAGE, Blue Native-PAGE(**2장 I-3** 참고) 등이 이용되는 경우가 있다. 2차원째는 대부분의 경우 SDS-PAGE이다. 현재 가장 잘 시행되는 것은, 1차원째에 요소에 의한 변성 조건하에서 등전점 전기영동, 2차원째에 SDS-PAGE을 이용하는 방법으로, 1970년대에 개발된 이래 개량이 진행되어왔다[1)~4)]. 1990년대에는 gel에서 분리된 단백질 동정법의 비약적인 발전에 따른 프로테옴 분석이라는 새로운 분야를 개척하는 기초가 되었다[5)].

프로테옴 분석의 초기 아이디어는, 조직과 세포에 포함된 모든 단백질을 2차원전기영동으로 분리하고 분석하려는 것이었다. 그러나 현실에는 단백질의 종류에 따라 발현량이 현저히 다른 것이나, 2차원전기영동의 실행 결과에 한계가 있어서 모든 단백질을 한꺼번에 분석하는 것은 어렵고, 조직이나 세포의 조추출물의 분석에서는 대사계, 세포 골격계 등의 비교적 양이 많은 단백질은 쉽게 검출할 수 있는 한편, 세포내 정보 전달계, 세포막 수용체, 전사 인자 등의 단백질은 일반적으로 양이 적어서 검출이 곤란하다. 그렇기 때문에, 실제 연구에서는 세포분획법이나 affinity 정제법과 조합되어 시행되는 것도 많고, 또한 필요에 따라 충분한 크기의 gel, 또는 pH 범위가 좁은 gel을 사용할 필요가 있다. 2000년 전후부터는, 분석의 고감도화, high throughput화를 목적으로, 전기영동을 쓰지 않고, 대신 nanoLC와 MS/MS에 의한 단백질의 분리, 동정, 정량을 하는 방법이 발달해 왔고, 현재는 2차원전기영동과 함께 프로테옴 분석의 두 축이 되어 있다.

2차원전기영동에서는 하나의 단백질의 등전점 또는 분자량이 다른 종류를 분리할 수 있기 때문에, 단백질의 양적 변화뿐만 아니라, 변형의 차이를 구분하는 것도 가능하다. 예를 들면, 인산화는 등전점을 산성 쪽으로 이동시키므로, 인산화 사이트가 그렇게 많지 않은 단백질은 인산의 수가 다른 것을 각각의 spot에 분리하는 것도 가능하다. 또한 Western blot과 조합하는 것도 가능하며 다양한 응용을 생각할 수 있다.

III-2 두 종류의 등전점 전기영동법 : CA-IEF와 IPG-IEF

등전점 전기영동법(Isoelectric focusing, IEF)에는 크게 나누어, pH 구배의 제작에 수용성의 양쪽이온성 담체(Carrier Ampholite, CA)를 이용하는 방법(CA-IEF)과, 고정화 pH 구배 polyacrylamide gel 등전점 전기영동(Immobilized pH-gradient polyacrylamide gel isoelectric focusing, IPG-IEF)의 두 종류가 있다. 단독으로 실시하는 경우도 있지만, 대부분은 2차원전기영동의 1차원째로 이용된다.

최초로 개발된 CA-IEF는, gel 제작 때 pK값이 다른 수용성 양쪽이온성 담체의 혼합물을 gel에 두고, 여기에 샘플을 apply한 후, 전압을 걸어 줌으로써 pH 구배를 형성시키고, 단백질을 등전점의 위치에 맞추는 방법이다. Polyacrylamide를 지지체로 하는 것이 일반적이지만, agarose를 이용하는 방법과, 몇 개~20개 정도로 구획된 chamber를 이용하여 용액으로 시행하는 방법 등도 있다. 분해 능력이 높고 뛰어난 방법이지만, 샘플의 염농도가 높으면 pH 구배 형성이 잘되지 않거나, 전기영동 조건이 다르면 pH 구배가 달라지기 때문에 연구자 간의 비교나 추가 실험이 어려운 점 등의 문제가 있다.

그 후 개발된 IPG-IEF에서는, 약산성 및 약염기성의 해리기를 도입한 acrylamide 유도체를 이용하여 다른 pK값을 가진 acrylamide 유도체를 polyacrylamide gel에 혼성 중합함으로써 pH 구배가 고정된 gel을 이용한다[2]. pH 구배가 보다 안정적이고, 염에 의한 영향을 받기 어렵고, apply 할 수 있는 단백질 양도 많다. 또 시판의 gel을 구입함으로써 누구나 일정한 pH 구배의 gel을 사용할 수 있어서 다른 연구자의 결과와도 쉽게 비교할 수 있다는 장점이 있다.

이러한 장점으로 IPG-IEF는 현재 비교적 잘 이용하게 되었지만, 소수성의 단백질과 고분자량(>100 kDa)의 단백질 분리나 회수율이 안 좋은 점, 또는, 전기영동 중에 S-S 결합이 형성되기 매우 쉽다. 이에 따라 분자 간의 크로스 링크가 생기면 등전점이 변화하기 때문에 하나로 모이지 않아 2차원전기영동 때 수평 방향의 줄무늬로 나타나는 경우 등의 문제가 있다. S-S 결합에 대해서는 buffer의 조성을 개량하는 것으로 상당히 개선할 수 있지만, 고분자량 단백질 등의 분석은 매우 어렵고, 분석 대상 단백질에 따라서는 CA-IEF가 유리한 경우도 있다고 생각된다.

III-3 IPG-IEF를 이용한 2차원전기영동

1 1차원째 : IPG-IEF[j][k]

준비물

1) 기구, 기계[l]

- 전기영동조 : gel을 눕히고 양끝에 전압을 넣는 수평형 전기영동조
- 냉각 항온 장치 : 예전에는 냉각수 순환 장치를 이용하여 plate를 냉각하고, 그 위에 전기영동조를 놓는 것이 일반적이었지만(본서 초판~제3판 참고[6]), 현재는 Peltier 소자에 의한 냉각판이 자주 사용되어, Peltier 소자와 전원을 넣은 일체형의 등전점 전기영동장치도 시판되고 있다(그림 1).
- 전원 장치 : 적어도 3,000 V 정도까지 출력할 수 있고, 또 전류가 10 μA 정도까지 내려가도 사용 가능한 것. 11 cm 이상의 gel을 전기영동하기 위해서는 더 큰 고압의 출력이 가능한 것이 바람직하다. 전기영동조 일체형의 장치에서는 8,000~10,000 V까지 설정할 수 있게 되어 있다.
- 팽윤용 드레이(swelling tray) : GE Healthcare사, Bio-Rad사 등에서 판매되고 있다(그림 2a).

2) 시약, gel

- 고정화 pH 구배 gel : Immobiline DryStrip(GE Healthcare사), IPG Ready Strip(Bio-Rad사) 등. 모두 pH 영역은 4~7, 3~10, 6~11 등, 길이는 7, 11, 13, 18, 24 cm 등의 종류가 있다. 더 좁은 pH 영역의 것도 있다.
- 실리콘 오일 : KF-96L-5CS(Shin-Etsu Silicone사)[m]
- 두꺼운 여과지 : 전극 부분에 이용한다(Whatman사의 17 Chr 등).

ⓙ 제4판에서 저자가 교체되었지만, 방법은 초판~제3판[6]에서 쓰여진 방법과 기본적으로는 비슷하다. 따라서 구판의 내용을 계승한 부분도 많지만, 다른 부분도 있다.

ⓚ 전기영동은 고전압으로 하기 때문에, 감전, 누전, 발열 등에 충분히 주의할 것.

ⓛ 전기영동조, 전원 장치, 냉각 항온조가 각각 별도로 된 것(GE Healthcare사, Anatech사 등)과 일체로 된 장치(GE Healthcare사, Bio-Rad사 등)가 판매되고 있다.

ⓜ 본서 제3판까지는 KF-96L-1.5CS로 되어 있다[6]. 모두 이용 가능하다고 생각된다.

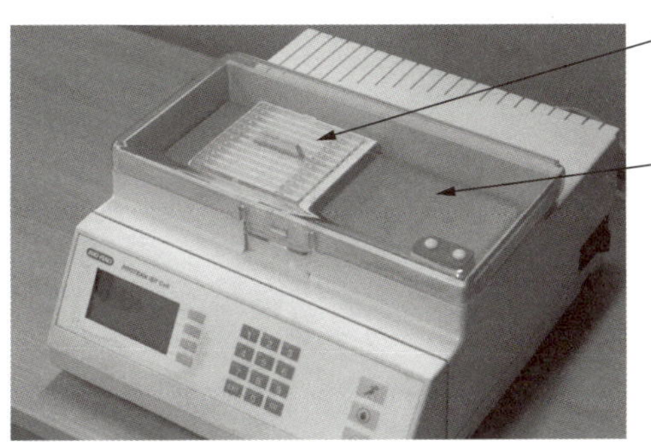

그림 1 전기영동조, 냉각 플레이트, 전원 일체형의 IPG-IEF용 전기영동 장치의 예 (Bio-Rad사)

3) 시약의 조제ⓝ

샘플 조제 buffer(예)		(최종 농도)
요소	4.8 g	(8 M)
CHAPS	0.4 g	[4%(w/v)]
1 M Tris-HCl, pH 7.4	100 μL	10 mM
DTT	0.1 g	65 mM

최종적으로 10 mL가 되도록 한다. 분주해서 동결 보관

Gel 팽윤 buffer ⓞⓟⓠⓡ		
요소	4.2 g	(7 M)
Thiourea	1.5 g	(2 M)
CHAPS	0.4 g	[4%(w/v)]
Pharmalyte 3-10 (40% 용액)	100 μL	[0.4%(w/v)]
DTT	30 mg	(20 mM)
Tributylphosphine (200 mM 용액, Sigma사)	100 μL	(2 mM)
Bromophenol blue(BPB)	미량	

최종적으로 10 mL가 되도록 한다. 분주해서 동결 보관

ⓝ 순도가 나쁜 요소는 전기영동의 성능을 저하시킨다. 특히 요소는 수용액에서 서서히 시안산 암모늄(ammonium cyanate)을 생성하고, 이것이 단백질의 amino기를 carbamoyl화하여 등전점을 변화시키므로, 요소는 정제된 것을 사용하고, 즉시 사용하지 않을 때는 동결하여 보관한다. 시안산은 온도가 높을수록 생성되기 쉬우므로, 요소를 포함한 용액의 가열은 피한다. 티오 우레아도 수용액 중에서 티오시안산 등을 생성하지만, 이쪽은 더 복잡하다. 특급 시약의 요소(및 티오요소)를 필요량보다 조금 넉넉하게 녹여, 이온교환수지 AG501-X8(Bio-Rad사)을 0.5~1 g 정도 넣고 몇 시간 교반한 후, 0.45 μm의 syringe filter를 통과시켜, 필요량을 취하고 다른 성분을 첨가한다.

ⓞ 변성제는 원래 8 M 요소가 사용되었으나, 7 M 요소/2 M thiourea를 사용하는 방법이 발견되어 검출할 수 있는 spot의 양과 종류가 현저하게 개선되었다[7]. 또한 이는 주로 전기영동 때의 효과이며, 세포나 조직에서의 단백질 가용화와는 관계가 없다고 본다. 오히려, thiourea는 DTT의 환원력을 낮출 가능성이 있으므로, 가용화 때는(일단 S-S 결합이 환원될 때까지는) thiourea를 넣지 않는 게 좋고, 또 gel 팽윤 buffer에는 tributylphosphine을 첨가하는(ⓡ) 등의 대책이 좋다.

ⓟ 계면활성제로는 양쪽이온성 전해질의 CHAPS가 주성분으로 이용되는 경우가 많은데, NP-40과 Triton X-100 등 비이온성 계면활성제도 이용할 수 있다. 회수율이 나쁜 단백질 검출에 Zwittergent 3-10[6]이나 기타 sulfobetaine계의 계면활성제[8]가 효과적이라는 보고도 있다. SDS는 단백질에 흡착하여 등전점을 이질적으로 변화시키기 때문에, SDS를 포함한 샘플의 이동에 대해서는 ⓢ를 참고할 것.

ⓠ 팽윤 buffer에 등전점이 다른 Carrier Ampholite의 혼합물을 넣어 두는 것은, 대부분의 염이 양극에 끌린 후의 염농도와 gel 전기 전도도를 유지하는 것으로 분해능을 향상시키기 위해서다[2]. 여기에서는 Pharmalyte 3-10(GE Healthcare사)을 사용하고 있는데, IPG buffer 등도 마찬가지로 이용할 수 있을 것으로 보인다[6]. 너무 많이 넣어도 좋지 않다.

ⓡ 수평 방향 줄무늬의 큰 요인 하나는, 전기영동 중인 분자 간 S-S 결합의 형성이다. 이를 방지하기 위해서 DTT를 넣어 두지만, 전하가 없는 pH 의존성이 적은 수소화인[tributylphosphine[6], tris(2-cyanoethyl) phosphine[9] 등]을 넣어 두면 더욱 개선된다. Tributylphosphine은 휘발성 액체이므로 순수 제품은 fume hood에서 취급한다.

Protocol

1) 샘플 조제의 일례(동물세포 유래 샘플)ⓢ 30분~1시간

❶ 100 mm의 dish에서 배양한 confluent한 부착성 세포를, PBS에서 3회 세척하고, PBS를 최대한 뺀 후, 0.3~0.5 mL 정도의 샘플 조제 buffer를 넣고 cell scraper로 세포를 모은다.

⬇

❷ 테플론 페슬의 glass homogenizer로 균질화한다. 또는 22~24 gauge의 바늘을 끼운 주사기를 사용하여 균질화하여도 좋다.

ⓢ 샘플 조제법과 이용하는 buffer는 실험의 성질에 따라 다르다고 생각되지만, 단백질이 충분히 변성되며 S-S 결합이 환원되어 있는 것이 바람직하다. 또 일반적으로는 단백질 분해를 억제하기 위해서 protease 억제제(1 mM PMSF, 시판의 protease 억제제 cocktail 등)를 첨가하고, 가능한 저온에서 조작한다. 필요에 따라 phosphatase 억제제 등도 첨가한다. 또 고염농도(>100 mM)의 샘플에서는 특히 전기영동 개시 직후의 전기 전도도가 높기 때문에 과발열이 일어나지 않도록 충분히 주의한다. 전류의 상한을 설정할 수 있는 장치는 발열의 걱정은 없지만, 전류가 너무 낮으면 전압이 올라가기 힘들기 때문에, 전기영동 중의 전류와 전압을 잘 관찰하고, 필요하면 조절한다. SDS를 포함한 샘플을 전기영동할 경우, SDS 농도를 NP-40이나 TritonX-100 등에 대해서 충분히 낮게(기준으로 1 : 8 이상[6])하고, SDS와 대체할 필요가 있다. 혈청 등에서 혈청알부민 등과 같이 양이 많은 단백질을 제외하는 일이 자주 이루어지고 있으며, 이를 위해 resin이나 column도 시판되고 있다.

❸ 15,000 rpm에서 10분간 원심분리한다.

❹ 상층액을 취해여, Bradford법으로 단백질을 정량한다.

2) 1차원째의 전기영동  1.5일 정도

1일째

❶ Gel 팽윤 buffer에 샘플을 넣는다[t]. 단백질 양과 팽윤 buffer 양의 대략적인 기준을 아래 표에 제시한다(세포 homogenate 등을 전기영동할 경우의 기준이므로, 실제로는 한 번 실행해 보고 나서 정할 필요가 있다).

Gel의 길이	팽윤에 필요한 buffer 양	어플라이하는 단백량	
		은염색	CBB 염색
7 cm	150 μL	5～10 μg	20～50 μg
11 cm	220 μL	20～50 μg	100～200 μg
18 cm	380 μL	100～200 μg	0.5～1 mg

❷ ❶의 용액을 팽윤 트레이 홈에 넣은 후, gel에서 보호 필름을 제거하고, gel 면을 아래에 깔고 팽윤 트레이에 넣는다.

❸ 건조를 막기 위해서 실리콘 오일을 중층하고, 15°C～실온에서 10시간 이상 정치하고, gel을 팽윤시킨다.

[t] 샘플 apply는, 본문처럼 gel의 팽윤과 동시에 gel에 침투시키는 방법 외에, 샘플을 스미게 한 여과지를 팽윤한 gel에 얹는 방법과 샘플용액을 샘플 컵으로 첨가하는 방법이 있지만, 대개 본문의 방법으로 별다른 문제가 없다. 샘플로 팽윤 buffer가 약간 희석되지만, 실제로 10～20% 정도 희석되더라도 큰 영향은 없다.

2일째

❶ 전기영동조를 냉각 플레이트에 얹고, 15°C로 냉각해 둔다.

❷ 두꺼운 여과지를 길이 약 5 mm, 폭 약 3 mm로 잘라(gel 1개당 2장), 새로운 팽윤 buffer로 적신다(수십 μL).

❸ 팽윤한 gel을 전기영동조의 홈에 넣고 여과지를 통해서 전극에 접촉시킨다(그림 2b). 건조를 막기 위해서, gel을 실리콘 오일로 덮는다.

❹ 전기영동을 개시한다. 처음에는 gel의 전기 전도도가 높아 갑자기 고압을 걸면 과다한 전류가 흐르므로, 단계적으로 전압을 올린다. 전류의 상한치를 설정할 수 있는 전원 장치에서는, gel 한 개에 75～100 μA 정도로 설정하고

a)

b)

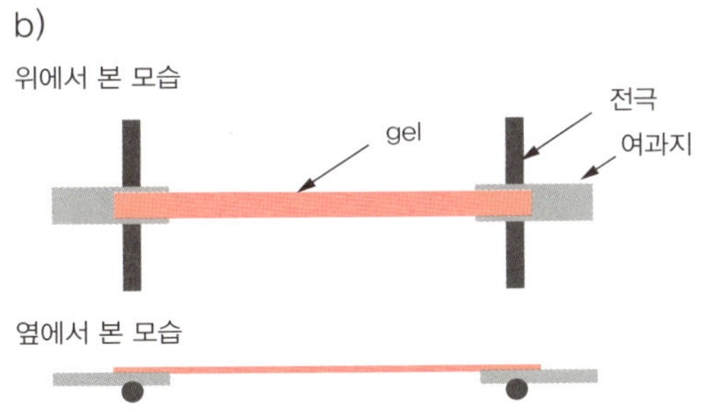

그림 2 IPG-IEF 전기영동 준비
a) 팽윤용 트레이를 이용한 gel 팽윤
b) Gel을 전기영동조에 세팅. Gel이 전극에 닿지 않을 때는 여과지 가교로 연결할 수 있다.

전압을 올린다. 전류의 상한을 설정할 수 없는 경우에는, 전류량을 눈으로 확인하면서 250 V(15분) → 500 V(15분) → 1,000 V(15분) → 2,000 V(15분) → 3,000 V(120분)처럼 단계적으로 올린다. 어느 정도 전기영동이 진행되면 전기 전도도가 떨어지기 때문에, 고압으로 해도 전류는 수십 μA 정도밖에 흐르지 않게 된다. 7cm gel로 3,000~3,500 V, 11 cm gel로 3,000~5,000 V, 18 cm gel로 6,000~8,000 V까지 올라간다면, 그대로 작은 gel로 2시간 정도, 큰 gel로 6~8시간 정도 전기영동한다.

2 2차원째 : SDS-PAGE

준비물

1) 기구, 기계

- 전기영동조 : 일반적인 SDS-PAGE용을 gel의 크기에 맞게 선택한다. 전기영동 관련 업체로부터 판매되고 있다.
- 전원 장치 : 13×13 cm의 gel 2장을 전기영동하는 경우, 300 V, 100 mA 정도 출력이 가능한 것이 필요하다. 전기영동 관련 업체로부터 판매되고 있다.
- SDS-PAGE gel : 크기는 1차원째와 2차원째의 전기영동 거리가 같은 정도가 되도록 선택하는 경우가 많다. 1차원째의 gel을 gel판 사이에 넣을 수 있도록, 위에서 5 mm 정도까지 분리 gel을 제작한다(**그림 3**). 두께는 일반적으로 1 mm로 충분하다. 스태킹 gel은 없어도 좋다.

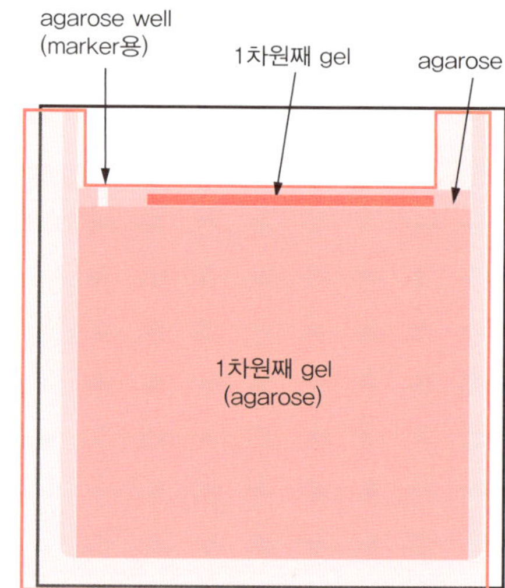

그림 3 1차원째 gel을 2차원째 gel에 어플라이

2) 시약의 조제

SDS 평형화 buffer-①		(최종 농도)
요소	28.8 g	(8 M)
1 M Tris-HCl, pH 8.8	3 mL	(50 mM)
10% SDS	0.6 mL	(0.1%)
DTT	0.45 g	(50 mM)

DW를 넣어 60 mL가 되도록 한다.

SDS 평형화 buffer-②		
요소	8.4 g	(7 M)
Thiourea	3.0 g	(2 M)
1 M Tris-HCl, pH 8.8	1 mL	(50 mM)
10% SDS	0.2 mL	(0.1%)
DTT	0.15 g	(50 mM)
Glycerol	6 g	(30%)
Bromophenol blue	미량(색깔이 물들 정도)	

DW를 넣어 20 mL가 되도록 한다.

1% agarose 용액		
저융점 agarose(핵산 전기영동용)	100 mg	(1%)
Tris-HCl, pH 8.8	0.5 mL	(50 mM)
10% SDS	0.1 mL	(0.1%)

DW를 넣어 10 mL가 되도록 한다. 전자레인지, heat block, autoclave 등으로 열을 가하여 용해하고, 1 mL씩 분주하고 실온 또는 냉동보관하고, 사용 시에 히트 블록 등으로 용해하면 좋다. 저융점이 아닌 agarose도 문제는 없지만, 조금 녹이기 어렵다.

Protocol

 2시간 정도

❶ 1차원째의 전기영동 종료 후, gel을 전기영동조에서 핀셋으로 꺼내서, gel의 support film에 붙어 있는 실리콘 오일을 킴스와이퍼로 제거하고, gel을 시험관 또는 플라스틱 튜브에 한 개씩 넣는다. 바로 2차원째의 전기영동을 실시하지 않는 경우는 −80°C에 보관한다. 1개월 정도는 보관 가능

❷ Gel을 넣은 튜브에 SDS 평형화 buffer−①을 5 mL 넣고, 30분간 약하게 진탕한다ⓤ. 이것을 3회 반복한다.

❸ SDS 평형화 buffer−②로 10분간 진탕한다.

❹ 2차원째용 gel 상단의 공간에 평형화된 1차원째의 gel을 넣고, 용해한 agarose 용액을 붓고 고정한다ⓥ. 필요하면 agarose 일부에 well을 만들고, 마커를 apply한다ⓦ. Agarose가 굳으면 전기영동을 개시한다.

ⓤ 평형화 buffer에 iodoacetamide를 넣어 alkyl화하는 protocol도 있지만, alkyl화가 불완전하게 되면 오히려 나쁜 영향을 미친다[6].

ⓥ 1차원째의 gel과 2차원째의 gel 사이에 기포가 들어가지 않도록 주의한다.

ⓦ Agarose가 굳어지기 전에 적당한 크기로 자른 1 mm 두께의 플라스틱 조각을 꽂아 놓고 나중에 빼거나, 또는 agarose가 굳어지고 나서 그 일부를 주사 바늘 같은 것으로 제거한다. 1차원째 gel과 2차원째의 gel 사이에 틈이 있으면 거기에 마커가 유입되므로 주의한다.

3 단백질의 염색법, 분석법

Gel 염색법으로 자주 이용되는 것으로, CBB 염색, 은염색, SYPRO Ruby 염색 등이 있다. 2장 Ⅰ에서 서술하고 있으므로 상세한 내용은 생략하지만, 은염색은 단백질의 종류에 따라 채색되는 방법에 약간의 차이가 있는 점, 반응을 멈추는 타이밍에 따라 채색 농도가 달라지는 점, dynamic range가 좁은 점 등 불리한 점이 몇 가지 있지만, 고감도이고, 또 특별한 검출 장치를 필요로 하지 않는 점 때문에 널리 이용되고 있다. 많은 protocol이 있지만, 단백질의 변형을 동반하지 않는 질량분석과 compatible한 방법도 개발되고 있다. SYPRO Ruby 염색은 정량성, 염색의 재현성이 좋은 점, 또 dynamic range가 넓고 은염색에 가까운 차원에서 CBB level의 감도까지 커버하는 점 등, 이미지의 비교 분석에는 매우 적합하지만, 형광 검출장치가 필요하다. CBB 염색은 단백량이 많을 때에는 이용 가능하다.

염색 후의 단백질 spot을 비교하는 수단으로는, 2차원전기영동용의 이미지 분석 소프트웨어가 판매되고 있지만, 복수 gel의 단백질 spot을 자동적으로 매칭하는 것은 매우 어렵고, 완전히 소프트웨어에 맡기는 것은 어렵다고 생각된다. 한편, 특정 spot을 눈으로 보고 매칭하는 것은 그다지 어렵지 않으므로, 반드시 전용 소프트웨어로 분석해야 하는 것은 아니다.

본서에서는 자세히 언급하지 않지만, 2종류의 샘플을 다른 형광 색소로 표지하고 그것을 혼합하여 1장의 gel로 전기영동하는 방법을 이용하면, 상기의 매칭의 문제점이 크게 개선된다. Cy2, Cy3, Cy5를 이용한 표지키트가 GE Healthcare사에서 판매되고 있다. 검출에는 2종류의 형광 색소를 구별해서 검출하는 것이 가능한 파장 특성을 갖고 있는 filter와 여기광(excitation light)이 필요하다.

실험사례

IPG−IEF를 이용한 2차원전기영동의 분석 사례를 그림 4에 나타내었다. 100 mm dish에 confluent된 mouse 유래의 세포주를, 0.5 mL의 균질화 buffer로 가용화한 다음, 그 원심분리 상층액(약 2 mg/mL)의 일부를 팽윤 buffer와 혼합하여, 전기영동을 실시한 후 은염색으로 검출하였다.

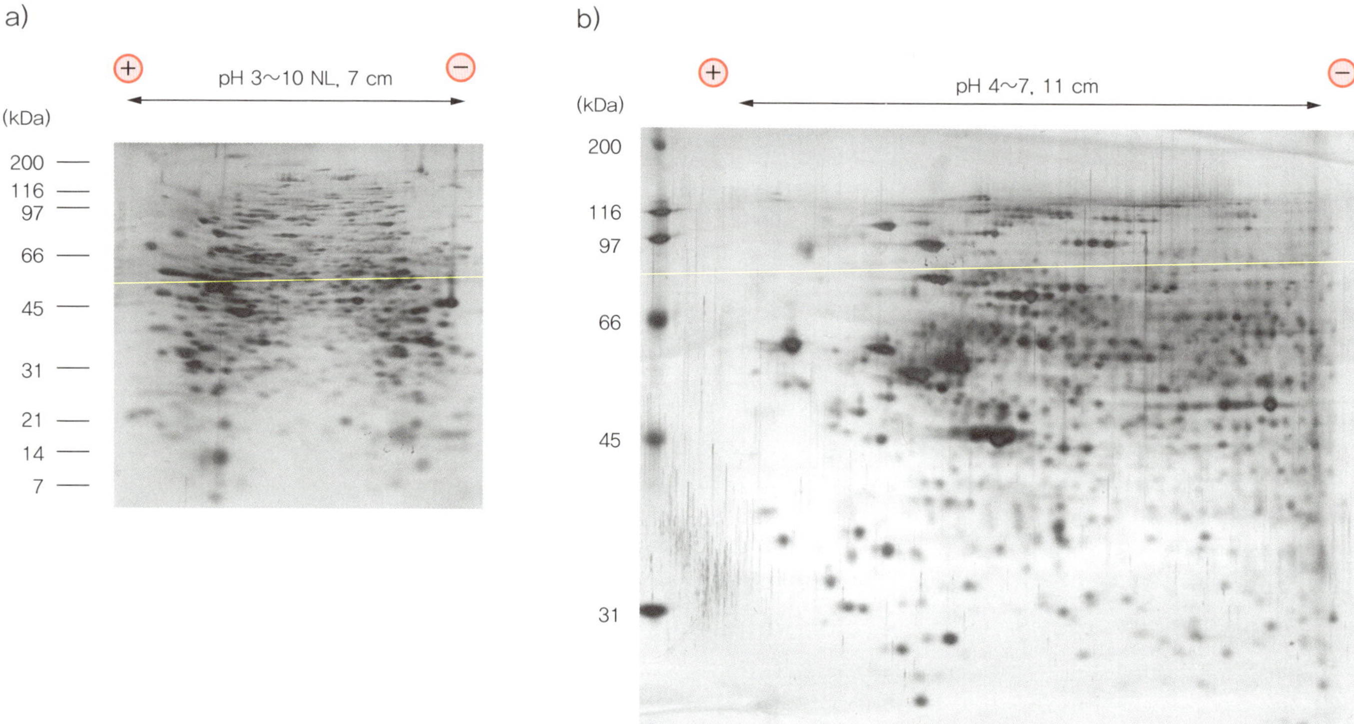

그림 4 IPG-IEF를 이용한 2차원전기영동 분석 사례

a) 20 μg의 단백질을 pH 3~10 NL, 7 cm의 Immobiline DryStrip(GE Healthcare사)으로 분리한 후 2차원째 8% gel로 SDS-PAGE(음극 버퍼는 0.1 M Tris/0.1 M MOPS/0.1% SDS)를 실시하고, 은염색으로 검출하였다.

b) 50 μg의 단백질을 pH 4~7, 11 cm의 Immobiline DryStrip으로 분리한 후, 9% gel로 SDS-PAGE(음극 버퍼는 25 mM Tris/192 mM Glycine/0.1% SDS)를 실시하고, 은염색으로 검출하였다.

III-4 CA-IEF를 이용한 2차원전기영동[x]

[x] 본 protocol은, 변성 조건하에서 polyacrylamide를 지지체로서 실시하는 CA-IEF이다. CA-IEF에는 그 밖에 비변성 조건에서 실시하는 것, agarose를 지지체로 하는 것, 용액 안에서 실시하는 것 등이 있다. IPG-IEF와 마찬가지로 고전압에서 전기영동하므로 감전이나 누전에 충분히 주의해야 한다.

준비물

1) 기구, 기계

- Gel 제작용 유리관 및 gel 제작용 기구 : 그림 5 참고
- 디스크형 전기영동장치 : 유리관 내에서 중합시킨 gel을 사용하여 전기영동하는 장치(그림 6). 전기영동 관련 회사로부터 판매되고 있다.
- 전원 장치 : 정전압으로 1,000 V 정도까지 출력할 수 있는 것. 전류는 최대 수 mA 이하밖에 흐르지 않지만, 전기영동 중에 전류가 떨어지므로(수십~수백 μA 정도), 작은 전류로도 작동하는 것.

2) 시약

- Carrier ampholytes(CA) : 목적의 pH 영역에 맞추어 다른 pK의 것을 혼합하여 사용한다. 단일 CA와 혼합된 것이 시판되고 있다(GE Healthcare사, Bio-Rad사 등). 본 protocol에서는 혼합된 Pharmalyte 3-10(GE Healthcare사)을 사용한다.

3) 시약의 조제

Sample 조제 buffer(예)[y]		(최종 농도)
요소	4.8 g	(8 M)
CHAPS	0.4 g	[4%(w/v)]
1 M Tris–HCl, pH 7.4	100 μL	(10 mM)
DTT	0.1 g	(65 mM)
Pharmalyte 3–10(40% 용액)	0.5 mL	[2%(w/v)]

최종적으로 10 mL가 되도록 한다. 분주해서 동결 보관

Gel 제작 buffer(약 10개 분량)		
30% acrylamide/0.8% N,N′ –methylene bis–acrylamide 용액	1.33 mL	(4% T, 2.6% C)
요소	5.4 g	(9 M)
CHAPS	0.2 g	[2%(w/v)]
Pharmalyte 3–10(40% 용액)	0.5 mL	[2%(w/v)]

DW를 넣어 10 mL가 되도록 한다. 요소에 대해서는 **III–3–1** IPG–IEF의 항목 참고

10% ammonium persulfate(APS)

2장 **I** SDS–PAGE의 항 참고

양(+)극 buffer(약 10회분)		
수산화나트륨	2 g	(100 mM)

DW를 넣어 500 mL가 되도록 한다. 실온 보관. 사용 전에 탈기한다.

음(–)극 buffer(약 10회분)		
인산	0.3 mL	(10 mM)

DW를 넣어 500 mL가 되도록 한다. 실온 보관

평형화 buffer[z]		
1 M Tris–HCl, pH 8.8	1 mL	(10 mM)
SDS	2 g	(2%)
DTT	750 mg	(50 mM)
Bromophenol blue	미량	

DW를 넣어 100 mL가 되도록 한다. 냉동 보관

2차원째의 SDS–PAGE용 gel

기본적으로는 IPG–IEF의 경우와 같지만, 만약 1차원째의 gel의 직경이 2 mm이고 2차원째의 gel의 두께가 1 mm인 경우에는 1차원째의 gel이 2차원째의 gel 위에 놓이게 되므로(**그림 6c**), 2차원째의 gel의 상부에 가능한 불필요한 공간을 만들지 않도록 한다.

저융점 agarose

IPG–IEF 항목 참고

ⓨ 샘플 조제법[**상권 3, 4장**과 **III–3**의 protocol 1)을 참고]은 실험에 따라 다르다고 생각되지만, 염농도가 높으면 pH 구배 형성이 잘 되지 않기 때문에, 필요에 따라 투석, 한외여과 등으로 탈염한다.

ⓩ 필요한 양은 gel 1개당 10 mL 정도. 단, 평형화에 이용하는 용기의 모양에 따라 달라진다.

Protocol

2일 정도

❶ 유리관의 한쪽 끝을 parafilm으로 덮고, parafilm 측을 밑으로 하고 gel 제작대에 세운다(그림 5a). Gel 제작 buffer 1 mL를 1.5 mL의 샘플튜브에 넣고, 10% APS 4 μL를 가한다. Pipetman 또는 주사기에 바깥지름 1 mm 정도의 플라스틱 튜브를 끼운다(그림 5b-②). 이것을 이용하여 유리관에 gel 제작 용액을 주입한다[ⓐ]. 유리관의 상단에서 1 cm 정도까지 들어가면 DW를 중층한다. 이를 필요한 gel의 개수만큼 반복한다.

ⓐ TEMED를 넣지 않아도 중합하므로 주의. 넣어도 상관없다.

⬇

❷ Gel이 굳어진 것을 확인한 후, 유리관의 상부에서 DW를 제거하고, 유리관의 하단에서 parafilm을 빼낸 후, 전기영동조에 세팅한다. 전기영동조의 비어 있는 유리관용의 구멍은 무엇인가로 막아둔다(그림 6a에서는 Pipetman tip). 전기영동조의 상부에 음(−)극 buffer, 하부에 양(+)극 buffer를 넣는다. 유리관 상부에 기포가 있으면 제거한다.

⬇

❸ 샘플을 Pipetman으로 유리관 상부 공간에 넣는다[ⓑ]. 전원을 접속하여, 정전압에서 전기영동하고 단계적으로 전압을 올린다[예 : 150 V(2시간) → 400 V(16시간) → 800 V(2시간)].

ⓑ 세포나 조직의 추출물을 은염색에서 검출하는 경우는 50∼100 μg 정도의 단백질 양이 적당하다고 생각되지만, 샘플의 성질이나 실험 목적에 따라 예비 실험으로 적정량을 결정하는 것이 바람직하다. Apply 할 수 있는 용량은 내경 2 mm의 gel에서 최대 50 μL 정도.

⬇

❹ 전기영동이 끝나면, 상부의 buffer를 버리고, 유리관을 뺀다. 트레이 위에서, 유리관과 gel의 틈새에 긴 바늘의 주사기(그림 5b-③)를 끼워, DW를 주입하고 gel을 꺼낸다. Gel이 나오지 않으면, 반대쪽에서도 DW를 주입한다. 그래도 나오지 않으면, Pipetman 등으로 유리관의 한쪽 끝에서 수압을 건다[ⓒ].

ⓒ 즉시 전기영동하지 않을 때는 −80°C에서 보관할 수도 있다.

⬇

a)

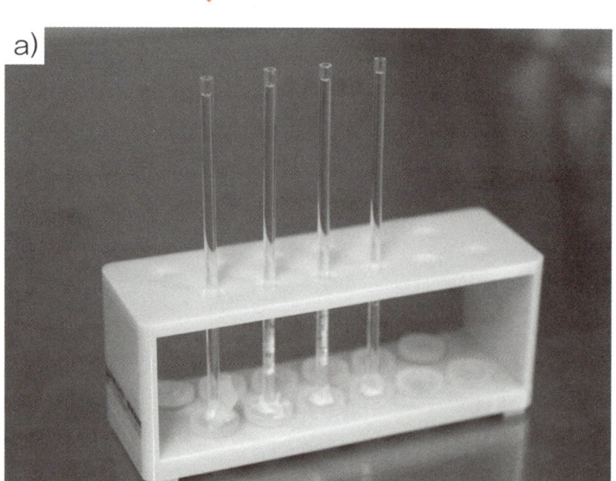

b)

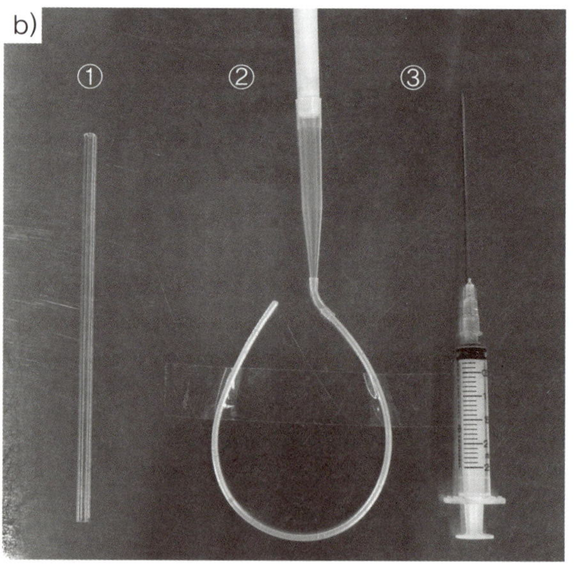

그림 5　실험 예에서 사용한 기구류

a) Gel 제작대와 제작 중인 gel

b) ① 유리관(길이 13.5 cm, 내경 2 mm, 외경 4 mm). ② 유리관에 gel을 주입하기 위한 피펫과 플라스틱튜브(외경 1 mm 정도의 것, 연결부위는 실리콘 튜브). ③ 영동 후에 유리관에서 gel을 꺼낼 때 사용하는 주사기(바늘은 20 G×70 mm)

⑤ Gel을 평형화 buffer 안에서 5~20분 정도 진탕한다.

⬇

⑥ Gel을 2차원째의 gel 위에 놓고, 녹은 저융점 agarose를 추가하여 굳히고, 2차원째의 전기영동을 실시한다(**그림 6**)[ⓓ].

ⓓ IPG-IEF과 마찬가지로 스태킹 gel은 필요 없다. 또한 1차원째의 gel은 반드시 2차원째 gel판 사이에 밀어 넣을 필요는 없고, 들어가지 않으면 **그림 6c**처럼 위에 올려 놓는 것만으로도 가능하다.

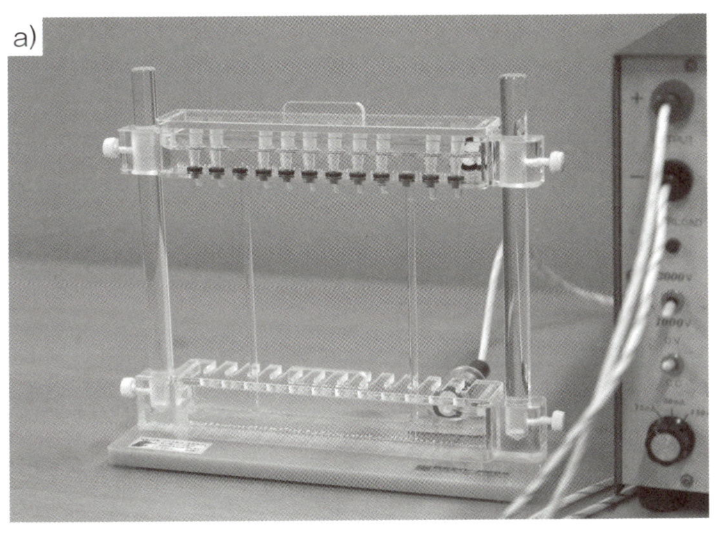

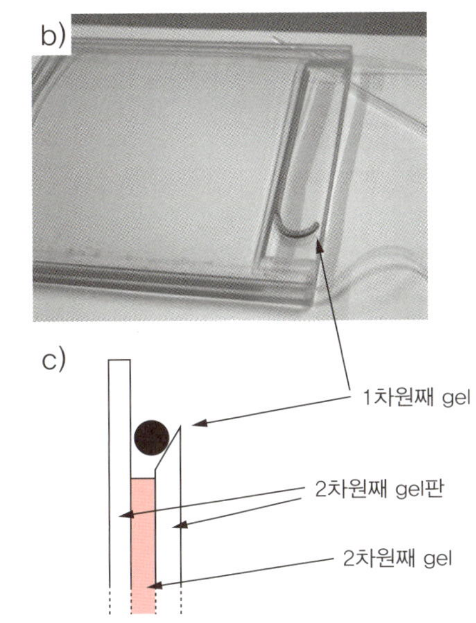

그림 6 CA-IEF와 이를 이용한 2차원전기영동

a) 전기영동 중인 CA-IEF. 전기영동조는 Nihon Eido사 제품(NA-1313).
b) 1차원째 gel을 2차원째 gel에 올리기
c) 2차원째 gel의 상부 단면도. 마지막에 녹인 agarose를 얹고 틈을 메움과 동시에 gel이 움직이지 않도록 고정한다.

실험사례

실험 예를 **그림 7**에 나타내었다.

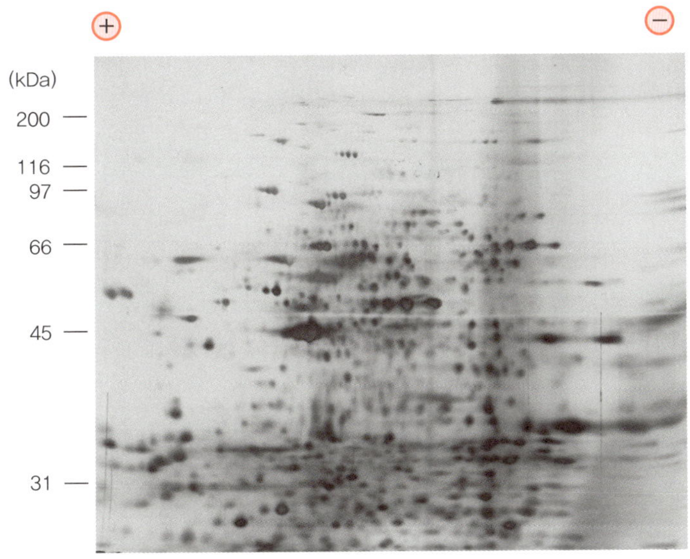

그림 7 CA-IEF를 이용한 2차원전기영동 분석 사례

그림 4의 실험에서 사용한 것과 동일한 샘플을, 10 mM Tris-HCl, pH 8.0, 8 M 요소, 2% Triton X-100, 50 mM DTT로 투석 후, 50 μg(25 μL)으로 CA-IEF를 실시하였다(150 V, 2시간 → 400 V, 16시간 → 800 V, 2시간). 전기영동 종료 후 약 20분간 평형화를 실시한 후, 9% gel로 SDS-PAGE를 실시하고, 은염색으로 검출하였다.

참고문헌

1) Righetti, P. G. : Isoelectric focusing : Theory and methodology, Elsevier, 1983
2) Righetti, P. G. : Immobilized pH gradients : Theory and methodology, Elsevier, 1990
3) MacGillivray, A. J. & Rickwood, D. : Eur. J. Biochem., 41 : 181−190, 1974
4) O'Farrell, P. H. : J. Biol. Chem., 250 : 4007−4021, 1975
5) Khan, P. : Science, 270 : 369−370, 1995
6) 柿谷 誠 :「無敵のバイオテクニカルシリーズ 改訂第3版 タンパク質実験ノート 下巻」, pp.66−75, 羊土社, 2004
7) Rabilloud, T. et al. : Electrophoresis, 18 : 307−316, 1997
8) Chevallet, M. et al. : Electrophoresis, 19 : 1901−1909, 1998
9) 松八重雅美, 他 :「ポストシークエンスタンパク質実験法 1」, pp.13−26, 東京化学同人, 2002
10) Viswanathan, S. et al. : Nature Protocols, 1 : 1351−1358, 2006

IV 질량분석에 의한 단백질의 동정법

세포나 조직을 시료로 사용하여 면역침강법이나 column 과정을 반복하여 정제한 단백질은 미량인 것이 많다. 새로운 결합단백질을 찾으려면, 은염색으로 겨우 보이는 것도 많을 것이다. 그래서 현재는 미량의 단백질로 단시간에 분석이 가능한 질량분석에 의한 동정이 일반적이다.

본 항에서는, 질량분석에 의한 단백질 동정의 과정을 해설하고, 측정을 위한 샘플 준비법으로서 일반적으로 실행되고 있는 gel 내 소화법의 protocol을 소개한다.

IV-1 분석 방법[1)~3)] (그림 1)

일반적으로 단백질의 질량분석을 할 때는, protease로 소화하는 것에 의해 적당한 크기의 펩티드로 분해할 필요가 있다. 그래서 전기영동법에 의해 분리된 표적단백질을 기질 특이성이 높은 trypsin(Lys와 Arg의 C-말단 쪽 방향에서 절단)을 사용하여 gel 내에서 분해하고 펩티드로 추출하는 방법이 이용된다. 얻어진 펩티드 조각들의 혼합물을 질량분석하면 표적단백질 유래의 펩티드의 피크가 다수 검출되는데, 거기에서 단백질을 동정하려면 크게 두 가지 방법이 있다. 주요 생물종에 관해서는 genome 서열이 해독되어 있고 단백질의 1차구조도 명백해졌으므로 트립신 소화에서 생기는 펩티드의 이론적 질량값을 계산으로 구할 수 있다. 이 펩티드의 이론치와 실제의 측정에서 얻어진 질량값이 일치하는 것으로 동정을 실시하는 수법을 PMF(Peptide Mass Fingerprinting)법이라고 한다. 또 한 가지는, 질량분석 내에서 각각의 펩티드를 분리하고,

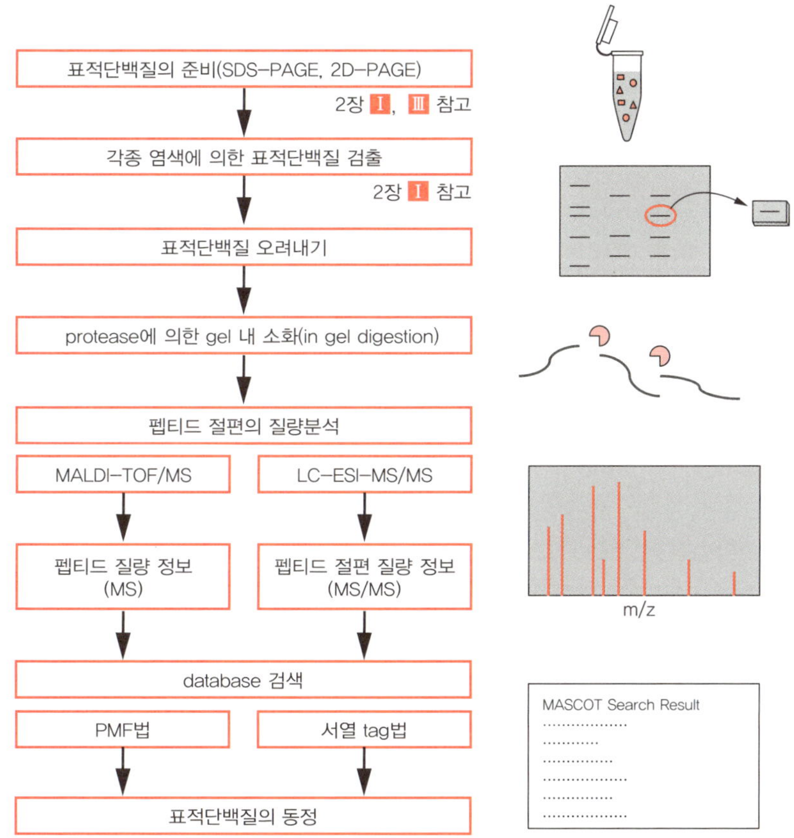

그림 1 질량분석에 의한 단백질 동정의 과정

그 펩티드를 CID(Collision-Induced Dissociation, 충돌유도해리)라고 불리는 방법에 의해 단편화하고 구조 정보를 얻는, 이른바 MS/MS 측정이다. 생성된 fragment ion의 질량 차이에서 아미노산 서열을 얻을 수 있기(서열 tag법) 때문에 보다 정밀한 동정이 가능하게 되었다.

어느 분석 방법으로 실시할지는, 일반적으로 사용하는 질량분석계(Mass Spectrometer : MS)의 종류[e]에 따라 결정된다. MALDI-TOF라면 PMF법으로 하는 것이 일반적이지만, LC-ESI-MS/MS를 이용할 수 있다면 단백질의 동정뿐만 아니라 **5장**에서 해설하는 변형 분석에도 응용할 수 있다.

ⓔ MALDI-TOF와 ESI-MS/MS(tandem MS, 이중질량분석) 등의 질량분석기의 종류에 대해서는, 문헌 5를 참고.

IV-2 Protease에 의한 gel 내 소화(In gel digestion)

준비물

1) 기구 · 기계

- 해부용 칼, 면도칼, 끝이 절단된 피펫 tip 등
- 핀셋
- 라이트 뷰어
- 저흡착 Eppendorf tube[f]
- 저흡착 200 μL 피펫 tip[f]
- Shaker
- 감압 농축 원심 추출기
- 항온조(37°C, 56°C)[g]

ⓕ 표면이 폴리머 등으로 코팅된 타입은 사용할 수 없다. 또한 개봉하면 질량분석 전용으로 하고, 청결한 환경에서 보관한다.

ⓖ 튜브를 알루미늄 블록에 끼워서 데우는 타입이라면 용액이 증발하고 뚜껑에 부착되어 버리므로, 튜브 전체를 보온할 수 있는 공기보온 타입의 온도 조절장치가 좋다.

2) 시약 · 시료

* 시약은 다른 실험과 공통으로 사용하지 않고 반드시 질량분석 전용으로 한다.

- MilliQ W 또는 HPLC용 증류수
- Acetonitrile(HPLC 등급)
- Ammonium bicarbonate(중탄산암모늄, NH_4HCO_3)
- Dithiothreitol(DTT)
- Iodoacetamide
- Trifluoroacetic acid(TFA)
- 질량분석용 변형 trypsin(Trypsin Gold; Promega사 등)

은염색의 탈색을 위한 아래의 시약도 준비한다[h].

- Potassium ferricyanide
- Sodium thiosulfate

ⓗ 일반적으로 MS용 은염색 kit에 포함되어 있으므로 그것을 사용하면 된다.

3) 시약의 조제[i]

사용 직전에 조제해야 하는 시약이 많기 때문에, 작업을 시작하기 전에 아래의 보관시약들을 만들어 둘 필요가 있다.

ⓘ 시약을 조제하는 Falcon 튜브는, 사용하는 용매로 세척하여 표면에 부착되어 있는 폴리머를 제거한 후 사용한다.

보관시약

1 M ammonium bicarbonate

3.45 g / 50 mL MilliQ W

냉장고에 보관. 수개월 사용 가능

1 M DTT
771 mg / 5 mL MilliQ W
소분하여 −20°C 냉동보관[ⓙ]

100 μg/mL trypsin 저장용액
100 μg / 1 mL 5% 아세트산
20 μL씩 분주하여 −80°C 냉동 보관. 1개월 보관가능[ⓚ]

(은염색 탈색용)
30 mM potassium ferricyanide [ⓗ]
494 mg / 50 mL MilliQ W

100 mM sodium thiosulfate [ⓗ]
791 mg / 50 mL MilliQ W
차광하고 냉장고에서 보관. 수개월 사용 가능

ⓙ 공기 중의 산소에 의해 쉽게 산화되어 버리기 때문에 한 번 사용 후 남은 용액은 폐기한다.

ⓚ Trypsin은 산성 하에서는 자기 소화하지 않고 안정적이지만, 장기간 보관으로 활성을 잃어버리는 경우가 있다. 그래서 실제 작업에서는 반드시 100 ng 정도의 BSA를 매번 동시에 처리하여 positive control로 한다.

당일 조제 시약(gel 10장에 해당하는 사용량)

A. 은염색 탈색액		(최종 농도)
30 mM potassium ferricyanide	500 μL	(15 mM)
100 mM sodium thiosulfate	500 μL	(50 mM)

사용 직전에 1 : 1로 혼합한다.

B. 탈수액 · CBB 염색 탈색액		
Acetonitrile	2.5 mL	(50%)
1 M ammonium bicarbonate	125 μL	(25 mM)

MilliQ W 2.375 mL를 넣고 total 5 mL가 되도록 한다. CBB 염색의 탈색을 할 경우에는 별도로 10 mL 준비한다. 사용 시 조제한다.

C. 환원제		
1 M DTT	10 μL	(10 mM)
1 M ammonium bicarbonate	25 μL	(25 mM)

MilliQ W 965 μL를 가하여 total 1 mL가 되도록 한다. 반드시 사용 직전에 조제한다.

D. 알킬화 용액		
Iodoacetamide	10 mg	(1%)
1 M ammonium bicarbonate	25 μL	(25 mM)

MilliQ W 965 μL를 가하여 total 1 mL가 되도록 한다. 반드시 사용 직전에 조제하고 차광해 둔다.

E. 세척액		
1 M ammonium bicarbonate	100 μL	(25 mM)

MilliQ W 3.9 mL를 넣고 total 4 mL가 되도록 한다. 사용 시 조제

F. Trypsin 용액		
100 μg/mL trypsin 저장용액	20 μL	(10 μg/mL)
50 mM ammonium bicarbonate	180 μL	

사용 직전에 조제하고, 얼음 위에 보관한다.

G. 추출액		
Trifluoroacetic acid	1 μL	(0.1%)
Acetonitrile	500 μL	(50%)

MilliQ W 499 μL를 가해 total 1 mL가 되도록 한다. 사용 시 조제

Protocol  1.5일

이하의 과정은(이전의 실험과정, 단백질 정제의 최종 단계에서 전기영동을 할 때도) 클린벤치 등 깨끗한 환경에서 실시하는 것이 바람직하다. 더욱이, 실험 때는 케라틴의 혼입을 최대한 줄이기 위해서 반드시 라텍스 글러브를 착용하고, 또 잘라내는 작업 등 gel의 상부에 얼굴이 오는 경우는 모자와 마스크를 착용한다.

1) Gel 조각 자르기[l]

라이트 뷰어 위에 랩을 깔고, 메스 등으로 gel 조각을 잘라낸다. 잘라낸 gel 조각은 랩 위의 다른 곳으로 이동시키고, 1 mm 네모나게 절단하여 Eppendorf tube로 옮긴다.

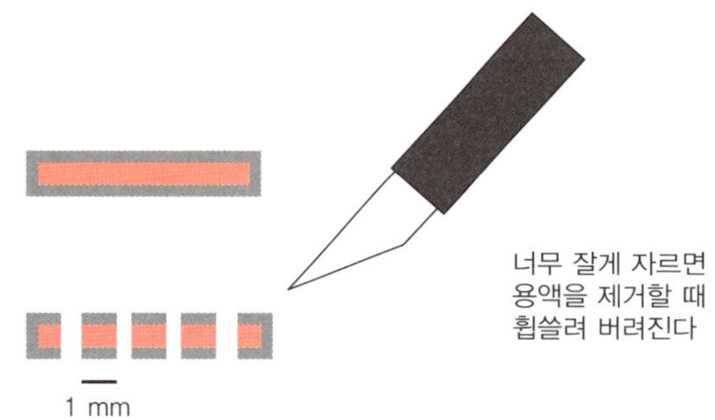

ⓛ Gel이 노출되어 있는 시간이 길면 케라틴이 혼입될 가능성도 높아지므로, 가능한 신속하게 실시한다. 잘라낸 후 작업을 정지하는 경우는 튜브에 넣은 상태에서 −20°C 냉동보관한다.

2) 탈색

a) 은염색용[m]

❶ 튜브에 100 μL(gel 한 조각당, 다음과 같다) 은염색 탈색액(A)을 넣고, 실온에서 10분간 진탕한다. Gel 조각에서 갈색이 빠진 것을 확인하고 피펫으로 용액을 제거한다.

⬇

❷ MilliQ W를 500 μL 첨가하여 실온에서 10분간 진탕하고 용액을 제거한다. 이 과정을 gel에서 노란색이 완전히 빠질 때까지 2~3회 반복한다.

ⓜ 은염색의 갈색이 빠진 것을 확인한다. 용액은 피펫으로 신중하게 제거하지만, 그 때 gel 조각이 팁의 측면에 부착되어 있는 경우가 있으므로 주의한다.

b) CBB 염색용

튜브에 200 μL의 CBB 염색 탈색액(B)을 넣고 실온에서 10분간 진탕하고, 용액을 제거한다. 이 과정을 gel에서 청색이 빠질 때까지 2~3회 반복한다[n].

ⓝ 단백질이 아주 많이 진하게 염색되어 있으면 청색이 완전히 빠지지 않지만, 회수할 수 있는 펩티드 양도 많아지기 때문에 질량분석 결과에는 별다른 영향은 없다고 생각된다.

3) 탈수

❶ 튜브에 100 μL의 acetonitrile을 가하고, 실온에서 10분간 진탕한다. Gel 조각이 수축하고 뿌옇게 되면, acetonitrile을 제거한다.

⬇

❷ 감압 농축 원심추출기로 10분 동안 건조시키고ⓞ, 수분이 완전하게 빠진 것을 확인한다.

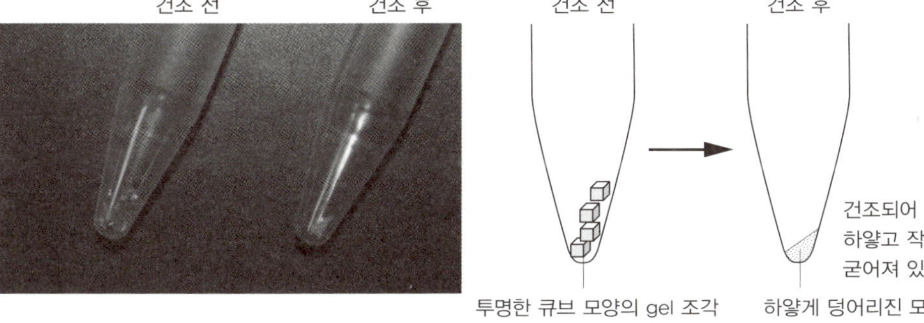

ⓞ 새 Eppendorf tube 뚜껑을 잘라내, 주사바늘로 구멍을 몇 군데 만든 것을 사용한다.

4) 환원 · 알킬화ⓟ

❶ 튜브에 100 μL의 환원제(C)를 추가하여 교반하고, 56°C에서 45분간 진탕한다.

⬇

❷ 증발하여 뚜껑에 묻은 용액을 원심분리하여 떨어뜨리고 나서 용액을 제거한다.

⬇

❸ 튜브에 100 μL의 세척액(E)을 넣고 실온에서 10분간 진탕하고, 용액을 제거한다.

⬇

❹ 알킬화 용액(D)을 100 μL 넣고 알루미늄 호일로 차광하여, 실온에서 45분간 진탕한다.

진동에 의해 shaker가 움직여 실험대에서 떨어지지 않도록 주의한다.

ⓟ Alkyl화가 불완전하면 cysteine 사이에 S–S 결합이 형성된 채로 남고 펩티드의 동정 비율이 낮아진다. 시약의 조제를 적정하게 실시하고, 반응 시간을 준수할 것. 또한 데이터베이스 검색 때는 변형기에 Carbamidomethyl(C)을 설정한다.

5) 세척과 평형화

❶ 튜브에 100 μL의 세척액(E)을 넣어 실온에서 10분간 진탕하고, 용액을 제거한다.

⬇

❷ 튜브에 100 μL의 탈수액(B)을 넣고 실온에서 10분간 진탕하고, 용액을 제거한다.

⬇

❸ Acetonitrile을 200 μL 넣고 10분간 진탕하고, 용액을 제거한다.

⬇

❹ 감압 농축 원심추출기로 10분 동안 건조시키고, 완전하게 수분이 빠진 것을 확인한다.

6) 효소 소화

❶ 튜브에 20 μL의 trypsin 용액(F)을 넣고, 얼음 위에서 30분간 정치한다[q].

⬇

❷ 여분의 trypsin 용액을 피펫으로 신중하게 제거한다.

⬇

❸ 37°C에서 overnight 반응시킨다(1일째 작업 종료).

ⓠ Trypsin을 gel 내부에 스며들게 하는 조작이며, gel이 크고 용액이 부족한 경우에는 trypsin 용액을 추가한다.

7) 펩티드의 추출

❶ 튜브에 50 μL의 추출액(G)을 가하고, 실온에서 30분간 진탕한다.

⬇

❷ 가볍게 원심분리하고 나서 추출액을 다른 Eppendorf tube에 회수한다[r].

⬇

❸ 또 25μL의 추출액(G)을 넣어 실온에서 30분간 진탕하고, 원심분리하여 추출액을 회수한다[s]. 이 과정을 재차 반복하여, 3회분을 1개의 튜브에 모은다.

ⓡ 추출액에는 당연히 펩티드가 포함되어 있으므로, 실수로 버리지 말 것.

ⓢ 추출액의 조성을,
0.1% TFA+50% acetonitrile
0.1% TFA+H_2O
0.1% TFA+100% acetonitrile처럼, acetonitrile의 농도를 바꾸어 추출하는 protocol도 있다.

8) 농축

감압 농축 원심추출기로 10 μL 정도로 농축한다[t]. LC-MS 측정의 경우는 이것을 시료용액으로 한다.

ⓣ 완전히 건조하지 않도록 주의한다. 농축에는 시간이 걸리기 때문에, 다른 실험을 시작하거나 하여 잊지 말 것.

IV-3 샘플의 탈염 · 농축

MALDI-TOF, ESI에서도 HPLC에서 분리하지 않고 glass capillary로 측정하는 경우는 탈염 조작을 할 필요가 있다. 질량분석을 실시하려면 펩티드를 이온화해야 하는데, 시료 중에 비휘발성 염류(buffer 등)가 포함되면 이온화가 억제되어 버린다. 보통 이 탈염 조작은, Pipetman tip 끝부분에 C18 역상 column의 담체를 채운 ZipTip을 사용하여 시행한다.

준비물

1) 기구

- 10 μL Pipetman
- $ZipTip_{C18}$ Pipetman tip(그림 2 : Millipore사)
- 저흡착 Eppendorf tube

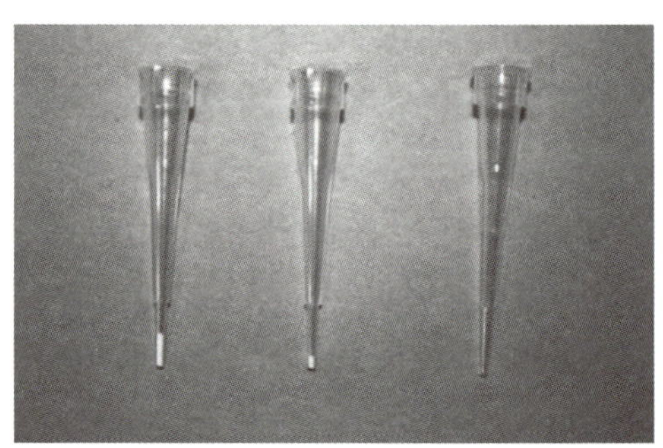

그림 2 $ZipTip_{C18}$, $ZipTip_{\mu\text{-}C18}$, 일반적인 Pipetman tip(왼쪽부터 차례로).
끝부분에 C18 역상 column이 채워져 있고 용량에 따라 2종류가 있다.

2) 시약

- MilliQ W 또는 HPLC용 증류수
- Acetonitrile(HPLC grade)
- Trifluoroacetic acid(TFA)
- CHCA(α-cyano-4-hydroxycinnamic acid) : MALDI로 분석하는 경우
- 포름산 : ESI로 분석하는 경우

3) 시약의 조제

- Acetonitrile

- 0.1% trifluoroacetic acid(TFA)를 포함한 50% acetonitrile
- 0.1% TFA
- 매트릭스 포화용액 : (MALDI)
  CHCA를 10 mg/mL가 되도록 0.1% TFA, 50% acetonitrile 용액에 녹이고, 용해 잔해물 매트릭스를 원심분리하여 침전시킨 후 상층부분을 사용한다.
- 0.1% 포름산을 포함한 50% acetonitrile : (ESI)

Protocol

10~20분

1) ZipTip의 활성화

❶ 10 μL로 설정한 피펫에 ZipTip을 끼운다.

↓

❷ 0.1% TFA를 포함한 50% acetonitrile 용액을 흡인하여 폐액 튜브에 버린다ⓤ. 이 과정을 3~5회 반복한다.

↓

❸ 0.1% TFA 용액을 흡인하여 폐액 통에 버린다. 이 조작을 3~5회 반복한다.

ⓤ 용액량이 적으므로, Eppendorf tube를 폐액용으로 사용하여 벽면에 물방울을 만들도록 배출하면 더 쉽다.

2) 펩티드의 흡착, 세척

❶ 효소 소화물(펩티드)의 흡인 · 배출을 천천히 5회 이상 반복하여, C18 담체에 펩티드를 흡착시킨다ⓥ.

↓

❷ 0.1% TFA 용액을 흡인하고, 폐액 통에 버린다. 이 조작을 3~5회 반복한다.

ⓥ 천천히 반복 피펫팅하여 펩티드를 충분히 수지에 흡착시킨다. 또한 전 과정에서 피펫 조작으로 수지를 건조시키지 않도록 주의한다.

3) 펩티드의 용출, 농축

a) MALDI용

매트릭스 포화용액을 1~2 μL 흡인하고, MALDI의 타깃 플레이트 위에서 2~3회 피펫팅한 후에 방울을 떨어뜨린다(**아래 그림 왼쪽**)ⓦ.

b) ESI용

0.1% 포름산ⓧ을 포함한 50% acetonitrile 용액을 1~2 μL 흡인하고, 그대로 2~3회 피펫팅한 후에, 직접 측정용 glass capillary에 용출 장전한다(**아래 그림 오른쪽**).

ⓦ 어느 정도 펩티드 양이 있고 그 일부만 MALDI로 분석하는 경우는, 0.1% TFA를 포함한 50% 아세토니트릴 용액으로 10 μL 또는 5 μL×2회 용출하는 것이 펩티드의 회수율이 좋다.

ⓧ ESI는 용매 중에 TFA가 포함되면 이온화가 억제되기 때문에 포름산을 사용한다.

MALDI

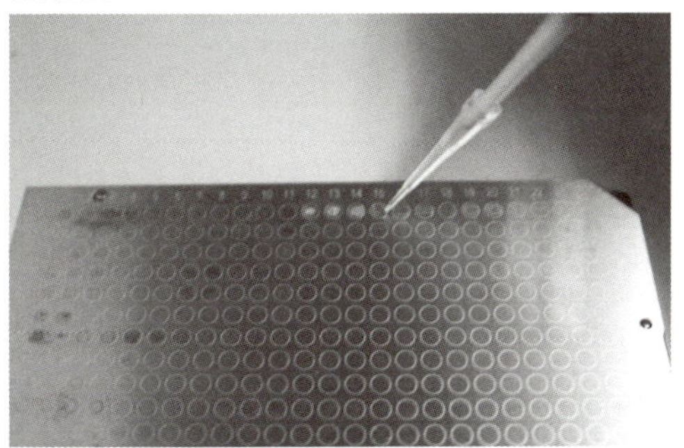

물방울을 자연 건조시킴으로써 펩티드와 matrix의 공동 결정을 생성시킨다

ESI

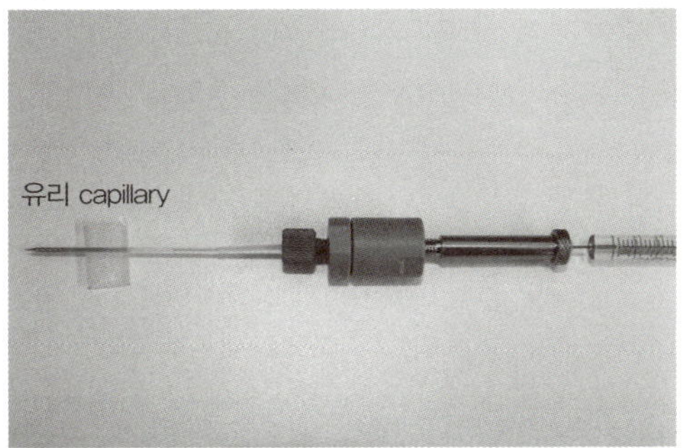

용출과 동시에 샘플을 유리 capillary에 장전한다.
그림에서는 ZipTip 대신, C18 트랩 column을 사용하고 있다

(권두 Color Graphics 2 참고)

실험사례

풀다운(Pull-down)법으로 정제한 목적의 분자와 상호작용하는 단백질을 서열 tag법에 의해 동정한 예를 **그림 3**에 나타내었다.

은염색에 의해 검출된 미량의 결합단백질의 밴드를 꺼내, trypsin을 이용하여 gel 내 소화를 실시하였다. 단편화 펩티드 혼합물은, HPLC에서 분리하며 동시에 ESI-MS/MS 측정을 실시하고, 펩티드의 질량 정보와 fragment ion의 MS/MS 스펙트럼을 획득했다. 얻은 질량 정보를 이용하여 Mascot 검색(MS/MS Ion Search : 서열 tag법)을 한 결과, 2개의 결합단백질이 동정되었다(**그림 3b, c**).

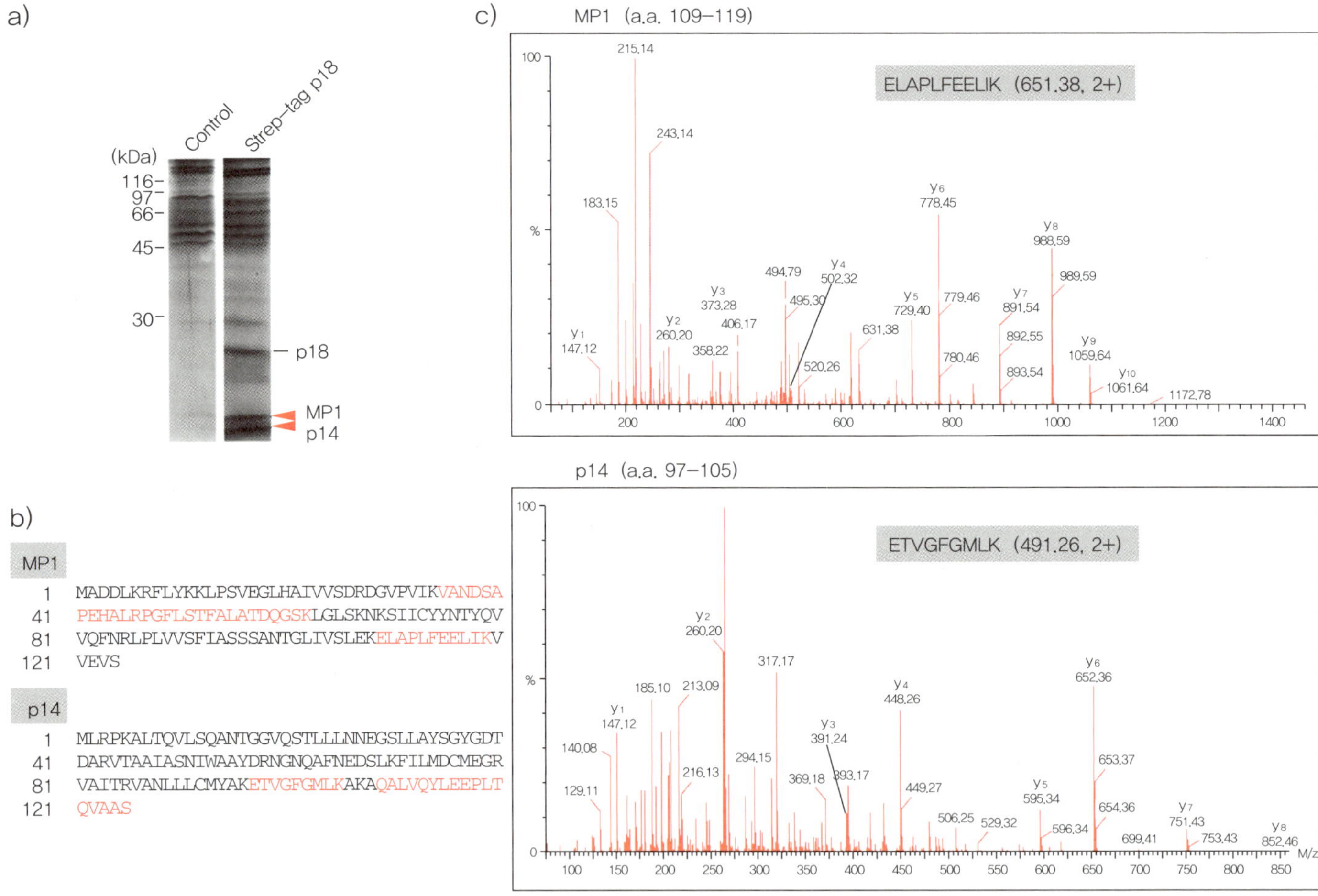

그림 3 질량분석법에 의한 결합단백질 동정의 예(참고문헌 4에서 수정)

a) *Strep*-tag II를 부가한 p18 단백질을 MEF 세포에 강제발현시키고 *Strep*-tactin column에서 정제하였다. 은염색의 결과로부터, p18을 발현한 세포에서 2개의 특이적인 단백질 밴드가 검출되었다(빨간 화살표).

b, c) Gel 내 protease 소화와 LC-ESI-MS/MS 측정한 결과, 그 밴드는 각각 MP1, p14 단백질로 동정되었다. 얻은 펩티드의 수는 적지만(b : 빨간 글자), MS/MS 스펙트럼에서 얻은 아미노산 배열은 데이터베이스의 서열과 완전히 일치하고 있었다.

실제로 단백질의 질량분석을 해보았는데, 아무래도 표적단백질을 동정할 수 없는 경우에는 전문가에게 의뢰하거나 위탁분석을 이용하는 것도 고려해야 한다. 확실히 질량분석계는 이용이 가까워졌고, MALDI-TOF는 조작도 쉽다. 그러나 측정 데이터의 정확도는 측정자의 "역량"에 크게 의존하는 것이 현실이다. 반면, 애초부터 분석하기에는 질적 · 양적으로 불충분한 단백질 샘플이 많다. 아무리 고감도의 질량분석계를 사용해도 이런 샘플에서는 좋은 결과는 얻을 수 없다.

질량분석에서 좋은 결과를 요구할 경우, 가장 중요한 것은 표적단백질의 정제 단계이다. 일반적으로 면역침강법 등으로 정제한 샘플의 정제도는 그다지 높지 않고 불순단백질도 많이 포함되는 경우가 많다. MS용 은염색 kit에는 감도가 좋은 것도 있고 미량의 불순단백질도 다수 나타날 수 있는데, 이들 불순단백질에 비하여 표적단백질이 확실히 많아 보이지 않으면 동정하기가 어렵다. 그 외에 보다 좋은 결과를 얻기 위해서는 분석 결과를 피드백하고 정제 과정을 개선할 필요가 있다. 질량분석을 의뢰하는 경우에도, 단순히 샘플과 분석 결과를 교환하는 관계에만 그치지 말고 긴밀한 관계를 맺고 끊임없이 정보를 교환하면서 진행하는 것이 바람직하다.

Troubleshooting

문제점	가능성 있는 원인	해결을 위한 조치
● 단백질이 동정되지 않는다.	• 단백질 양이 적다.	➲ 정제 스케일을 크게 한다.
	• Gel 내 소화가 잘되지 않는다.	➲ 컨트롤인 BSA 소화물을 측정하고 조작 실수나 효소의 불활성화가 없는지 확인한다.
	• 복수의 단백질이 혼재한다(PMF).	➲ 정제 조건을 검토하고 정제도를 높인다.
● 케라틴 오염이 심하다.	• 시약, 기구가 오염되었다.	➲ 시약은 새 제품으로 바꾸고, 작업환경을 청결하게 한다.
	• 정제, 전기영동 시 혼입되었다.	➲ 정제의 최종 단계에서 사용하는 시약이나 환경을 청결한 상태로 작업한다.

참고문헌

1) 竹縄忠臣, 伊藤俊樹 編：「改訂 タンパク質実験ハンドブック」, 羊土社, 2011
2) 谷口寿章：「最新プロテオミクス実験プロトコール」, 秀潤社, 2003
3) Andrew, J. L & Joshua, L.：Proteomics, CSH Press, 2009
4) Nada, S. et al.：EMBO J., 28：477−489, 2009
5) 戸田年総, 他 編：「タンパク質研究なるほどQ & A」, pp.190−191, 羊土社, 2005

V SDS-PAGE로 분리된 단백질의 회수법

SDS-PAGE에 있어서 표적단백질의 밴드를 확인할 수 있으면, 그 단백질만을 gel에서 회수할 수 있다. 이 방법은 간편하고 회수율도 높기 때문에, 항원 단백질의 조제, column chromatography로 표적단백질의 완전 정제가 곤란한 경우나 N-말단 아미노산 서열분석 등에 유효한 수단이 될 수 있다. 단, SDS-PAGE에 있어서 단일 밴드로 보여도 복수의 단백질이 거기에 존재하고 있을 가능성이 있기 때문에 다수의 단백질이 존재할 것 같은 조추출액 등에 이용하여서는 안 된다. 또한 gel에서 회수한 단백질의 순도를 gel 등전점 전기영동(**2장 III**) 등에 의해 확인하여야 한다. 이 방법으로 생리활성을 가지고 있는 단백질을 정제하는 경우에는, SDS에 의한 불활성화의 여부, 또는 정제 후의 재생이 가능한지를 처음부터 검토하여야 한다.

SDS-PAGE로 단백질을 정제하는 방법으로는, 조제용 전기영동장치를 이용하는 방법과, 일반적인 평판(slab) gel로부터 단백질 밴드를 잘라내는 방법으로 크게 구분된다. 후자에는 다시 gel로부터 전기영동적으로 단백질을 추출하는 방법(전기영동 용출법)과 자연확산에 의해 추출하는 방법이 있다. 여기서는 먼저, 보다 확실하고 전기영동장치 이외에 특별한 장치를 필요로 하지 않는 자연확산에 의한 추출법을 중심으로 설명하고(**그림 1**), 다음으로 전기영동 용출법에 관해서도 간단히 소개하고자 한다[1]. 그리고 마지막에 시판 조제용 전기영동장치에 대해서도 소개하고자 한다.

SDS-PAGE로 표적단백질을 분리하기 위해서는, 평판 gel상에 분리된 표적단백질의 밴드를 판별할 필요가 있다. 전기영동 후 단백질을 산성 하에서 색소(Coomassie brilliant blue R-250 : CBB로 약칭함)로 염색(**2장 I**)하면 단백질은 일반적으로 추출하기 어렵게 된다. 착색 마커 단백질의 전기영동 위치나, 염색한 마커 단백질의 전기영동 위치를 기준으로, 염색하지 않은 gel의 표적단백질 밴드를 잘라내는 것도 가능하지만, 이런 방법으로는 정확하게 표적단백질 밴드만을 잘라내는 것은 어렵다. 이러한 경우를 위해서 CBB 염색 대신에 $ZnCl_2$[2], $CuCl_2$[3] 등의 중금속이나 sodium acetate로 단백질 밴드를 검출하는 방법이 고안되어 있다. 그러나 이런 방법은 단백질의 종류, gel의 두께, 농도 등의 실험 조건에 따라 검출 감도가 다르고, 그에 대한 유효성은 대부분의 경우 CBB 염색에 비하여 상당히 떨어진다.

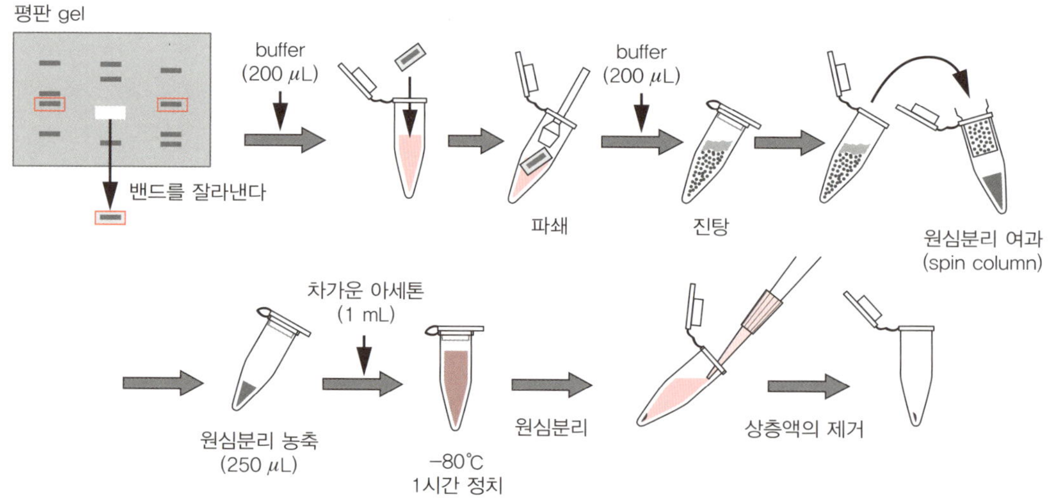

그림 1 SDS-PAGE에 의한 단백질의 정제 과정(자연확산으로 추출)

아래에 일반적인 색소로 염색한 밴드를 SDS 용액으로 추출하는 방법을 소개한다[y]. 또한 추출한 단백질을 1차구조의 분석에 이용할 경우는 실험 기구의 오염이나 전기영동시약의 혼입 물질이 분석의 결과에 영향을 미치기 때문에, 기구의 세척, 시약의 조제에는 세심한 주의를 기울이고, gel을 취급할 때에는 반드시 장갑을 착용하여야 한다.

ⓨ SYPRO Ruby로 약하게 염색한 gel도 가능. 은염색한 gel은 탈색한 후 추출한다. 이러한 염색은 극히 미량의 단백질을 검출하기 위해서 사용되므로 본 항의 목적에는 거의 사용되지 않고 있다(**2장 I** 참고).

V-1 확산법에 의한 추출

준비물

1) 기구[z] · 기계

- 평판 gel 전기영동장치(예 : Bio-Rad사 Mini-PROTEAN)
- 외과용 칼, 새 면도날 또는 예리한 커터칼
- Eppendorf tube 및 homogenizer
- Spin column[예 : Atto사 ATTOPREP MF, Merck/Millipore사 Ultrafree MC(0.45 μm) 등]
- 원심분리 농축기
- 원심분리기
- 비닐 장갑
- 핀셋
- 유리판
- Light box

ⓩ 실험기구는 잘 세척된 깨끗한 것을 사용한다.

2) 시약(모두 전기영동용의 순도가 높은 것을 사용)

- 400 mM DTT(dithiothreitol)(사용할 때마다 조제)
- 800 mM iodoacetamide(사용할 때마다 조제)
- 0.2 N NaOH
- SDS 시료액(분주하여 실온보관 가능)[a]
- 추출 buffer(분주하여 실온보관 가능)[a]
- CBB 염색액[b]
- 탈색액
- 차가운 아세톤

ⓐ 전기영동용 시약 중의 혼입물에 주의하고, 시약 조제 시, 세심한 주의를 기울인다. SDS 시료액에 피부의 케라틴이 혼입되는 일이 종종 있다. 같은 튜브의 시료액을 반복 사용하지 않는다.

ⓑ CBB 염색액은 새롭게 제조된 것을 사용한다.

3) 시약의 조제

400 mM DTT	
Dithiothreitol	60.8 mg

DW를 가하여 1 mL가 되도록 한다.

800 mM iodoacetamide	
Iodoacetamide	148 mg

DW를 가하여 1 mL가 되도록 한다.

SDS 시료액		(최종 농도)
0.5 M Tris-HCl(pH 6.8)	1.25 mL	(62.5 mM)
10%(w/v) SDS	2 mL	[2%(w/v)]
5%(w/v) bromophenol blue	0.01 mL	[0.005%(w/v)]
Glycerol	0.7 mL	[7%(v/v)]

DW를 가하여 10 mL가 되도록 한다.

CBB 염색액		
Coomassie Brilliant Blue R-250	0.25 g	[0.25%(w/v)]
에탄올[c]	45 mL	[45%(v/v)]
Acetic acid	10 mL	[10%(v/v)]

DW를 가하여 100 mL가 되도록 한다.

추출 buffer		
SDS	1 g	[1%(w/v)]
1 M Tris-HCl(pH 8.0)	2 mL	(20 mM)

DW를 가하여 100 mL가 되도록 한다.

탈색액		
에탄올[c]	250 mL	[25%(v/v)]
Acetic acid	80 mL	[8%(v/v)]

DW를 가하여 1,000 mL가 되도록 한다.

ⓒ CBB 염색액, 탈색액 모두 에탄올 대신 메탄올을 사용하여도 좋다.

Protocol

 2일

❶ 시료를 SDS 시료액에 용해시킨다[d]. 동결 건조한 단백질이라면 용이하게 SDS 시료액에 가용화할 수 있다. 시료가 용액이라면, 2배 또는 3배 농도의 SDS 시료액을 조제하고, 시료와 농축 SDS 시료액 각각을 1 : 1 또는 2 : 1 비율로 혼합한다.

ⓓ 실험의 목적에 따라 다르지만, 최소 수 μg 단백질이 필요하다.

❷ 시료에 1/10 용량의 400 mM DTT를 가하여, 37°C에서 2시간 incubation 한다[e].

ⓔ 이 조작은 N-말단 아미노산 서열분석을 목적으로 하는 경우에 실시한다. 이황화결합(S-S 결합)을 갖지 않는 단백질과 단일 가닥 펩티드 내부 서열을 분석하지 않을 경우에는 이 조작은 필요로 하지 않는다. 또한 환원 처리에 의해 불활성화되는 단백질을 생리활성을 유지한 채로 분리할 목적이라면 이 과정을 하면 안 된다.

❸ DTT액과 동량의 800 mM의 iodoacetamide를 가하여, 37°C에서 30분간 incubation한다. ❷, ❸의 조작으로 단백질의 환원 S-carboxymethyl화를 실시한다[e].

❹ 소량의 0.2 N의 NaOH로 중화한다(pH 6.8 전후 : SDS 시료액 중의 bromophenol blue가 pH의 변화에 의해 색깔이 변한다. 오렌지 색깔이 청색으로 변할 때까지)[e].

❺ Laemmli의 방법에 따라 SDS-PAGE를 실시한다[f].

ⓕ **본장** **I** 「SDS-PAGE」를 참고할 것. 분리 gel은 가능한 저농도의 균일 gel(표적단백질이 gel 길이의 50% 이상 전기영동할 수 있는 정도의 것)을 사용한다.

❻ Gel을 CBB 염색액에 담그고, 가볍게 진탕하면서 5~15분간 염색한다[g].

ⓖ Gel을 다룰 때는 장갑을 착용한다.

❼ 탈색액에 담그고 표적단백질의 밴드가 명료하게 될 때까지 탈색한다.

❽ Gel을 DW가 들어 있는 용기에 옮기고, 진탕하면서 약 30분간 세척한다. 이것을 1~2회 반복한다[h].

ⓗ N-말단 아미노산 분석을 목적으로 하는 경우에 세척이 불충분하면, 전기영동용 buffer 중에 들어 있던 glycine이 많이 오염되어 정확한 아미노산 서열을 얻을 수 없다.

❾ 탈색한 gel을 유리판에 놓고, light box 위에 올려놓는다. 표적단백질 밴드를 외과용 칼로 잘라낸다(일반적으로, 폭 10 mm×높이 2 mm×두께 1 mm 정도의 크기, 약 20 μL).

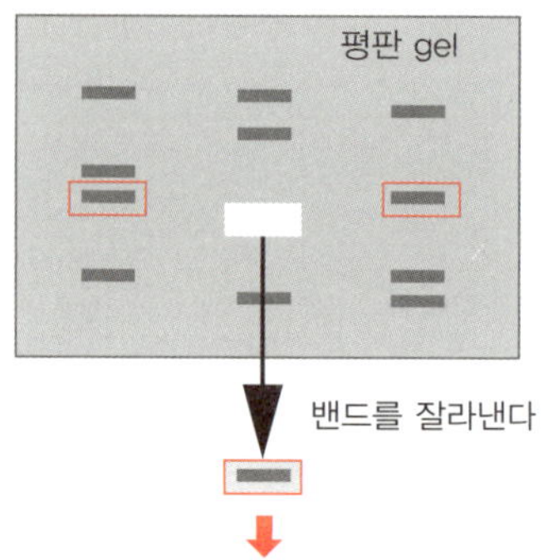

⑩ 핀셋을 이용하여 gel 조각을 Eppendorf tube에 옮긴다.

⑪ 200 μL의 추출 buffer를 가하여, Eeppendorf tube용 homogenizer로 gel을 가능한 잘게 부순다ⓘ.

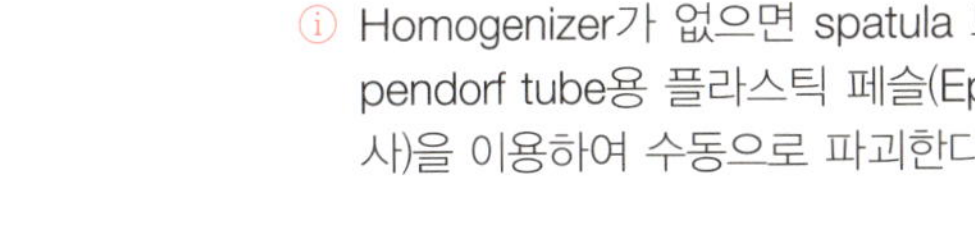

파쇄

ⓘ Homogenizer가 없으면 spatula 또는 Eppendorf tube용 플라스틱 페슬(Eppendorf 사)을 이용하여 수동으로 파괴한다.

⑫ 다시 200 μL의 추출 buffer를 첨가하여, 실온에서 overnight 동안 강하게 진탕한다. 추출 buffer의 합계량은 gel 용적의 최저 5배는 필요하다. Gel 중의 단백질은 CBB와 결합한 상태로 용출되기 때문에 CBB 색ⓙ으로 단백질의 용출 정도를 알 수 있다.

ⓙ Gel 조각에서 단백질이 추출되기 시작하면서 단백질에 결합한 CBB 색(청색)이 buffer 쪽으로 확산된다. 한편, gel 조각에서는 CBB 색이 없어지고 투명하게 된다.

⑬ Spin column에 gel 단편과 추출액을 옮기고, 1,500 rpm, 15분간 원심분리하여 gel 단편과 추출액을 분리한다.

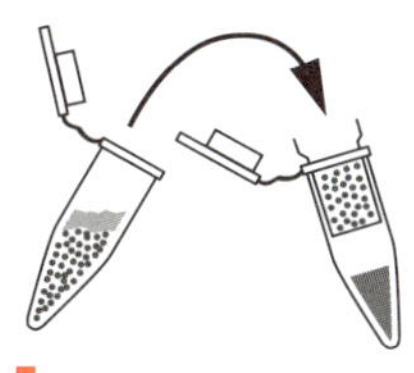

⑭ Gel에 CBB가 남아 있는 경우에는, 100 μL의 추출 buffer를 가하여 다시 한 번 더 overnight 추출한다.

⑮ 원심농축기를 이용하여 여과액을 250 μL 이하로 농축한다.

⑯ 1 mL(약 4배량)의 차가운 아세톤을 가하고 −80°C에서 1시간 이상 정치한다.

⑰ 15,000 rpm으로 15분간 원심분리한다. 단백질은 침전하고 SDS와 Tris–HCl은 추출된다.

⑱ Pipetman을 이용하여 상층액을 조심하여 제거한 후, 침전물을 흡인 데시케이터 내에서 건조시킨다ⓚ.

ⓚ 너무 강하게 건조시키면 재용해가 어려워진다. 아세톤 냄새가 없어질 정도까지 건조시키면 좋다.

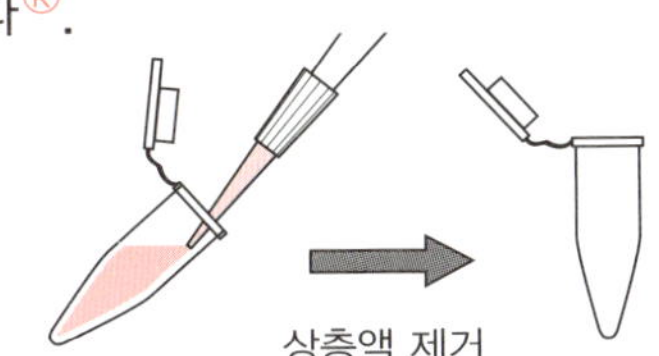

⑲ 이 침전을 소량의 0.1% SDS에 용해시킨다ⓛ.

ⓛ 아세톤에 침전된 단백질은 일반적인 buffer로는 용해가 덜 된다. 0.1% SDS 또는 CHAPS, 8 M 요소 등에 용해시키고, 적당히 희석하여 사용한다.

⑳ Buffer나 기구 등에서 혼입된 오염을 C4 역상 column(상권 4장 Ⅷ 참고)으로 없앨 수가 있다. 이러한 조작에서 SDS는 흡착되지 않고 용출되어, 오염이나 CBB가 결합한 단백질과 표적단백질이 분리된다. 큰 peak를 형성하여 용출되는 표적단백질을 포함하는 분획을 회수하고 동결건조하여 사용한다.

V-2 전기영동 용출법

다음은 Bio-Rad사의 Model 422 electro-eluter 장치를 예로서, 전기영동 용출법(그림 2)을 설명한다. 실험과정의 대부분은 다른 장치에서도 공통적으로 적용된다.

준비물

1) 기구

- 평판 gel 전기영동장치(예 : Bio-Rad사 Model 422 electro-eluter)
- 그 외 : 「V-1 확산법에 의한 추출」과 공통

2) 시약의 조제

- 평형화 buffer
- 영동 buffer
- 그 외 : 「V-1 확산법에 의한 추출」과 공통

평형화 buffer		(최종 농도)
SDS	1 g	[1%(w/v)]
1 M Tris-HCl(pH 8.0)	1 mL	(10 mM)

DW를 가하여 100 mL가 되도록 한다.

전기영동 buffer		
10%(w/v) SDS	10 mL	[0.1%(w/v)]
1 M Tris-HCl(pH 8.0)	10 mL	(10 mM)

DW를 가하여 1,000 mL가 되도록 한다. 냉장고 보관

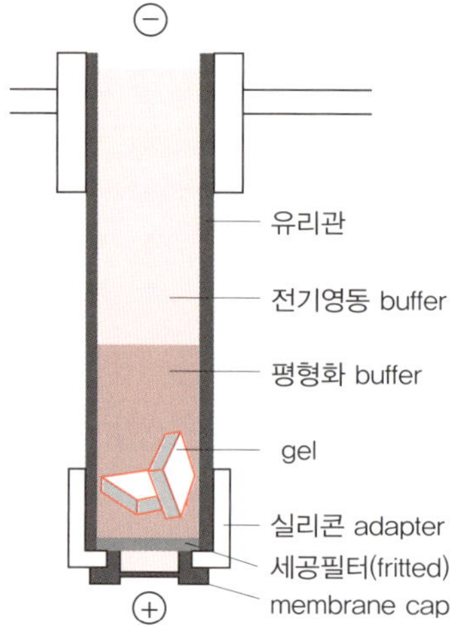

그림 2 전기영동 용출법의 개요

Protocol

 3~4시간

❶ Membrane cap을 약 60°C로 데운 전기영동 buffer에 1시간 이상 담근다. 이하 모든 조작은 장갑을 착용하고 한다.

↓

❷ 전기영동 용출기(eluter)를 세팅한다(그림 3). 먼저 세공필터(fritted) 유리관을 전기영동조에 고정한다. Membrane cap을 실리콘 adapter에 고정한 후 실리콘 adapter 내에 전기영동 buffer를 채운다. 이것을 조심히 세공필터 유리관 바닥에 밀어 넣는다. 이때 세공필터에 기포가 남지 않도록 한다ⓜ.

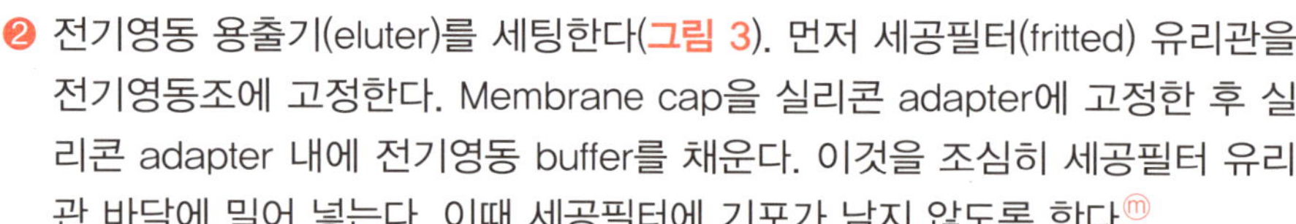

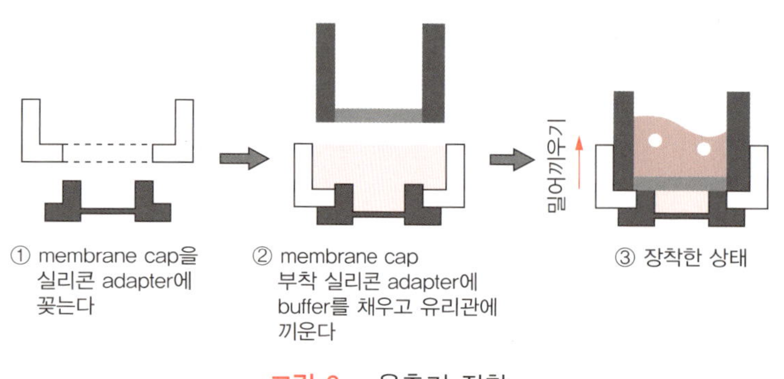

그림 3 용출기 장착

ⓜ 실리콘 adapter를 유리관에 부분적으로 꽂은 상태에서 밑의 그림처럼 손가락으로 실리콘 adapter를 집어 가볍게 누름으로써 세공필터(frit)의 밑에 있는 거품을 없앨 수 있다. 거품이 완전히 빠질 때까지 이 조작을 반복한다.

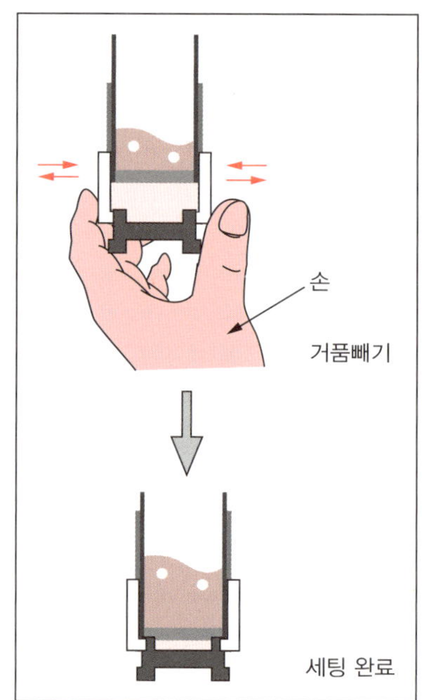

↓

❸ 「V-1 확산법에 의한 추출」의 protocol의 과정 ❾에서 얻은 gel 단편을 2~3 mm 크기의 네모로 자르고, 약 0.5~1 mL의 평형화 buffer와 함께 Eppendorf tube에 옮기고, 실온에서 약 30분간 진탕한다. 이러한 조작으로 SDS를 gel 내의 단백질에 다시 결합시킨다.

❹ Eppendorf tube 내의 gel 단편과 평형화 buffer를 세공필터 유리관 내로 옮긴다. 이 위에 냉각시켜둔 전기영동 buffer를 조심스럽게 중층한다(그림 2).

❺ 전기영동조의 상부와 하부에 냉각시킨 전기영동 buffer를 채운다. Membrane cap의 밑에 기포가 들어가지 않게 한다. 하부의 buffer 양은 실리콘 adapter보다 높은 위치까지 넣는다.

❻ 상부를 음극, 하부를 양극으로 하여, 8~10 mA/튜브의 정전류로 2~5시간 전류를 통한다. Gel 중의 단백질은 색소와 결합한 상태로 용출되고, membrane cap의 막 위에 농축된다.

❼ 유리관 내의 buffer를 뺀 후, 조심히 membrane cap 부착 adapter를 떼어 낸다. 피펫을 이용하여 실리콘 adapter 내의 액을 위에서부터 제거한 후 membrane cap의 막 위에 농축된 단백질 용액을 회수한다(약 400 μL). 다시 막을 약 200 μL의 전기영동 buffer로 세척하고 세척액도 회수한다(그림 4). 일반적으로, 고정 염색한 단백질의 회수율은 70~90%이다.

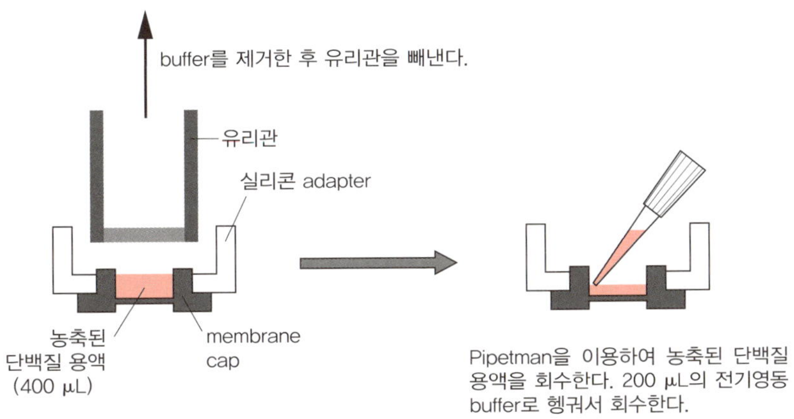

그림 4 단백질 용액의 회수

V-3 조제용 전기영동장치

조제용 전기영동장치에는, 원주상의 gel(disc gel)에 샘플을 전기영동하고, gel 하단에서 나오는 단백질을 회수하는 장치와, 단백질을 전기영동한 평판 gel을 전극 사이에 수평으로 세팅하고, 평판 gel의 수직방향으로 전기적으로 단백질을 용출, 회수하는 장치가 있다. 조제용 전기영동장치에는 단백질의 분자 크기에 따라 샘플의 분리와 회수가 동시에 일어나기 때문에, 조추출액의 분획에도 이용할 수 있다. 또한 SDS-PAGE뿐만 아니라 비SDS gel 전기영동 조건에서의 분리정제도 가능하다. 아래에 시판되는 조제용 전기영동장치를 열거한다. 메이커에 따라 사양, 가격도 여러 가지이고, 상세한 것에 대해서는 각 회사의 카탈로그 및 취급설명서를 참고하기 바란다.

Disc gel을 이용한 조제용 전기영동장치

- 선별용 전기영동장치(Model 491 Prep Cell/Mini Prep Cell, Bio-Rad사)
- 조제용 전기영동 시스템(Prep Physiology S : AE-6750S, Atto사)
- Disc preparative 전기영동장치(NA-1800, Nihon Eido사)

평판 gel을 이용한 조제용 전기영동장치

- 선별용 전기영동장치(Whole Gel Eluter/Mini-Whole Gel Eluter, Bio-Rad사)

참고문헌

1) 日本電気泳動学会 編：「最新電気泳動実験法」, 医歯薬出版, 1999
2) Dzandu, J. et al. : Anal. Biochem., 174 : 157-167, 1988
3) Lee, C. et al. : Anal. Biochem., 166 : 308-312, 1987

제3장

항체를 이용한 단백질의 분리와 분석

I 항체에 관한 기초지식과 항체의 제작법

항체는 동물 체내에 침입한 이물질에 대한 방어 기구로서 숙주에서 합성되는 면역글로불린 단백질이다. 적절한 동물을 선택한다면, 거의 모든 단백질에 대한 항체를 쉽게 제작할 수 있다. 항체는 단백질 등의 다양한 항원분자에 특이적으로 작용하므로, 단백질의 분리 · 분석 및 생체내 분포의 분석, 질병의 진단에 사용되며, 또한 최근에는 항체 의약으로서 폭넓게 이용되고 있다. 즉, 생명 과학의 기초부터 응용에 이르기까지 넓은 영역에서 필수 재료가 되고 있다. 최근의 Proteomics(단백질체학) 연구의 발전에 따라, 시판 항체의 종류도 계속 증가하고 있으며, 항체 판매 회사의 카탈로그의 중량[n]의 증가에도 반영되고 있다. 가까운 장래에 인간의 모든 단백질에 대한 항체가 판매될 것이다. 대표적인 항체 이용법으로서, 본장에서 기술한 친화성 chromatography, 면역침강법, 면역염색법, ELISA법, 본서 **2장 II**에 기술되어 있는 Western blotting법이 있다. 여기에서는, 이러한 항체실험에 필요한 지식과 항체의 구입 및 제작 방법을 설명한다. 부족한 점에 대해서는 기존 서적을 참고하기 바란다[1)~3)].

ⓝ 대표적인 항체 판매 회사의 카탈로그가 몇 kg에 달하기도 한다.

I-1 항체에 관한 기초지식

1 항체분자의 구조와 특징

항체는 면역글로불린(Ig : immunoglobulin) 패밀리의 일종이다. 분자량 약 55 kDa의 H 사슬(중쇄, heavy chain)과 약 25 kDa의 L 사슬(경쇄, light chain)이 한 쌍이 되며, 그것이 또 다른 한 쌍과 결합한 Y자형의 4량체(H_2L_2)가 기본구조가 된다(**그림 1**). 포유류의 면역글로불린은 H 사슬의 종류(α, δ, ε, γ, μ)에 따라 각각 IgA, IgD, IgE, IgG, IgM의 class로 분류된다. L 사슬에는 λ와 κ의 2종류가 존재한다. 일반적으로 항체로서 이용되는 분자는 IgG class의 분자로 혈청 중의 주요 면역글로불린이다. IgG는 또한 γ 사슬의 차이($\gamma1-\gamma4$)에 의해 IgG_1, IgG_{2a}, IgG_{2b}, IgG_3, IgG_4의 subclass로 분류된다. IgM도 항체로 사용되는 경우가 있지만, H_2L_2 단위가 6개 결합된 형태이기 때문에, 너무 커서 사용하기 어렵다.

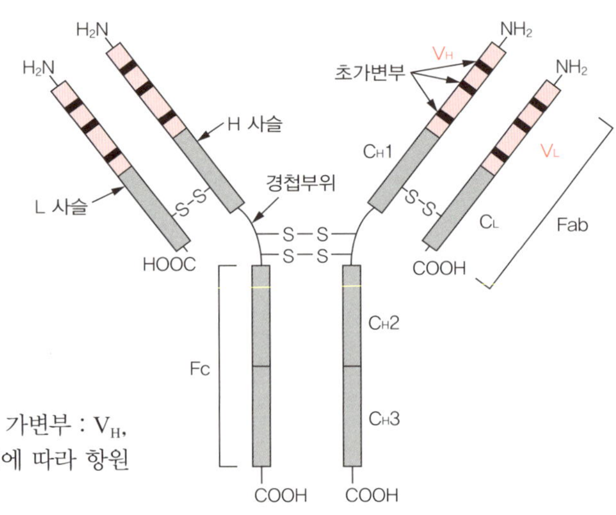

그림 1 IgG의 구조
중쇄(H 사슬), 경쇄(L 사슬). 불변부 : C_H1, C_H2, C_H3, C_L. 가변부 : V_H, V_L. H 사슬과 L 사슬의 초가변부의 아미노산 서열의 차이에 따라 항원에 대한 결합 특이성이 결정된다.

IgG의 H 사슬과 L 사슬이 결합한 부분인 N-말단영역은 가변부(variable region)라고 불리며, 각각 1개씩 항원분자가 결합한다. 2개의 H 사슬이 쌍을 형성하는 부분(C-말단영역)은 불변부(constant region)라고 불리며, 항체를 여러 가지 분자로 변형시키는 경우는 이 부분이 이용되고, 또한 항체의 정제에 이용되는 Protein A와 Protein G(**3장 II** 참고)도 여기에 결합한다. 항체분자를 펩신으로 소화하면, Y자의 목 부분(hinge 영역)에서 절단되어 2개의 arm으로 이루어진 $F(ab)_2$ 단편과 불변부로 구성된 Fc 영역으로 나뉜다. 또 파파인(papain) 소화에서는 2개의 Fab 단편과 1개의 Fc 단편으로 나누어진다. 특수한 목적으로 이러한 단편이 사용될 수 있다.

2 항체의 반응성

다른 생물 유래의 1종류의 단백질을 항원으로 주사했을 때, 이 단백질의 여러 부위에 특이적으로 결합하는 여러 종류의 항체분자가 생성되어 혈액 중에 나타난다. 이 항혈청에 포함된 항체의 혼합물이 다클론항체(polyclonal antibody; PoAb로 약칭)이다. 한편, 각각의 항체분자는 각각 단일클론항체(monoclonal antibody; MoAb로 약칭)로 불리며, 그것들은 다른 B세포 클론으로부터 합성된다. 대부분의 경우, 항원의 항체 결합부위(항원결정부, epitope)는 매우 작은 펩티드 영역이다.

항원-항체 반응은 평형반응이며, 각각의 MoAb의 항원에 대한 친화계수(affinity constant)는 10^{-5} M 이하에서 10^{-12} M 이상까지 크게 변화한다. 일반적으로는 친화계수가 높은 것이 좋은 항체가 된다. MoAb는 한 개의 항원에 한 개밖에 결합할 수 없지만, PoAb는 다수의 항체분자가 결합하여 복잡하고 견고한 항원-항체 복합체를 형성한다. MoAb는 항원-항체 반응의 특이성이 높으므로, Western blotting과 면역염색 등 많은 목적으로 사용되며, 비특이적 반응이 높은 PoAb보다 뛰어나다. 그러나 MoAb도 그 epitope가 다른 분자에 공유되는 경우는 항원 이외의 분자에도 반응하게 된다. MoAb는 마우스로 제작된 것이 일반적이다. 세포의 이중 면역염색과 샌드위치 ELISA에서는 동물 종이 다른 2종의 항체가 사용되기 때문에, 마우스 MoAb와 토끼나 염소 등의 PoAb의 조합으로 사용되는 경우가 많다. 그러나 최근에는 mouse, rat의 MoAb 이외에, 토끼, 닭 등 MoAb도 제작되고 있다.

항체가 생산되기 위한 항원이 되기 쉬운 분자는 단백질과 다당류와 같은 고분자(분자량 약 8,000 이상)이다. 그러나 보통 5~8개의 아미노산으로 구성된 펩티드 배열이나 1~5개의 단당류로 구성된 올리고당이 항원 분자의 epitope로 인식된다. 따라서 작은 펩티드뿐만 아니라, 아미노산, 단당류, 인지질과 기타 약물 등도, 소혈청 알부민, KLH(keyhole limpet hemocyanin), 달걀 흰자 알부민 등의 담체단백질에 결합시켜 면역시키면, 이들에 대한 항체가 생산된다[3]. 이때의 항원분자를 합텐(hapten)이라고 부른다. 현재 자주 사용되고 있는 인산화 아미노산 항체는 이렇게 제작된다.

3 항체의 용도와 선택

펩티드나, 변성 단백질을 항원으로 한 경우, 서열 특이적인 항체가 생성되는 경우가 많다. 따라서 Western blotting(WB)에 사용할 수 있어도, 면역염색에 사용할 수 없는 경우가 있다. 반대로, 원래 그대로의 단백질을 항원으로 하면, 입체 구조도 인식되기 때문에, 면역염색에 사용할 수 있어도 WB에 사용할 수 없는 경우도 생긴다. 또 같은 WB에서도, mercaptoethanol 등으로 환원한 조건에서는 검출할 수 없지만, 비환원 조건 하에서는 검출할 수 있는 경우가 있다. 이 때문에, 실험 목적에 따라서 항체 종류와 제작 동물 종을 선택할 필요가 있다. 시판 항체의 카탈로그에는 WB(Western blotting), IP(Immuno−precipitation : 면역침강법), IHC(Immuno−histochemistry : 면역조직화학), IC(Immuno−cytochemistry : 면역세포화학), FC(Flowcytometry) 등과 같이 그 용도가 적혀 있다. 모든 목적에 다 이용할 수 있는 만능의 항체는 적다. 이와 함께, 항원에 대한 특이성과 친화성(결합력)이 높은 항체를 선택하는 것이 중요하다. 시판 항체의 경우 이러한 정보는 설명서(data sheets)나 문헌에 기재되어 있지 않고, 또한 비싼 항체를 구매하여도 사실상 사용할 수 없는 경우가 적지 않다. 그러나 문헌을 조사하여 다른 연구자가 효과적으로 이용하고 있는 항체를 선택하면 틀림없다.

PoAb는, 항원 관련 분자를 넓게 검출할 수 있는, WB에서 IHC까지 폭넓게 사용할 수 있는 등의 장점이 있지만, 한편으로 비특이적 반응성이 높다. 일반적으로, 특이성과 실험의 재현성 면에서 우수한 MoAb를 먼저 선택해야 한다. 많은 시판 항체의 형태로는 항혈청, Protein A/G에서 정제한 면역글로불린(Ig) 분획, 항원 column에서 정제된 affinity 정제 항체가 있다. 항혈청에는 표적항체 이외로 다량의 혈청 단백질이 있다. 또 숙주 동물의 내재성의 Ig 단백질, 사용 항원에 혼재된 단백질에 대한 항체 등도 있다. Protein A/G정제 항체에는 혈청 단백질은 제거되어 있지만, 항체 이외의 Ig 단백질도 포함된다. Affinity 정제 항체가 항원 특이성 면에서 가장 뛰어나지만, 실제로는 Protein A/G 정제의 MoAb이나 PoAb을 사용하는 경우가 많다.

I−2 항체 제작법

적당한 시판 항체가 없는 경우나 다량의 항체가 필요한 경우는 자체적으로 항체를 제작할 필요가 있다. 항체 제작에는 시간과 노력이 들지만, 좋은 항체가 생기면 반영구적으로 사용할 수 있다. 동물 종으로는, MoAb의 경우 mouse가 가장 일반적이지만, rat, 토끼, 닭 등도 사용할 수 있다. PoAb의 경우, 토끼가 대표적이지만, 목적에 따라서 rat, 모르모트, 닭, 양, 염소, 말 등도 사용할 수 있다.

항원으로는, 정제한 천연 단백질뿐만 아니라 총단백질(total protein)이나 도메인 단백질을 재조합형으로 조제한 것, 그리고 합성 펩티드 등이 사용된다. 최근에는, 많은 회사가 항체 제작 맞춤형 서비스를 한다. 특히, PoAb이면 비교적 단기간에 저렴하게 구입할 수 있어서 편리하다[◎]. MoAb의 경우는 상당히 고가이며, 반드시 목적에 부합하는 것을 얻을 수 있는 것은 아니다. 합성 펩티드의 경우, 단백질 분자의 표면에 있으면서 다른 분자 사이에서 특이성이 높은 서열이고, 또 항원이 유래하는 동물(예, 인간)과 항체 제작동물(예,

◎ 여러 연구소 및 바이오기업에서 항체를 위탁 생산하고 있다. 생산을 위해서는 수개월의 시간과 수백만 원 정도의 비용이 소요된다.

토끼) 사이에서 항원 분자에 대한 종간 특이성이 높은 서열을 선택한다. 예를 들면, rat와 mouse 사이에서는 종간 특이성이 낮고, 면역 관용이 되기 쉽다. 또한 전하와 극성을 갖는 아미노산(Lys, Arg, Glu, Asp, Gln, Asn)을 30% 이상 포함하는 펩티드가 높은 항원성을 나타낸다. 즉, 좋은 항원 펩티드를 제작하기 위해서는 단백질의 1차, 2차, 3차 구조 및 친수도 등의 정보가 중요하다. 맞춤형 서비스에서는 이러한 조건에 맞는 항원 펩티드의 디자인부터, 합성, 담체단백질에 대한 커플링까지 포함하고 비교적 싼 요금으로 제공해준다. 실제로는, 이러한 조건을 충족하는 10~20개 정도의 아미노산으로 구성된 합성 펩티드를 담체단백질에 화학적으로 결합(가교)시키고 항원으로 사용한다. 인산 펩티드 항체도 거의 비슷하게 만들 수 있다. 이 경우는, 인산화된 아미노산(Ser, Thr, 또는 Tyr)을 중앙 부분에 포함한 10잔기 정도의 펩티드를 합성하고 담체단백질에 결합시켜 항원으로 한다[2]. 인산화 펩티드도 맞춤형 서비스에 의뢰할 수 있다.

PoAb를 자체 제작하는 경우는 항원 단백질을 Adjuvant와 혼합하고, 4~6회 피하 또는 근육 내에 주사하고 항혈청을 얻는 것이 일반적이다. MoAb의 표준 제작법은 mouse에게 면역한 후, 약 2개월 후에 항체 생산 B세포를 포함한 비장세포를 추출하여 polyethylene glycol(PEG)을 이용하여 마우스 myeloma 세포와 융합시킨다. 이 융합세포(hybridoma) 속에서 표적항체를 생성하는 세포클론을 선택하고 항체를 생산시킨다. 최근 MoAb를 단기간에 제작하는 방법으로서, 면역 후 약 10일에서 inguinal 림프절 세포를 꺼내고 골수세포와 융합시키는 방법도 이용되고 있다[4]. 그 밖에 phage display 기술을 이용하여 MoAb를 만드는 방법이나, 면역 비장세포에서 항체 유전자를 추출하여, VH-VL의 단일가닥 항체로 대장균에서 발현시키는 방법 등도 이용되기 시작했다. 항체 제작에 대한 자세한 내용은, 기존 서적을 참고하기 바란다[2),3)]. 참고로, 필자들이 PoAb 및 MoAb를 제작할 때 방법의 개요를 제시한다.

Protocol

1) 다클론항체(PoAb) 제작법의 개요  2~3개월

❶ 2~3마리의 토끼ⓟ를 사용한다.

❷ 항원 단백질(0.2~1.0 mg 단백질/1.0~1.5 mL PBS/마리)와 동량의 Freund's Complete Adjuvant(FCA)ⓠ를 연결관으로 연결한 2개의 유리 주사기로 충분히 emulsion화하고, 토끼의 피하 및 근육 내에 5~8곳에 나누어 소량씩 주사한다.

❸ 1회째 부스터 투여(booster injection) : 첫 회 면역에서 2~3주 후에 Freund's Incomplete Adjuvant(FIA)와 혼합된 항원을 위와 마찬가지로 주사한다(0.1~0.5 mg 단백질/마리).

❹ 2주마다 2~4회, ❸과 마찬가지로 부스터 투여한다ⓡ.

❺ 2회째 부스터 이후, 투여 후 7~10일에 귀에서 1 mL정도 채혈하여 ELISA법(3장 V)에 의해 항체역가를 측정한다. 항혈청이 5,000~10,000배 희석 이상에서 양성이면, 항원 단독으로 3회째 부스터 투여한다.

❻ 3회째 부스터 투여 후 7~10일(첫 면역일로부터 약 60일 후) 지나 귀에서 부분 채혈한다(30~50 mL)ⓢ. 필요에 따라 경동맥에서 채혈한다(70~100 mL)ⓢ.

ⓟ 2~2.5 kg의 New Zealand White종 등을 사용한다.

ⓠ Difco사(Merck사). 액체 파라핀과 결핵균의 사균을 포함하고 있고 면역 기능을 높인다. 최근, 효과가 높고 emulsion화가 필요하지 않은 GERBU adjuvant가 판매된다.

ⓡ 1회째 부스터 이후 매주 소량의 항원을 4~5회 투여하는 protocol과 3주마다 2~3회 투여하는 protocol이 있다. 대개 첫 번째 면역으로부터 1.5~3개월에 항체역가가 충분히 상승한다.

ⓢ 혈액을 응고시켜서 약 반 정도 양의 혈청을 얻을 수 있다.

⑦ 항체역가가 불충분하면, 여러 번 면역을 반복한다.

2) Mouse 단일클론항체(MoAb) 제작법의 개요 　3～4개월

❶ 3마리의 BALB/c 마우스(보통 암컷)를 사용한다.

❷ 항원 단백질(20～100 μg/마리)을 FCA와 혼합하여 마우스의 복강에 주사한다(0.5 mL/마리). 참고문헌 1) 참고

❸ 부스터 투여 : 2주마다 2～4회, FIA와 혼합한 항원을 마우스의 복강(첫 회 부스터만) 및 4곳 정도의 등쪽 피하에 주사한다(10～50 μg/마리/회).

❹ 3회째와 이후의 부스터 후, 7～10일에 마우스의 꼬리 끝부분을 절단하여 몇 방울의 혈액을 채혈하고, ELISA법으로 항체역가를 측정한다. 항혈청이 5,000～10,000배 희석 이상에서 양성이면, 항원 단독으로 마지막 부스터 투여한다.

❺ 3회째 부스터 투여 3～5일 후에 항체역가가 높은 마우스를 해부하고, 무균 환경에서 비장을 꺼낸다. 주사 바늘(27 G)에서 배지를 분출시키면서 비장에서 림프구를 모은다(10^8개 정도)[t].

❻ 비장세포(약 10^8개)와 myeloma 세포[u](약 2×10^7개)를 50% PEG에서 융합시킨다[v].

❼ 융합세포를 5% BriClone[w]과 10～15% 혈청을 포함한 HAT 선택배지[x]에 분산하고 2개의 96-well plate에 seeding하고 배양한다.

❽ 세포가 충분히 증가한 뒤(약 10일 후), ELISA법으로 항체 생산을 검정한다.

❾ 양성 well의 세포를 상기 배지에 분산하고 0.5～1 세포/well의 밀도로 96-well plate에 seeding한다[w]. Single colony의 양성 well을 hybridoma clone으로 한다. 필요에 따라 2번째의 클로닝을 한다.

❿ Hybridoma 세포 배양 상층액을 이용하여, Western blotting, 면역침강, 면역염색 등의 활성을 측정한다.

⓫ 대량 배양 또는 마우스의 복수를 준비하고, 필요량의 항체를 얻는다(3장 II-2 참고).

ⓣ 세포 세척 및 배양 과정은 기본적으로 10% 소 태아 혈청(FBS)을 포함한 RPMI 1640배지를 사용한다. 단, 세포융합 전에 비장세포와 myeloma 세포를 무혈청 RPMI 1640배지로 2회 세척하고, 과정 ❻의 세포융합에도 무혈청 RPMI 1640배지를 사용한다. 세척을 위한 원심분리는, 비장세포는 1,200 rpm으로 5분, myeloma 세포는 800 rpm으로 5분간 실시한다.

ⓤ P3/NS1/1-Ag4-1, P3X63-Ag8653, SP2/O-Ag14 등의 세포가 사용된다.

ⓥ Roche사, Merck사, Sigma사 등. 융합 효율은 이 PEG 처리 방법에 따라 크게 좌우된다. 필자는 Roche사의 PEG1500을 사용하고, 이 회사의 protocol에 따르고 있다. 구체적으로는 다음과 같은 조작을 한다. 2종의 세포를 50 mL의 원심분리 튜브에서 혼합한 후, 1,200 rpm에서 5분간 원심분리하고 상층액을 완전히 제거한다. 원심분리 튜브를 손바닥으로 가볍게 두드려서 두 세포를 혼합한다. 37°C의 항온조 속에서 따뜻하게 해둔 50% PEG 용액을 세포와 혼합하면서 1분간에 걸쳐 적하한다. 또한 1～2분간 원심분리 튜브를 천천히 회전시키면서 세포를 융합시킨다. 여기에 30초에 1 mL씩, 합계 10 mL의 따뜻한 무혈청 RPMI 1640배지를 가한다. 그리고 10 mL의 무혈청 배지와 혼합한 후 5분간 항온조에 정치한다. 그 후 1,000 rpm, 5분의 원심분리로 세포를 모은다.

ⓦ IL-6를 함유하는 BriClone(DS Pharma Biomedical사)의 배양 상층액으로, 동등한 것에 BM-Condimed H1(Roche사)이 있다. BriClone을 5% 농도로 증식 배지에 첨가하여 두면, 클로닝에 feeder 세포는 보통 필요 없다. 클로닝 효율이 나쁜 경우는, 흉선세포(10^6개/well 정도)를 feeder 세포로 사용하여 본다.

ⓧ Hypoxanthine(0.1 mM), aminopterin(0.4 μM), thymidine(16 μM)을 포함한다. 이 배지 중에서 비장세포와 융합하지 않은 myeloma 세포는 생존할 수 없다. HAT의 50배 용액이 Invitrogen사 등에서 판매되고 있다. 일반적으로, HAT 함유 배지에서 1～2주일, 또 추가로 HT 함유 배지(aminopterin 불함유) 또는 HAT 함유 배지에서 2주간 정도 hybridoma 선택을 계속한다.

참고문헌

1) Harlow, E. & Lane, D. : Antibodies − a Laboratory Manual, Cold Spring Harbor Laboratory, 1988
2) 大海 忍, 辻村邦夫, 稲垣昌樹：「新版 抗ペプチド抗体実験プロトコール」, 秀潤社, 2004
3) 竹縄忠臣, 伊藤俊樹 編：「改訂 タンパク質実験ハンドブック」, 羊土社, 2011
4) 佐渡義一：生化学, 78：1092-1094, 2006

II 항체 Column에 의한 단백질의 정제

항체는 항원분자에 특이적으로 결합한다. 이 성질에 따라 항체는 항원 단백질의 효과적인 분리 · 분석 수단으로서 넓게 이용되고 있다.

Affinity chromatography(친화성 크로마토그래피)는 가장 효과적인 단백질 분리 수단의 하나이다. 그 중에서도 항체 column을 이용하는 친화성 chromatography는 그 대표적인 방법으로, 좋은 항체를 사용하면 상당히 간단한 과정으로 효율적으로 표적단백질을 정제할 수 있다. 여기서는 항체 column의 제작부터 항원 단백질 정제까지의 과정을 나타낸다. 친화성 chromatography에 대한 상세한 것은 본서 **상권 4장 VII** 및 기존 서적을 참고하기 바란다[1),2)].

II-1 실험과정의 개요

1 항체의 선택과 정제

항체를 이용하여 단백질을 정제할 때, 항체가 표적단백질에 대해 충분한 친화성을 가지는 것이 중요한 조건이 된다. ELISA(Enzyme-Linked ImmunoSorbent Assay)와 면역침강법으로 항원분자에 대해 충분한 결합성을 나타내는 것을 확인한다. 변성 단백질을 항원으로서 제작한 항체는 미변성 단백질의 정제에 사용할 수 없는 경우가 많다. 단일클론항체나 다클론항체 어느 쪽도 좋지만, 전자는 후자보다도 특이성 면에서 우수하다.

전항 **3장 I**에서 언급한 바와 같이, 다클론항체는 혈청으로 단일클론항체는 배양 상층액이나 마우스의 복수로 제작된다. 각각의 1 mL당 항체 농도는 항혈청에서 1~3 mg, 일반적인 배양 상층액에서 0.01~0.05 mg, 마우스 복수에서 1~10 mg이다. 이들 재료를 그대로 사용하는 경우도 있지만, 대부분의 실험에서는 다클론항체나 단일클론항체를 불문하고 정제항체가 사용된다. 항원을 고정화한 column을 사용하면 항체만을 순수하게 정제할 수 있지만, 대부분의 실험에서는 Protein A 또는 Protein G column에서 정제한 항체가 사용된다. 이 정제항체에는 특이 항체 이외의 IgG가 포함되지만, 그것이 문제가 되는 경우는 적다. Protein A는 황색 포도상구균, Protein G는 *Streptococcus*속의 연쇄상구균의 세포벽 단백질(60 kDa 정도)이며 모두 면역글로불린의 Fc부분(불변부의 C_H2 및 C_H3)에 특이적으로 강하게 결합한다. 천연 단백질에는 알부민과 IgG의 Fab 영역에 약하게 결합하는 영역이 있는데, 이러한 방해 영역이 제거된 재조합형 Protein A(분자량 약 42,000)와 Protein G(분자량 약 17,000)가 사용되고 있다. Protein A/G는 IgG에 대한 특이적인 결합성 때문에, 항체의 정제뿐만 아니라 항원의 정제와 면역침강에도 널리 이용되고 있다. 이들의 IgG 결합 활성은 동물 종류나 IgG의 isotype에 따라 약간 다르다(표 1). 예를 들어 마우스 IgG_1은 Protein A에 대한 결합 능력이 약간 낮기 때문에 고농도의 NaCl을 첨가하여 결합시키거나, Protein G를 사용한다. 또 닭의 IgG는 Protein A/G에 결합하지 않는다.

2 항체 column

항체를 column에 결합시킬 때 CNBr 활성화 담체와 NHS(N-hydroxysuccinimide) 활성화 담체에 직접 결합시키는 방법과, Protein A(또는 G) 고정화 담체에 결합시키는 방법이 있다. 전자의 방법에는, 일부 항체분자의 항원이 결합부위도 가교되기 때문에 항원결합 활성을 부분적으로 잃는다. Protein A/G법에서는 우선 항체분자를 Protein A/G에 결합시킨 후, 양쪽을 dimethyl pime-

표 1 IgG의 protein A/G에 대한 결합성*[1]

동물	isotype	protein A	protein G
사람	IgG_1, IgG_2, IgG_4	◎	◎
	IgG_3	×	◎
mouse	IgG_1	△	◎
	IgG_{2a}, IgG_{2b}, IgG_3	◎	◎
rat	IgG_1	×	△
	IgG_{2a}	×	◎
	IgG_{2b}	×	○
	IgG_{2c}	△	○
토끼	IgG	◎	◎

◎ : 강함, ○ : 중간 정도, △ : 약함, × : 결합하지 않음
* 1 : 참고문헌 1에서 참고

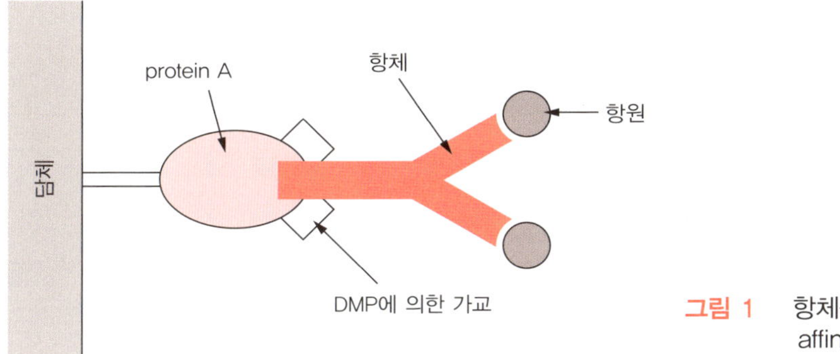

그림 1 항체-protein A column을 이용한 affinity chromatography의 원리

limidate(DMP) 등의 가교제로 가교한다(**그림 1**). Protein A/G는 면역글로불린 분자의 Fc 부분에 특이적으로 결합하기 때문에, 항체의 항원결합 활성의 손실은 적다. 또한 이 방법에는 미정제 항체를 Protein A column에 흘려주어, 그대로 이 항체 column에 고정화시켜 사용할 수 있다는 장점이 있다. Protein A/G는 일반적인 면역글로불린 분자에 결합하기 때문에, 그것을 함유하는 시료의 경우에는 항체 column 전에 Protein A(또는 G) column을 통과시켜야 한다. Protein A 또는 G를 충진한 prepacked column(예를 들면, GE Healthcare사의 HiTrap Protein A/G, Bio-Rad사의 Econo-Pac Protein A 카트리지)이 시판되고 있으므로, 이것을 항체 column 제작에 사용할 수도 있다.

3 항원 단백질의 정제

제작한 항체 column에 시료를 흘려서 표적단백질을 흡착시키고 세척 후 용출한다. 용출액으로는 일반적으로 0.1 M glycine-HCl(pH 2.5~3.0), 0.05%(v/v) trifluoroacetic acid(TFA), 0.1~1 M acetic acid 등의 산이 사용된다. TFA와 acetic acid는 기화하기 때문에 정제단백질을 동결건조할 때 편리하다. 산에서 불활성화되는 단백질의 경우에는, 8 M 요소, 6 M guanidine 염산 등의 변성제, 4.5 M $MgCl_2$, 3 M NaSCN, 3 M 삼염화 초산나트륨(sodium trichloroacetate) 등의 chaotropic ion, 또는 50%(v/v) ethylene glycol 등의 비극성 용매로 용출한다(본서 **상권 4장 Ⅶ 표 3** 참고). 일반적으로 항체는 산에 안정적이어서 반복해 사용할 수 있다. 그러나 특히 요소와 guanidine 염산의 경우에는 항체의 안정성도 조사해 두는 것이 좋다.

이하에 Protein A/G column법에 의한 항체의 정제, 항체 column의 제작 및 항원 단백질 정제의 구체적인 과정을 설명한다.

Ⅱ-2 항체의 정제

여기에서는 고속 액체 chromatography(HPLC)용 Protein G(또는 A) column을 이용하여 마우스 복수에서 단일클론항체를 정제하는 경우를 예로 설명한다. Ⅱ-3에서 후술하는 바와 같이 Protein G/A 연질 gel을 작은 column에 충진하고 수행하여도 좋다. 토끼 등의 혈청에서 항체를 정제하는 경우도 복수와 거의 동일하게 할 수 있다. 혈청은 복수에 비해 단백질 농도가 더 높기 때문에, 혈청을 미리 3~5배의 항체 결합 buffer로 희석하여 column에 흘림으로써 정제 효율을 높일 수 있다.

준비물

1) 기구

- 사용 column : HiTrap Protein G HP(bed volume, 1 mL; 흡착 용량, 25 mg human IgG/mL), 또는 HiTrap Protein A HP(bed volume, 1 mL; 흡착 용량, 20 mg human IgG/mL)(모두 GE Healthcare사)
- HPLC 장치 : AKTAprime plus(GE Healthcare사) 등

2) 시약

- 프리스탄(Sigma사 등)
- 항체 결합 buffer : 20 mM sodium phosphate buffer(pH 7.0)/0.1 M NaCl
- 용출 buffer : 0.1 M Glycine-HCl(pH 2.8)

Protocol

1) 마우스 복수의 조제ⓨ

5마리 정도의 마우스(20~30 g 정도의 암컷 또는 수컷)의 복강에 프리스탄(0.5 mL/마우스)를 투여한다. 10~14일 후에 무혈청 배지에 분산시킨 hybridoma 세포를 복강에 이식한다($2 \sim 4 \times 10^6$ cell/마우스). 8~10일 후, 마우스의 배가 충분히 커진 후 경추 탈구하고, 주사기로, 또는 복부에 가위로 구멍을 뚫어 복수를 꺼낸다. 한 마리의 마우스로부터 2~10 mL의 복수를 얻을 수 있다.

ⓨ Hybridoma 세포 배양액으로부터 항체를 조제하는 경우에는 가능한 고밀도로 세포를 배양하고, 2~3일에 1회 배양 상층액을 회수한다. 배지는 시판의 무혈청 배지이던, 일반적인 혈청 배지이던 괜찮다. 세포 밀도가 높아지면 혈청 농도를 5% 또는 그 이하로 한다. 배양 상층액이 많은 경우는 50% 포화 황산암모늄으로 항체를 침전시키고 항체 결합 buffer로 투석한 후 0.22 μm 또는 0.45 μm의 필터에 통과시켜 column에 흘린다.

2) Chromatography

❶ 회수한 복수를 9,000 rpm, 4°C에서, 30분간 원심분리하고, 그 상층액 5 mL를 항체 결합 bufferⓩ로 2배 희석하고, 0.22 μm(또는 0.45 μm) 필터에 통과시킨다.

❷ Column을 10 bed volume(10 mL)의 항체 결합 buffer에서 평형화한다. 그리고 나서, HPLC의 유속은 0.5 mL/분(또는 1.0 mL/분)으로 한다.

❸ 샘플 루프에 희석 복수를 주입하고, column에 통과시킨다. 샘플 루프가 작은 경우는 몇 차례 나누어 apply해도 좋다.

ⓩ 항체 결합 buffer는 일반적인 PBS라도 좋다. GE Healthcare사의 protocol에서는 20 mM sodium phosphate buffer(pH 7.0)가 사용되고 있다. 마우스 IgG_1을 Protein A column에서 정제하는 경우나 항체의 회수율이 낮은 경우는, 복수를 1.0 M sodium borate buffer(pH 9.0)/3.3 M NaCl로 3배 희석하고 column에 흘린다.

❹ 15 bed volume의 항체 결합 buffer로 column을 세척한다.

⬇

❺ 10 bed volume의 용출 buffer로 column에 결합된 항체를 용출하고, 1 mL 정도로 분획한다. 용출액의 pH를 중화하기 위해, 미리 튜브에 용출 분획 1 mL당 약 20 μL의 2 M Tris–HCl(pH 10.4)을 추가하여 둔다. 분획액의 pH를 시험지로 확인한다.

⬇

❻ 20 bed volume의 항체 결합 buffer로 column을 세척한다.

⬇

❼ 용출액 흡광도(280 nm)를 측정하고 IgG의 양을 구한다. $A_{280\ nm}$ = 1.0이면 약 0.8 mg/mL IgG에 해당한다. 보통 원액의 복수 1 mL당 약 1 mg의 IgG가 정제된다(그림 2).

⬇

❽ 얻은 항체는 PBS에 투석한 후 소분하여 냉동 보관한다. 4°C에 저장하는 경우는 목적에 따라 방부제로 2%(w/v) NaN_3를 1/100 양(최종 농도 0.02%)으로 넣어 둔다.

II–3 항체 column의 제작

준비물

1) 기구

- Column : 내경 0.7~1.0×높이 7.0~10.0 cm 인 것(Bio–Rad사 Econo column 등)
- Rotary mixer(예, TAITEC사 Rotator RT–5) 또는 Seesaw shaker
- 비커(50 mL)

2) 시약

- Protein A Sepharose 4B(GE Healthcare사) 0.5 g
- 0.2 M triethanolamine–HCl(pH 8.3, 냉장보관)
- Dimethyl pimelimidate(DMP)(Pierce사)
- 블로킹 용액 : 0.2 M ethanolamine–HCl(pH 8.0, 냉장보관)
- 50 mM Tris–HCl buffer(pH 7.5, 냉장보관)
- 항체 결합 buffer
- Coupling(가교) buffer

3) 시약의 조제

항체 결합 buffer		(최종 농도)
황산	0.31 g	(50 mM)
NaCl	17.5 g	(3 M)

5N NaOH로 pH 9.0으로 조정하고, DW로 total 100 mL가 되게 한다(실온 보관).

Coupling(가교) buffer		
DMP	33 mg	(6.6 mg/mL)

0.2 M triethanolamine–HCl(pH 8.3)에 용해시키고 total 5 mL가 되게 한다(사용 직전에 조제).

Protocol

1) 항체 반응액의 조제

약 4 mg의 IgG를 포함한 항체 시료액을 사용 직전에 4배량의 항체 결합 buffer[a]로 희석한다. 이때 최종 용량은 2~4 mL이 바람직하다. 원래의 항체 시료액이 묽을 경우에는 여기에 0.5 M 붕산 buffer(pH 9.0)와 NaCl을 가하여 20~50 mM 붕산/약 3 M NaCl로 조정한다.

[a] 여기에서는 마우스 IgG_1에 대한 결합능을 높이기 위해 3 M NaCl을 함유한 buffer를 사용했다. 마우스 IgG_2나 마우스 IgG_3 또는 다클론항체의 경우는 50 mM sodium borate(pH 9.0)만으로도 충분하다. 1 mL의 Protein A column에 결합할 수 있는 항체의 양은 고염농도에서는 2~5 mg, 저염농도에서는 약 2 mg정도이다.

2) 항체 column의 제작

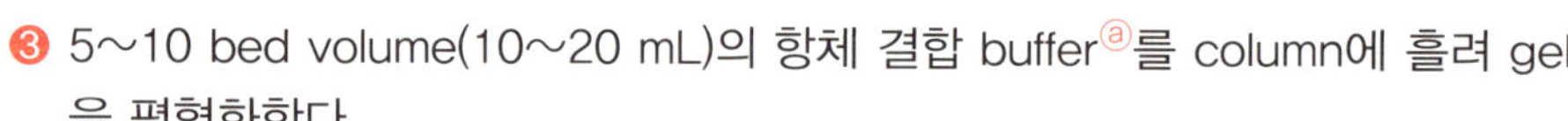

❶ Protein A Sepharose 4B(0.5 g)를 작은 비커에 옮기고 약 10 mL의 증류수로 현탁하고, 실온에서 15분간 이상 팽윤시킨다(약 2 mL로 팽윤한다).

↓

❷ 수직으로 세운 column에 충전한다.

↓

❸ 5~10 bed volume(10~20 mL)의 항체 결합 buffer[a]를 column에 흘려 gel을 평형화한다.

↓

❹ 항체 결합 buffer을 완전히 흘려준 후 column의 출구를 막고, 항체 반응액(약 4 mg IgG)을 가한다. 그리고 항체결합률의 검정을 위하여 미리 항체 반응액의 280 nm에서의 흡광도를 측정하여 둔다. Column 상부에 capping을 하고 rotary mixer 또는 seesaw shaker로 천천히 진탕하면서 실온에서 약 1시간 동안 반응시킨다[b].

[b] 1 mL의 담체에 대해 2~4 mL(최대 10 mL)의 항체 반응액이 바람직하다. 항체 반응액이 너무 많으면, 항체가 담체에 충분히 결합하지 않을 가능성이 있다. 이와 같은 경우에는, column에 항체 반응액을 1시간 이상 천천히 흘려보내 결합시킬 수도 있다. 그러나 이 방법으로는 column 하부에 비하여 상부에 항체가 많이 결합하게 된다. 즉 항체의 농도 구배가 생긴다. 이것은 column 방법 사용에 있어서 별다른 문제가 되지 않는다.

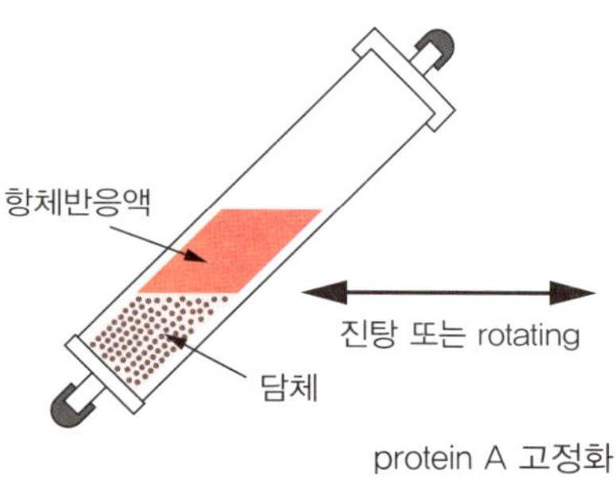

protein A 고정화 담체에 대한 항체의 결합

↓

❺ Column으로부터 항체 반응액을 완전히 흘려 보낸다(280 nm의 흡광도를 측정하고, 이 액에 미반응항체가 많이 존재할 경우에는 이 액을 column에 천천히 다시 흘려서 한번 더 흡착시킴).

↓

❻ 5~10 bed volume의 항체 결합 buffer로 column을 세척한다.

↓

❼ 액을 완전히 흘려보낸 후 column의 출구를 막고 같은 용량(2 mL)의 coupling buffer를 가하여, 담체를 잘 분산시킨다. Column 상부에 cap을 막고, rotary mixer 또는 seesaw shaker로 천천히 진탕하면서 실온에서 약 1시간 반응시킨다.

↓

❽ Column으로부터 coupling buffer를 완전히 흘려보낸다. 약 3 bed volume

의 블로킹 용액(0.2 M ethanolamine-HCl, pH 8.0)을 column에 흘려보낸다. Column의 출구를 막고, 약 2 bed volume의 블로킹 용액을 가하여, 실온에서 약 2시간 동안 천천히 진탕한다(**아래 그림** 참고)[ⓒ].

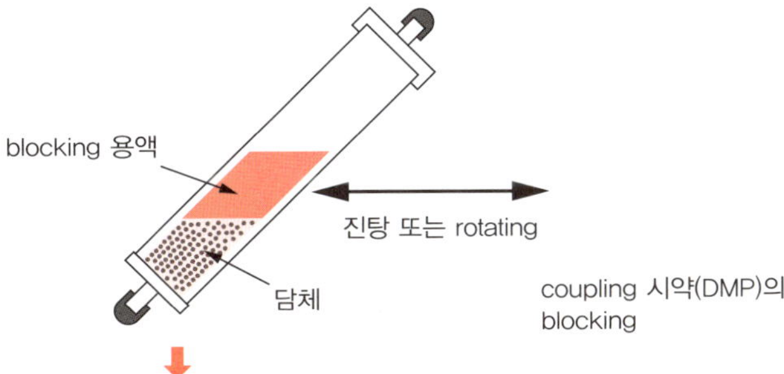

⬇

❾ 5~10 bed volume의 용출 buffer(0.1 M glycine-HCl, pH 2.8)를 흘려서, 가교되지 않은 항체분자를 씻어 보낸다[ⓓ].

⬇

❿ 5~10 bed volume의 50 mM Tris-HCl buffer(pH 7.5)로 column을 세척한다[ⓔⓕ].

ⓒ 가교율을 구하기 위해서, 가교반응 전후의 담체를 10 μL를 취하여 SDS-PAGE sample buffer로 100°C에서 약 5분간 추출하여 분석한다. 만일 가교전의 담체에서만 IgG의 중쇄(분자량 약 5.5만)가 검출되면 가교율 100%가 된다. 반응액의 pH가 8.3 이하에서는 가교율이 저하한다. 가교율이 낮을 경우에는, 사용 직전에 항체 결합 buffer(pH 9.0)에 DMP를 용해시켜 가교반응을 실시해 본다. 분말이더라도 오래된 DMP는 사용하지 않는 것이 좋다.

ⓓ 용출액의 280 nm에서의 흡광도를 측정한다. 흡광도가 높은, 즉 가교율이 낮은 경우에는, 이 용출액으로 ❹ 이하의 과정을 반복한다. ⓒ 참고.

ⓔ Gel 또는 충전한 column을 보관할 때는, 50 mM Tris-HCl(pH 7.5)에 0.02%(w/v) NaN_3 또는 0.005%(w/v) Merthiolate(thimerosal)를 혼합한 용액에 담체를 분산시켜서 4°C에 보관한다. 1년 정도 보관이 가능하다.

ⓕ 일련의 조작을 column이 아닌 원심분리 튜브 내에서도 실시할 수 있다. 이런 경우의 세척 조작은 3,000×g에서 2분 또는 10,000×g에서 30초 원심분리한다.

II-4 항체 친화성 chromatography의 조작법
-항 laminin α3 단일클론항체 column을 이용한 laminin 332의 정제

준비물

1) 기구

- Peristaltic 펌프(예 : Atto사)
- 테플론 튜브

2) 시약

- 마우스 항 laminin α3 단일클론항체/Protein A Sepharose 4B column(bed volume 2 mL, 결합 항체량 약 4 mg)
- 평형화 buffer(500 mL, 냉장보관)
- 용출 buffer : 0.1 M glycine-HCl(pH 2.8)(냉장보관)
- 중화 buffer : 2 M Tris-HCl, pH 10.4(실온보관)
- 0.02%(w/v) NaN_3 또는 0.005%(w/v) Merthiolate(thimerosal)

3) 시약의 조제

평형화 buffer		(최종 농도)
1 M Tris-HCl(pH 7.5)	10 mL	(20 mM)
NaCl	14.6 g	(0.5 M)
30%(w/v) Brij-35(Sigma사)	83 μL	[0.005%(w/v)]
CHAPS	0.5 g	[0.1%(w/v)]

DW로 total 500 mL가 되도록 한다(냉장보관).

Protocol

8~12시간

1) 시료액의 준비

여기에서는 기저막의 세포접착 분자인 laminin 332(laminin 5/Radosin : 3장 IV 참고)의 정제를 예로 한다. 인간의 신장 유래 세포주 HEK293에 laminin α3, β3, γ2 가닥의 각 cDNA를 도입하여 인간의 재조합형 laminin 332를 발현시켰다[3]. 이 무혈청 배양 상층액(1 L)을 같은 용량의 20 mM Tris−HCl(pH 8.0)로 희석하고, 소량의 NaOH를 가하여 pH를 7.8~8.0으로 조정했다. 그런 다음, 이 시료를 10 mM Tris−HCl(pH 8.0) / 0.05 M NaCl로 평형화한 Q−Sepharose column(20 mL gel)에 흡착시키고, 0.5 M NaCl에서 용출했다. 이 용출액을 항체 column의 시료액으로 사용했다.

2) 항체 친화성 chromatography의 조작

❶ 이하의 조작은 모두 저온실(또는 chromatographic chamber)에서 실시한다. Column을 미리 10 mL의 평형화 buffer로 평형화한다.

❷ 피펫을 이용하여, 시료액을 column의 gel 위에 조심스럽게 첨가하고, 천천히 흘려보낸다(아래 그림). 시료액이 많을 경우에는 펌프를 사용하거나 또는 낙차를 적당히 조절하여 자연낙하로 시료액을 column에 흘려보낸다(본서 상권 4장 III 및 VII 참고). 유속은 2~5 mL/시간이 적당하다[g]. Column 용출액은 손으로 또는 fraction collector를 이용하여 분획한다(2 mL/fraction).

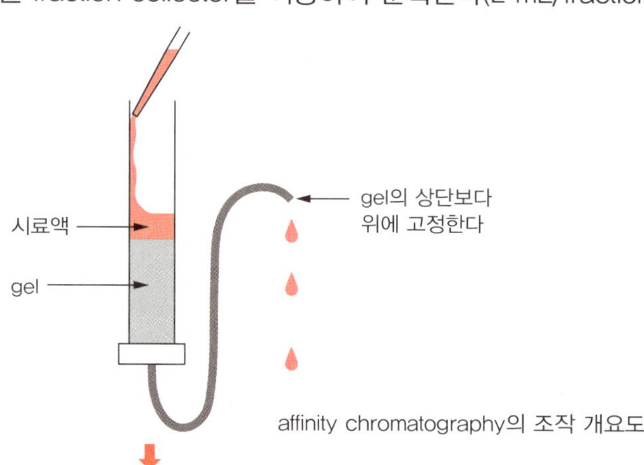

affinity chromatography의 조작 개요도

❸ Gel 상의 시료액이 전부 gel 안으로 들어갔을 때, 20 mL의 평형화 buffer를 column에 흘려보낸다. 이렇게 함으로써 비특이적으로 흡착한 단백질을 세척한다(이하, 유속 약 10 mL/시간).

❹ 10 mL의 용출 buffer(0.1 M glycine−HCl, pH 2.8)로 흡착 단백질을 용출한다[h].

❺ 용출액 2 mL에 대하여 약 40 μL의 중화 buffer(2 M Tris−HCl, pH 10.4)를 가하여 중화한다[i]. 얻어진 분획의 280 nm에서의 흡광도를 측정한다. 또한 원래의 시료액, 비흡착분획 및 용출분획을 SDS−PAGE로 분석한다.

ⓖ 유속이 너무 빠르면 단백질이 그냥 흘러나가버린다. 이러한 경우에는 통과액을 다시 한번 column에 흘린다.

ⓗ 정제 단백질을 동결 건조하는 경우는 0.05% TFA로 용출하는 것이 편리하다. 이 경우에는 용출액을 중화하지 않고 그대로 초저온냉동고 또는 드라이아이스로 동결한 후 건조시킨다.

ⓘ 투석 등으로 표적단백질이 안정한 buffer로 치환한다. Laminin 332의 경우에는 중화와 동시에 최종 농도로 0.1% CHAPS와 0.5 M NaCl을 더한다.

⑥ 20 mL의 평형화 buffer를 column에 흘려보낸다. 이대로 보관할 경우에는 이 액에 0.02%(w/v) NaN_3 또는 0.005%(w/v) Merthiolate(thimerosal)를 첨가하여 놓고, 4°C에 보관한다. Coulmn은 반복하여 사용할 수 있다.

실험사례

실험 예 1 : Protein G column에 의한 마우스 복수의 단일클론항체의 정제(그림 2)

마우스 복수를 항체 결합 buffer로 2배 희석하여 시료로 하였다. HPLC의 샘플 루프(용량 5 mL)에 2회에 걸쳐 시료를 주입하고 column에 통과시켰다. 유속은 0.5 mL/분이다. 그림 2a는 280 nm의 흡광도에 의한 단백질의 용출 패턴, 그림 2b는 SDS-PAGE에 의한 분리 패턴을 나타낸다. 왼쪽부터 순서대로 column에 흘린 시료(레인1), 1회째 통과 분획(비흡착 분획)(레인2), 용출 분획(레인3)이다. 시료에 존재하는 IgG의 H 사슬과 L 사슬이 통과 분획에서는 없어지고, 용출 분획(정제 IgG 분획)에 분리되어 있다.

실험 예 2 : 항 laminin α3 항체 column에 의해 정제된 laminin 332의 SDS-PAGE 분석(그림 3)

자체 제작의 단일클론항체(BG5)를 이용하여, 본문의 방법에 따라 정제를 실시했다. Laminin 332의 안정성을 위해, 비흡착성 튜브에 2 M Tris-HCl(pH 10.4)(30 μL), 10%(w/v) CHAPS(10 μL), 5 M NaCl(0.1 mL)을 미리 넣어두고 용출액 0.9 mL를 적하하고 즉시 혼합했다. 레인1은 정제 전의 샘플, 레인2는 정제된 laminin 332의 CBB 염색 패턴이다. 왼쪽은 마커의 분자량(kDa), 오른쪽은 라미닌 332의 각 소단위 및 그 크기를 나타낸다. 라미닌 332와 항체에 대해서는 각각 참고문헌 3, 4를 참고한다.

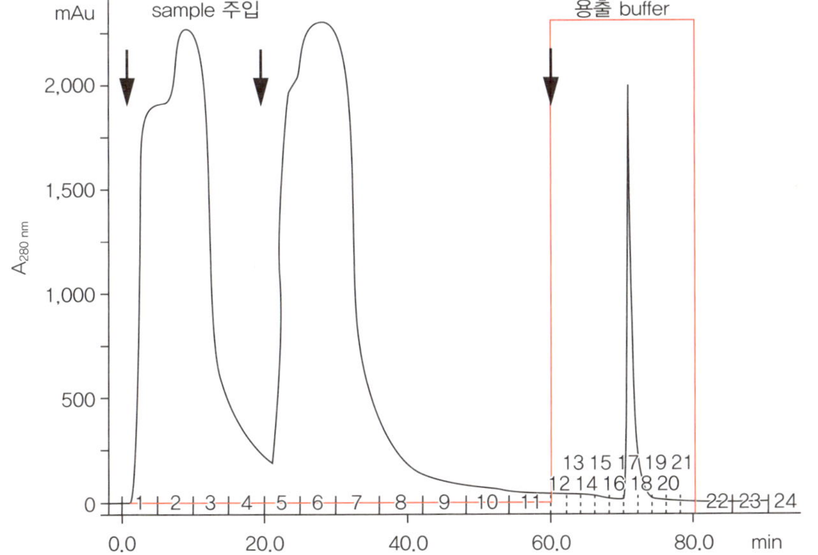

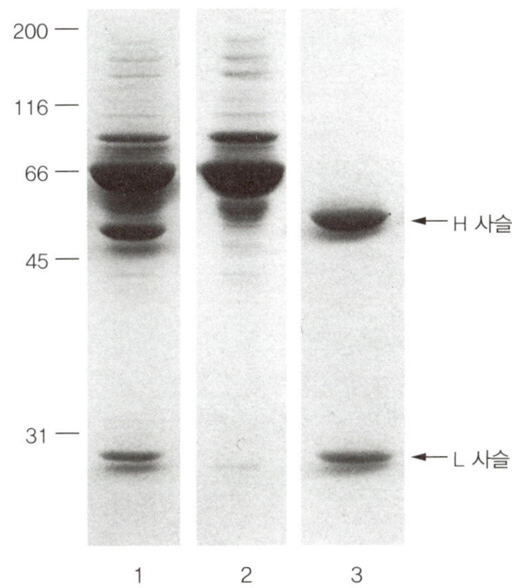

그림 2 Protein G column에 의한 mouse 복수의 monoclonal 항체의 정제

a) 용출 패턴. 한 fraction당 용액량은 1~11번이 2.5~3 mL, 12번 이후는 1 mL

b) SDS-PAGE에 의한 분석. 1 : mouse 복수(sample), 2 : 비흡착 분획, 3 : 용출 분획

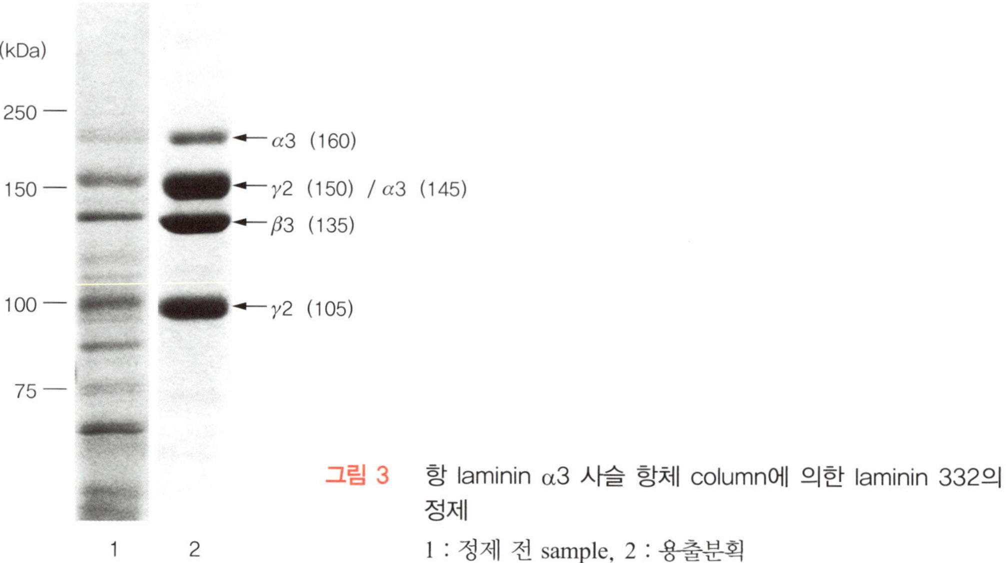

그림 3 항 laminin α3 사슬 항체 column에 의한 laminin 332의 정제

1 : 정제 전 sample, 2 : 용출분획

단백질 농도가 너무 높으면, 항원 이외의 단백질이 column에 흡착하는 경우가 있다. 이러한 경우에는 다른 방법으로 사전에 시료를 조분획하거나, 적당하게 희석하여 항체 column에 흘려보낸다. 그렇게 하여도 비특이적인 흡착이 있는 경우는, 항체 column 전에 Protein A column 또는 Sepharose 4B column을 통과시킨다.

참고문헌

1) Harlow, E. & Lane, D. : Antibodies — a Laboratory Manual, Cold Spring Harbor Laboratory, 1988
2) 高津聖志, 他 編 :「注目のバイオ実験シリーズ 改訂版 抗体実験マニュアル」, 羊土社, 2008
3) Kariya, Y. et al. : J. Biochem., 132 : 607-612, 2002
4) Kariya, Y. et al. : J. Mol. Histol., 39 : 435-446, 2008

Ⅲ 면역침강법

면역침강법은 항체와 항원의 친화성을 이용하여, 용액 중에서 항원(및 항원과 친화성을 가진 물질)을 특이적으로 분리 · 침강시키는 방법으로 생체내 미량 성분의 검출이나 분자간의 상호작용을 간편하게 검색하는 방법으로서 널리 이용되고 있다. 특히 면역침강법을 단백질 표지법(RI 표지, biotin 표지 등), 세포분획법, SDS-PAGE, 및 Western blotting법 등과 조합함으로써, 표적단백질의 생합성 과정이나 대사 경로를 반정량적으로 조사할 수 있다.

면역침강법에서 가장 중요한 point는 이용할 항체의 성질이고, 항원에 대한 특이성이 높은 동시에 고친화성으로 반응하는 항체를 선택하지 않으면 안 된다. 특히 단백질의 부분 펩티드를 화학 합성하고, 이에 대한 항체를 제작한 경우나, 천연 단백질과는 다른 folding을 한 재조합 단백질을 항원으로 이용한 경우, Western blotting에서는 반응하지만, 용액 중에서는 천연단백질과 결합하지 않는 항체가 만들어져 있는 경우가 있기 때문에, 제품설명서나 문헌으로 항체의 특성을 잘 조사하여 둘 필요가 있다. 시판 항체의 경우, 면역침강이 가능한 것(일반적으로 IP라고 기재되어 있음)을 선택하게 되는데, 그 모든 것이 연구자의 목적에 부합하는 것은 아니다. 또한 적당한 항체가 없는 경우에도 유전자재조합 조작에 의해 FLAG, His 등의 tag(**상권 5장** 참고)를 붙이는 것으로, 면역침강이 가능하게 된다.

그 밖에도 표적단백질과 친화성을 가지는 분자를 분리 · 침강시키는 변형된 방법으로서, 표적단백질 자신을 agarose beads에 결합한 것을 용액 중에 첨가해서 침강에 이용하는 방법도 있다.

Ⅲ-1 일반적인 방법과 원리

면역침강법에서는, 우선 ① 항원을 포함하는 용액에 항체(1차항체)를 첨가하고, 용액 중에서 항원-항체복합체를 형성시킨다. 다음으로, ② Protein A, Protein G 또는 항면역글로불린 항체(2차항체)를 Sepharose나 agarose beads에 결합한 것을 첨가하고, 생성된 복합체를 고체상(beads)에 흡착시킨다. 마지막으로 beads를 잘 세척한 후, ③ 적당한 방법(산 추출이나 SDS에 의한 추출)으로 beads로부터 항원을 추출한다(**그림 1**).

효율적으로 항원을 침강시키기 위해서는, 항원, 1차항체 및 2차항체의 양적 비율이 중요하다. 일반적으로 친화성이 높은 단일클론항체를 1차항체로서 이용한 경우에서는, 항원<1차항체<2차

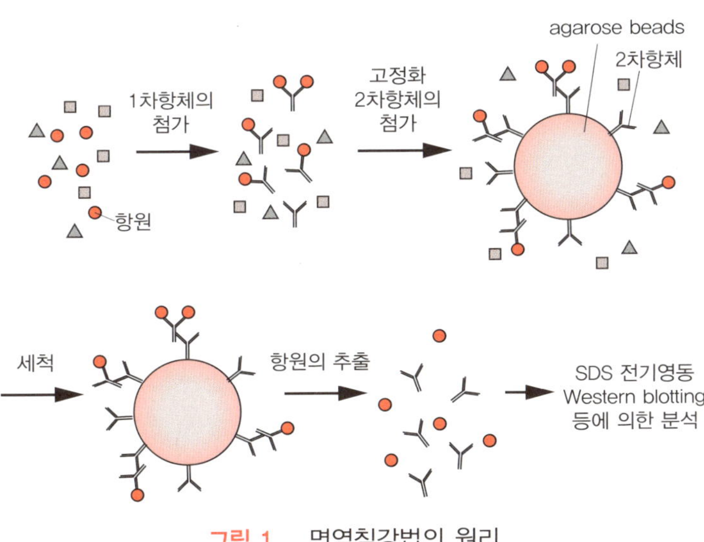

그림 1 면역침강법의 원리

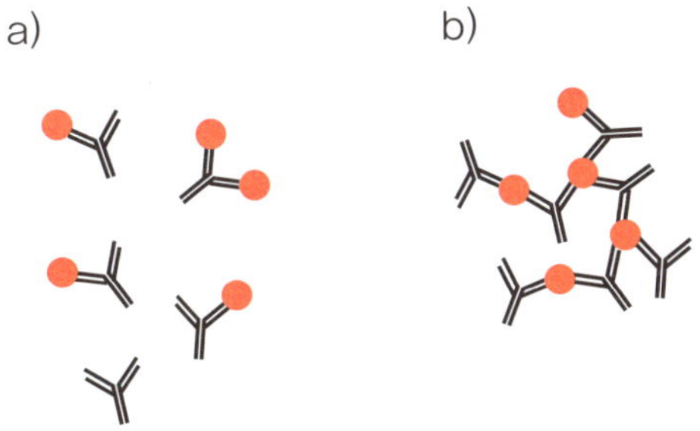

a)

b)

그림 2 항원-항체 복합체

a는 한 종류의 단일클론항체, b는 다클론항체 또는 여러 종류의 단일클론항체를 혼합하여 사용한 경우를 나타낸다.

항체의 비율로 되면 좋지만, 다클론항체를 이용하여 다분자 복합체를 형성시키는 경우에는, 비율을 바꿔가면서 최적 조건을 조사할 필요가 있다. 그림 2에, 각각의 항체를 이용한 경우에 형성되는 항원-항체 복합체를 나타내었다.

1 단일클론항체를 이용하는 경우

단일클론항체는 일반적으로 항원 쪽의 1종류의 반응부위(epitope)를 인식하기 때문에 한 분자의 항원에는 한 분자의 항체밖에 결합할 수 없다. 또한 항체가 균일하기 때문에, 항원-항체 반응에 있어서 해리상수(K_d)를 정의할 수 있다. 반응 용액 중의 1차항체 농도가 그 K_d 값보다도 낮을 경우, 대부분의 항원이 항체와 복합체를 형성할 수 없기 때문에, 친화성이 높은 단일클론항체($K_d < 10^{-8}$ M)를 선택할 필요가 있다. 1차항체 농도를 지나치게 올려서 2차항체의 허용량을 초과하면 유리(free) 1차항체에 의하여 항원-항체복합체와 2차항체와의 반응이 저해되므로 주의해야 한다. 또한 특이성이 높은 단일클론항체를 여러 종 혼합함으로써 항원과 많이 결합시킬 수 있고, 각각이 저친화성의 항체이더라도 안정된 항원-항체 복합체를 형성시킬 수 있다.

변형된 방법으로, 1차항체가 단일클론항체인 경우, 먼저 2차항체가 결합된 비즈와 1차항체를 반응시켜, 1차항체와 2차항체 복합체를 만들고, buffer로 잘 세척한 후 항원을 첨가하여, 항원과 1차항체를 반응시키는 것도 가능하다. 이 방법의 경우, 유리 1차항체가 반응 용액에 존재하지 않기 때문에, 효율적으로 항원을 포착할 수 있다.

2 다클론항체를 이용하는 경우

다클론항체는 여러 종류의 항체 혼합물이고, 항원 측의 반응부위와 친화성도 여러 가지이다. 또한 항원을 리간드로 한 친화성 chromatography로 정제하지 않는 한 항원과 친화성을 갖지 않는 면역글로불린 등도 포함한다. 다클론항체와 항원과의 반응은 다가(multivalent)이기 때문에 복수의 항원 사이를 항체가 가교하여 다분자 복합체가 형성된다. 개개의 항원-항체 간의 결합은 약해도, 다가로 결합하고 있기 때문에, 항원-항체복합체는 안정적이다. 그러나 다분자 복합체를 만드는 것은 항원과 항체의 양이 최적화된 경우이고, 과하게 항체가 존재하면 가교형성은 저해된다. 또한 항체 중에는 특이성이 낮은 분자도 포함되어 있어서, 항원 이외의 물질이 다분자 복합체 중에 혼입할 가능성이 있고, 백그라운드가 높아지는 결점이 있다.

3 Protein A, Protein G 및 2차항체

Protein A와 Protein G는 균체 성분의 하나로, 면역글로불린의 Fc fragment와 특이적으로 결합한다. 면역글로불린의 Protein A와 Protein G에 대한 친화성은 동물 종이나 서브 타입에 따라 다르므로, 표적으로 삼는 면역글로불린에 따라 선별하여 사용할 필요가 있다. 예를 들어, 마우스 IgG_1과 인간 IgG_3는 Protein A와의 친화성이 낮기 때문에, 이 경우 Protein G를 사용한다. 최근에는 보다 넓은 결합 스펙트럼을 갖는 Protein A와 G의 융합단백질인 Protein A/G도 이용되고 있다. 일반적으로 이들을 Sepharose beads 등의 담체에 결합시킨 것을 사용하지만, 또한 이들을 결합시킨 상자성(paramagnetic)의 magnetic beads를 사용하는 방법도 자주 이용된다. 이 방법은 beads 표면에 결합부위가 있기 때문에 다공성의 Sepharose나 agarose에 비해 작은 구멍 속으로 항원을 확산시키는 시간을 단축할 수 있으며, 원심분리 조작이 없기 때문에 반응 중에 발생한 침전 불순물의 오염을 방지할 수 있고, 백그라운드를 낮게 억제할 수 있으며, 단시간에 실험이 가능하다.

표 1 저분자량 protease inhibitor와 저해 방식

inhibitor 이름	분자량	특이성(specificity)	저해 방식	유효농도	보관용액(안정성)
Antipain	604.7	trypsin형 serine protease 일부의 cysteine protease	가역적	1~100 μM	10 mM 수용액(4°C에서 1주 동안, −20°C에서 1개월간 안정)
p-APMSF	216.2	trypsin형 serine protease	비가역적	10~100 μM	50 mM 수용액, 사용 시 조제
Chymostatin	604.7	chymotrypsin형 serine protease 일부의 cysteine protease	가역적	10~100 μM	10 mM DMSO 용액(−20°C에서 수개월 간 안정)
DFP	184.2	serine protease 전반	비가역적	0.1~1 mM	500mM 무수 isopropanol 용액(−70°C에서 수개월 간 안정, 독성이 높음)
E-64	357.4	cystein protease	비가역적	1~10 μM	1 mM 수용액(−20°C에서 수개월 간 안정)
EDTA	372.2(disodium, dihydrate)	metalloprotease 전반	가역적	1~10 mM	0.5 M 수용액, pH 8.0
Elastinal	512.6	elastase형 serine protease	가역적	10~100 μM	10 mM 수용액
Leupeptin	426.6	trypsin형 serine protease 일부의 cysteine protease	가역적	10~100 μM	10 mM 수용액(−20°C에서 1개월간 안정)
Pepstatin	685.9	일부의 aspartic acid(산성) protease	가역적	1 μM	1 mM 메탄올 용액 또는 DMSO 용액(−20°C에서 수개월 간 안정)
1,10-Phenanthroline	198.2	metalloprotease 전반	가역적	1~10 mM	200 mM 메탄올 용액 차광 보존(−20°C에서 수개월 간 안정)
PMSF	174.2	serine protease 전반	비가역적	0.1~1 mM	200 mM 메탄올 용액, 유독(DFP보다 약함)(−20°C에서 수개월 간 안정)
TAPI-1	499.6	metalloprotease 전반	가역적	1~10 μM	20 mM DMSO 용액(−20°C에서 몇 개월 안정), 차광

4 항원-항체반응의 조건

면역침강에 있어서 항원-항체반응을 할 때, 단백질간의 비특이적 상호작용(정전기적 상호작용과 소수성 상호작용)을 억제하기 위해, 적당한 농도의 염과 중성 계면활성제를 첨가해 두는 것이 일반적이지만, 항체에 따라서는 항원과의 친화성이 떨어지는 경우가 있기 때문에 조사해 볼 필요가 있다. 계면활성제를 첨가함으로써, rotator를 이용한 소량 샘플의 교반이 용이하게 된다(후술).

또한 세포용해물과 conditioned medium, 조직 추출물 등을 시료로 이용할 경우, 이들 안에 포함된 단백질분해효소(protease)에 의해 항체 또는 항원이 분해되는 것을 막기 위해, 여러 종류의 protease 억제제를 첨가한다. 표 1에 주요한 저분자량 inhibitor를 제시했지만, 이것들 전부를 첨가할 필요는 없다. Protease의 종류를 특정할 수 없을 경우는, 특이성이 넓은 inhibitor(PMSF와 EDTA, 1,10- phenanthroline 등)를 첨가한다. 또 다음의 분석에 지장이 없다면 단백질 inhibitor(Aprotinin과 Cystatin 등)를 첨가해 두어도 좋다.

5 용출조건

Beads에서 표적단백질을 용출할 때는, 일반적으로 환원제를 포함한 SDS sample buffer로 하는 경우가 많은데, 이 경우 항체도 함께 beads에서 용출되기 때문에 그 후의 분석에 따라서는 주의가 필요하다. 또한 산, 변성제 및 chaotropic ion 등도 용출액으로 사용된다(**4장 II-1-3** 참고). 항체와 항원의 결합이 떨어지지 않을 정도의 안정적인 용출조건으로 용출(예를 들면 0.2~1 M NaCl이나 EDTA로 용출)하면, 항원과 항원에 친화성을 갖는 물질과의 결합양식과 결합강도를 조사하는 것도 가능하다.

6 일반적인 조작

면역침강법의 기본적인 조작을 나열한다. 구체적인 방법에 대해서는 **III-2**에서 설명된다.

❶ 1.5 mL eppendorf tube에서, 단백질 추출액 500 μL(가용화 buffer를 포함)와 항체 2∼10 μg을 혼합하여 4°C에서 1∼2시간 또는 overnight incubation(회전식 교반)한다.

❷ 반응액에 Protein G 또는 A beads(예, Protein G-Sepharose 4B)의 50% slurry 40 μL를 혼합하여, 4°C에서 1∼2시간 또는 overnight incubation(회전식 교반)한다.

❸ 5,000 rpm으로 1분 정도 원심분리하여 beads를 제외하고 상층액을 흡인, 제거한다.

❹ 1 mL의 가용화 buffer 또는 세척액(예 : 20 mM Tris-HCl pH 7.5 + 0.15 M NaCl + 0.1% Tween 35)으로 beads를 4회 정도 세척한다.

❺ Western blotting 분석을 위해서 beads에 50 μL의 SDS sample buffer를 넣고, 5분간 끓여 단백질을 가용화한다.

III-2 면역침강법을 이용한 세포막 표면 단백질의 검출
-대장암 세포에 있어서 세포막 표면의 E-cadherin의 검출[1)]

Cadherin은 칼슘 의존성의 중요한 세포간 접착분자이다. 또한 암세포에 있어서는 세포간 접착의 이상이 전이와 침투에 깊이 관여한다고 생각된다. 세포는 여러 가지 서로 다른 기구에서 cadherin의 기능을 제어하고 있다. 이번에는 부유성인 인간의 대장암세포인 Colo 201 세포를 이용하여 protease에 의한 절단 및 세포 내로의 삽입을 조사하였다. 이하, 면역침강법을 응용해서 세포 표면의 E-cadherin을 검출하는 방법에 대하여 설명한다.

준비물

1) 기구 · 기계

- ϕ 90 mm dish(부유 세포용)[ⓙ]
- 미량 고속 냉각원심분리기
- 냉각원심분리기
- Rotator
- Potter형 homogenizer
- 탁상용 원심분리기
- Vortex mixer
- SDS-PAGE 장치(**2장 I** 참고)
- Western blotting 관련 장치(**2장 II** 참고)
- 1.5 mL Eppendorf tube

ⓙ 부착 세포의 경우는 일반적인 dish를 사용한다.

- 12 mL 원심분리 튜브
- 50 mL 원심분리 튜브

2) 시약 · 시료

- DMEM/F12
- Phosphate buffer(PBS)
- 10% poly–HEMA : Poly(2–hydroxyethyl methacrylate)(Sigma사)
- Biotin–AC_5–OSu(DOJINDO사)ⓚ
- HEPES/sucrose 세포 파쇄용 buffer
- 1% Triton X–100 용해 Buffer(사용 시 제조)
- 2× SDS sample buffer
- 2–mercaptoethanol(Wako Chemical사)
- 항 E–cadherin 단일클론항체(SHE78–7, Takara사)
- 2차항체 결합 Sepharose 4B(항마우스 IgG 항체 결합 Sepharose 4B, MP Bio–medicals사)ⓛ
- Alkaline phosphatase 표지 avidin D(Vector사)

3) 시약의 조제

10% poly–HEMA 용액ⓜ		(최종 농도)
Poly–HEMA	1 g	(10%)

에탄올로 total 10 mL가 되도록 한다.

HEPES/sucrose 세포파쇄용 buffer		
0.5 M HEPES(pH 7.5)	4 mL	(20 mM)
Sucrose	8.56 g	(250 mM)

DW를 가하여 total 100 mL가 되도록 한다.

1% Triton X–100 용해 bufferⓝⓞⓟ		
1 M Tris–HCl(pH 7.5)	500 μL	(50 mM)
5 M NaCl	300 μL	(150 mM)
10% Triton X–100	1 mL	(1%)
1 M $CaCl_2$	100 μL	(10 mM)
0.1 M PMSF	100 μL	(1 mM)
20 mM TAPI–1	2.5 μL	(5 μM)

DW를 가하여 total 10 mL가 되도록 한다.

2× SDS Sample buffer	
0.5 M Tris–HCl(pH 6.8)	0.83 mL
SDS	133 mg
70% glycerol	0.67 mL
5% BPB(Bromophenol Blue)	소량

DW를 가하여 total 2.3 mL가 되도록 한다.

Protocol

6~8일간

1) 세포표면 단백질의 Biotin화

❶ Poly–HEMA로 코팅한 ϕ90 mm dishⓠ에 DMEM/F12 + 10% FBS를 이용하여 배양한 부유성의 Colo 201 세포를 피펫팅으로 잘 분산시켜 회수한다.

⬇

ⓚ DMSO 용액으로 냉동보관. 수용액 중에서는 즉시 분해되므로 주의한다.

ⓛ 1차항체가 토끼 다클론항체의 경우는, 염소 항토끼 IgG 항체 결합 Sepharose 4B를 사용한다. 2차항체 결합 Sepharose 4B 대신에 Protein A(또는 G) Sepharose 4B를 사용할 수 있다.

ⓜ 용해되기 어렵기 때문에 완전히 용해될 때까지 37°C에서 rotator로 교반한다. 실온에 보관 가능.

ⓝ 용해 buffer는 기본적으로는 사용할 때 조제한다.

ⓞ 일반적으로, 면역침강에는 buffer에 적당한 농도의 염과 중성 계면활성제를 첨가한 것을 사용한다. 각 억제제는 실험 조건에 맞추어 첨가한다. 인산화 단백질의 검출에는 phosphatase의 inhibitor인 NaF, Na_3VO_4 등을 첨가하면 좋다.

ⓟ 그 밖에도 RIPA 용해 buffer[50 mM Tris–HCl(pH 7.5), 150 mM NaCl, 1 mM EDTA, 1% NP–40, 1 mM Na_3VO_4, 1 mM NaF(필요에 따라 protease inhibitor도 첨가)]가 자주 사용된다.

ⓠ Poly–HEMA 코팅 dish(90 mm)는 바닥을 몇 mL의 10% poly–HEMA로 37°C에서 12시간 처리한 후, 실온에서 건조시켜 제작한다. 이 dish를 PBS로 2회 세척하고 사용한다. poly–HEMA 코팅 dish 대신, 비부착성 dish(예, Sumilon 등)를 사용할 수 있다.

❷ 무혈청 배지(DMEM/F12)로 3회 세척 후 세포를 poly-HEMA로 코팅한 φ90 mm dish에 무혈청 배지 중에 접종한다(5×10^6 cells/dish).

❸ 배지 중에 Biotin-AC_5-OSu를 최종 농도 0.1 mg/mL가 되도록 첨가하고, 37°C에서 30분 incubation한다[r].

❹ FBS를 최종 농도 10%가 되도록 첨가하고 반응을 멈춘다[s].

❺ 무혈청 배지(DMEM/F12)로 3회 세척 후, 세포를 poly-HEMA로 코팅한 φ90 mm dish에 무혈청 배지 중에 접종한다(1×10^6 cells/dish).

❻ 배양을 계속하여, 0, 3, 9 및 27시간 후에 세포를 회수한다[t].

2) 막 분획 용해액의 조제[u] 4시간

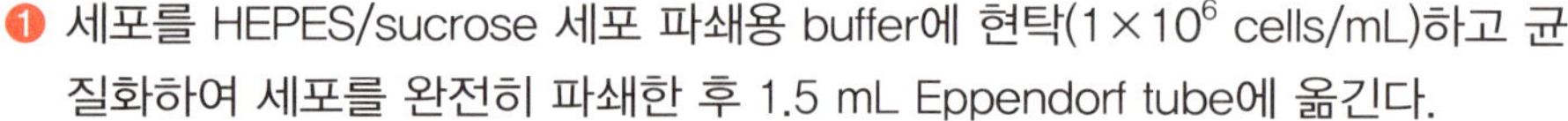

❶ 세포를 HEPES/sucrose 세포 파쇄용 buffer에 현탁(1×10^6 cells/mL)하고 균질화하여 세포를 완전히 파쇄한 후 1.5 mL Eppendorf tube에 옮긴다.

❷ 원심분리[3,600 rpm(800×g), 7분]하여, 핵 분획을 침전시킨다. 상층액을 회수하고, 다시 원심분리[15,000 rpm(21,000×g), 30분]한다. 침전물을 막 분획으로서 회수한다.

❸ 1% Triton X-100 용해 buffer(500 μL/튜브)를 첨가하여 잘 교반한 후, 37°C에서 30분 incubation하여 가용화한다[v].

❹ 원심분리[15,000 rpm(21,000×g), 30분]하여, 상층액을 면역침강용 샘플(막 분획 용해액)로 사용한다.

3) E-cadherin의 면역침강  ❺까지 약 20시간

❶ 상기와 같이 조제한 샘플(500 μL)에 항 E-cadherin 단일클론항체(1 μg)를 추가하고[w], 4°C에서 6시간[x] rotator로 교반하여 반응시킨다.

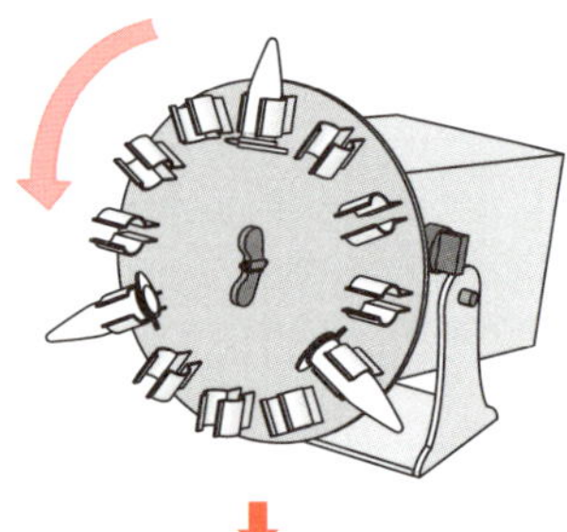

❷ 2차항체 결합 Sepharose 4B(현탁액 20 μL)를 추가하고[y], 4°C에서 over-night rotator로 교반하여[z] 반응시킨다.

ⓡ 부착 세포의 경우, 세포를 직접 PBS로 세척하여 사용하거나, 또는 EDTA 등으로 회수한 세포를 위와 같이 처리할 수 있다. 단 배양 조건 등에 따라 다르므로 조건 검토가 필요하다. 또한 라벨링할 때의 pH는 중성~약염기성으로 한다. 이번에 이용한 Biotin-AC_5-OSu 이외에도 스페이서의 길이가 다른 것, 스페이서 중 S-S 결합을 포함하고 mercaptoethanol 등 환원제의 첨가에 의해, biotin 부분을 제거하는 것이 가능한 것도 있다.

ⓢ 여분의 biotin 반응을 막을 수 있다면 좋기 때문에, 혈청 대신 등장의 glycine buffer를 이용해도 좋다.

ⓣ 본 실험에서는 세포 표면의 표지 E-cadherin의 시간에 따른 변화를 조사했다.

ⓤ 세포가 핵과 세포 파편으로 완전히 파쇄되었는지를 현미경으로 확인한다.

ⓥ 일반적으로는 얼음 위 또는 4°C에서 실시하지만, 본 실험에서는 4°C에서는 가용화되지 않는 분획도 추출하기 위해, 이 같은 조건에서 추출했다.

ⓦ 계면활성제인 Triton X-100과 Nonidet P-40이 존재함으로써 rotator에 의한 회전이 용이하다. 그러나 계면활성제의 농도가 너무 높으면 항원-항체 반응을 저해하는 경우가 있으므로 주의한다.

ⓧ 항체와 항원의 친화성과 항원의 안정성에 대해서 요건 검토가 필요하다. 경우에 따라서는 4°C에서 overnight incubation 한다.

ⓨ 2차항체 결합 Sepharose 4B를 가할 때에는 팁의 끝을 자른 것으로 잘 현탁하고 나서 사용한다.

ⓩ Sepharose 4B beads에는 많은 작은 구멍이 있어서 이 안에 2차항체가 고정되어 있다. 따라서 일정 시간 이상 교반하여 외액과 작은 구멍 안의 액을 충분히 교환시키지 않으면, 항원-항체복합체를 효율적으로 확보할 수 없다.

❸ 원심분리[2,000 rpm(400x g), 2분]하여, 상층액을 제거하고[ⓐ], 침전된 2차항체 결합 Sepharose 4B에 냉각한 1% Triton X-100 용해 buffer(500 μL)[ⓑ]를 가하여, vortex로 교반한 후, 다시 원심분리하여 상층액을 제거한다. 이 세척 조작을 3회 반복한다.

❹ 최종 세척 후, 상층액을 완전히 제거하고, 2× SDS sample buffer(20 μL)와 2-mercaptoethanol(최종 농도 2%)을 가하여, 5분간 끓여서 beads에 결합한 E-cadherin을 추출한다.

❺ 원심분리[2,000 rpm(400×g), 2분] 후, 상층액을 SDS-PAGE용 샘플로 사용한다.

❻ SDS-PAGE 후 nitrocellulose 막에 단백질을 transfer하여 skim milk로 블로킹한 후, alkaline phosphatase avidin D를 이용하여 biotin화된 E-cadherin을 검출한다.

ⓐ 상층액을 빼낼 때, beads를 흡입하지 않도록 주의한다. 또한 최근에는 agarose beads 대신에 magnet beads를 이용한 방법도 개발되어 있고, 원심조작과 피펫에 의한 흡인 조작을 할 필요가 없고 간편하다.

ⓑ 0.1% Tween을 포함한 TBS[50 mM Tris-HCl(pH 7.5), 150 mM NaCl]도 세척 buffer로 자주 사용된다.

실험사례

Colo201 세포막 상에서 biotin 표지된 E-cadherin 양의 시간에 따른 변화를 조사한 결과를 그림 3에 나타내었다. Biotin 표지의 E-cadherin은 27시간 후에는 현저하게 감소하고 있다. 이러한 결과로부터 세포표면의 E-cadherin은 protease에 의한 분해 또는 세포 내로 침투하여 27시간 후에는 대부분이 세포표면에서 소실하는 것으로 생각된다.

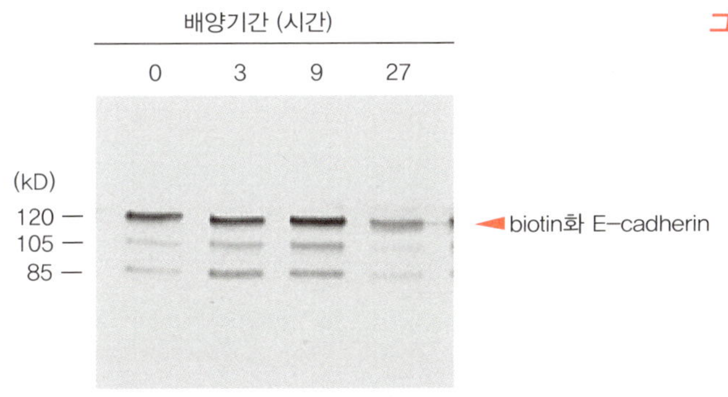

그림 3 Biotin화된 세포막 상의 E-cadherin 양의 시간에 따른 변화

Colo201 세포표면 단백질을 biotin 표지 후 무혈청 배지에서 각각 0, 3, 9, 27시간, 배양한 후, 균질화를 통해 막분획을 얻었다. 막분획에서 Triton X-100(계면활성제)을 이용하여 막분획 용해액을 회수하였다. 이 막분획 용해액을 항 E-cadherin 항체를 이용하여 면역침강한 후, alkaline phosphatase 표지 avidin D로 biotin화 단백질을 검출하였다.
막분획 용해액 중에는 biotin화된 다수의 세포막 단백질이 존재하지만, E-cadherin 항체를 이용한 면역침강으로 biotin화된 E-cadherin만을 검출하는 것이 가능하다.

Troubleshooting

문제점	가능성 있는 원인	해결을 위한 조치
● 표적단백질의 침강효율이 나쁘다.	• 처리 시간이 짧다.	➲ 처리 시간을 길게 한다.
	• 항체 농도가 낮다.	➲ 항체 농도를 높인다.
	• 항원과 항체의 친화성이 저하되어 있다.	➲ 계면활성제의 농도를 낮춘다.
● 비특이적 침강이 많다.	• 세척이 충분하지 않다.	➲ 세척 횟수를 늘인다.
	• 항체가 비특이적 단백질과 결합하였다.	➲ 세척 buffer의 염농도를 높인다. ➲ 사전에 세포용해물에 면역글로불린 결합 단백질 또는 2차항체가 결합한 beads를 50~100 μL 혼합하고 4°C에서 1시간 incubation한 후 원심분리하고 상층액을 시료로 사용한다. ➲ 처리 시간을 짧게 한다. ➲ 항체 농도를 낮게 한다.

참고문헌

1) kioi, M. et al. : Oncogene, 22 : 8662-8670, 2003

IV 면역염색법

면역조직(세포)염색법은, 항원-항체 반응을 이용하여 조직이나 세포에서 항원의 분포를 특이적으로 검출하는 방법이다. 이 방법은, 생체 내와 세포 내에서의 단백질의 기능을 밝히는 연구 및 암의 병리 진단 등에서 빼놓을 수 없는 기술이라고 할 수 있다. 좋은 항체를 사용하면 원하는 항원의 분포를 명확하게, 또한 감도가 좋게 검출할 수 있다. 그러나 이 방법은 어떤 항원 물질의 검출에는 사용할 수 없다. 이 방법이 유효한 것은 제작한 표본에서 목적하는 물질이 충분한 항원성을 가지고 충분한 양이 존재할 때이다. 면역염색법은 조직과 세포의 고정, 절편 제작, 염색의 각 과정에서 다양한 방법이 사용되고 있으며, 최적의 결과를 얻기 위해서는 최적의 방법들을 선택할 필요가 있다. 여기에서는 염색 결과를 좌우하는 주요 실험 조건에 대해 설명한 후, 일반 실험실에서 할 수 있는 조직과 세포의 염색을 위한 대표적인 과정을 설명한다. 자세한 방법에 관해서는 기존 서적을 참고하기 바란다[1)~4)].

IV-1 주요한 실험 조건

1 검출법의 선택

면역염색법은, Western blotting법과 같이 특이 항체를 적당한 마커로 표지를 하고, 항원을 검출하는 방법이다. 마커의 종류에 따라 효소항체법, 형광항체법, gold colloid 항체법 등이 있다. 효소항체법에서는 불용성의 착색 물질을 생산하는 horseradish peroxidase(HRP)와 alkaline phosphatase(ALP) 등이, 또한 형광항체법에서는 fluorescein isothiocyanate(FITC), Alexa Fluor, Cy3/5, Rhodamine 등이 대표적인 마커로 사용되고 있다. HRP의 기질로서는 갈색을 띠는 3,3′-diaminobenzidine(DAB)이나 적색을 나타내는 3-amino-9-ethylcarbazole(AEC)이, 또한 ALP의 기질로서는 진한 청색을 나타내는 Nitroblue tetrazolium(NBT) 등이 사용된다. 형광항체법은 형광색소를 항체 마커로 사용하는 방법이다. 형광현미경이 필요하지만 선명한 염색상은 신뢰성이 있고, 미량의 항원 검출에 유용하다. 그러나 비교적 단시간에 표백되기 때문에 그 전에 기록을 남길 필요가 있다.

표지방법으로는, 마커를 특이항체에 직접 표지하는 직접 표지법(그림 1-1a)과 특이항체(1차항체)에 대한 항체(2차항체 : 예를 들면 항마우스 IgG 항체)에 표지하는 간접 표지법(그림 1-1b)이 있다. 직접 표지법은 항원-항체 반응이 1회로 끝나기 때문에 조작의 노력과 시간이 적게 소모되고, 비특이적인 염색도 적다. 반면, 각종 항체마다 효소를 표지해야 하고 표지 반응에 따라서 항체의 활성을 잃어버리는 경우도 적지 않다. 간접 표지법은 1차항체를 제작한 동물 종에 대한 표지 2차항체를 사용하기 때문에 시판 제품을 간단하게 구입할 수 있다. 또 항원-항체 반응을 2회 반복하기 때문에 항원 1개에 복수의 표지 2차항체가 결합하기에 반응이 증강되어 강한 염색상을 관찰할 수 있다. 그러나 노력과 시간이 더 걸리며 비특이적인 반응이 나타나기 쉽다. 항원의 검출 감도를 높이기 위하여 여러 가지 간접 효소항체법이 고안되고 있다. 그러한 대표적인 예로서는 다음과 같은 방법이 있다.

- **ABC법 :** Biotin과 avidin의 매우 견고한 결합력을 이용한 것이다. 1차항체에 biotin 표지 2차항체를 반응시키고, 다시 HRP 표지 biotin과 avidin의 복합체를 결합시켜 발색시키는 방법이다. 달걀 흰자 avidin은 염기성이 강하고 당을 포함하고 있어서 비특이적 결합이 생기기 쉽다. 따라서 streptavidin을 대신 사용하는 경우가 많다(SABC법).

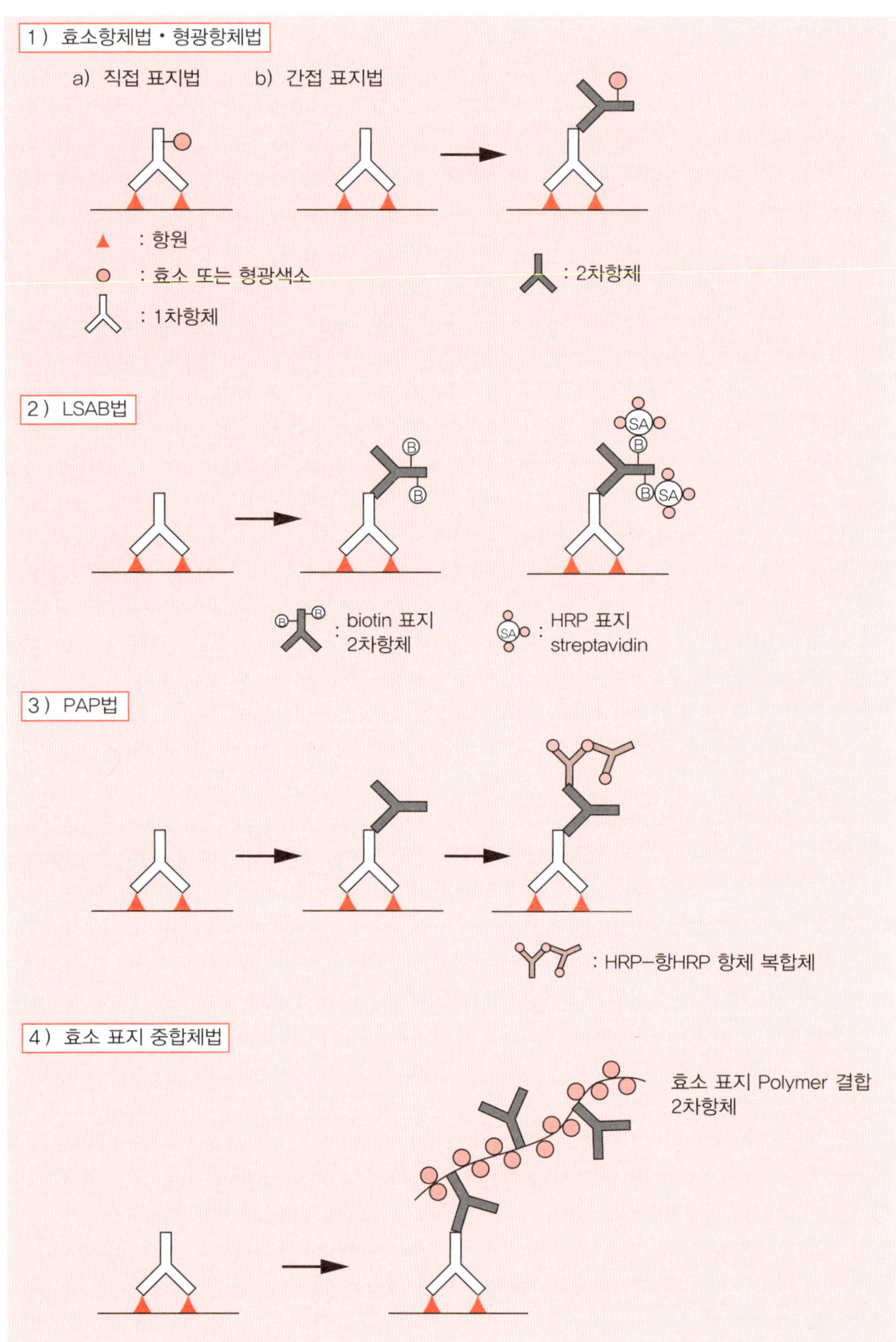

그림 1 다양한 면역염색법과 원리

- **LSAB법**(그림 1-2) : 현재 가장 보편적으로 이용되는 방법이다. 1차항체에 biotin 표지 2차항체를 반응시키고 다시 HRP 표지 Streptavidin을 반응시켜 발색 반응을 시킨다.
- **PAP법**(그림 1-3) : 1차항체에 과량의 미표지 2차항체를 반응시킨다. 이어서, 1차항체와 같은 동종의 동물에서 제작한 항HRP 항체와 HRP의 복합체를 결합시키고 발색하여 검출한다.
- **효소 표지 중합체법**(그림 1-4) : 항원에 1차항체를 반응시킨 후에 2차항체와 HRP(또는 ALP)를 미리 표지한 중합체와의 반응으로 복합체를 형성시켜 효소활성으로 발색시키는

방법이다(간접 표지법). 이 방법은 avidin · biotin계를 이용하지 않기 때문에 내재성 biotin의 영향을 받지 않는다. 또한 현저하게 고감도이다. 표지 중합체는 Nichirei사, Dako사 등에서 판매되고 있다.

Funakoshi사에서 다양한 종류의 염색시약이 kit로 판매되고 있다. 또한 항원항체 반응 시그널을 더 강화하는 시약으로서 NEN사의 TSA kit(판매 : Perkin Elmer사)가 있다. 이것은 2차항체에 결합된 HRP가 FITC−tyramide의 tyramide 분자를 활성화시키고, 이것이 HRP 주변의 단백질에 결합하는 것을 이용하는 방법으로 FITC의 형광으로 관찰된다.

본 절에서는, 포르말린 고정 파라핀 조직 절편 및 동결조직 절편을 HRP 표지한 streptavidin으로 간접적으로 염색하는 효소항체법(LSAB법)과, 배양세포를 형광표지한 2차항체에 간접적으로 염색하는 형광항체법을 소개한다.

2 항체의 선택

면역염색에서는 어떻게 질 높은 항체를 사용하느냐가 가장 중요한 조건의 하나이다. 항체역가가 높고 항원과의 반응이 특이적인 것을 선택한다. 시판품의 경우에는 lot 차이도 고려하여야 하며, 사용하기 쉬운 lot를 이용한다. Western blotting법이나 ELISA법에서 사용 가능한 항체가 면역조직염색에 사용될 수 있다고는 단정할 수 없다. SDS−PAGE로 얻어진 변성 단백질을 항원으로 제작한 단일클론항체는 사용할 수 없는 경우가 많다. 다클론항체는 항원 결정기가 다른 여러 종류의 면역글로불린 분자가 포함되어 있어서 각각 항체분자의 affinity도 다르다. 일반적으로 특이성이 낮고 백그라운드가 높아지기 쉽다. 항체 제작 시의 항원의 순도가 낮을 경우는, 불순물질에 대한 항체가 포함되는 경우도 있다. 그것에 반해서 단일클론항체는 단일 항원 결정기에만 반응하기 때문에 일반적으로는 특이성이 높고, 면역조직 염색에 적합하다. 그러나 염색성은 일반적으로 다클론항체에 비하여 약해서 항원이 적거나 항원결정기가 가려져 있는 경우 등에는 사용 못할 수도 있다. 또한 공통성이 높은 항원 결정기의 경우에는 단백질분자에 대한 특이성은 역으로 낮아진다. 그리고 2차항체는 1차항체를 제작한 동물 종에 대한 항체를 선택한다.

3 표본의 제작

조직과 세포의 형태를 충분히 유지하면서 항원성을 최대한 잃지 않도록 염색 표본을 제작해야 한다. 보통, 신선한 조직을 고정 및 포매하여 얇은 조직절편으로 한 후 슬라이드글라스에 고정한다. 표본은 파라핀 절편과 동결절편의 2종류로 크게 나뉜다. 전자는 포르말린(포름알데히드) 등으로 조직을 고정한 후 파라핀으로 포매하고 절편한다. 후자는 드라이아이스나 액체 질소로 조직을 동결시켜 절편을 제작한 후, 아세톤이나 포르말린으로 간단하게 고정한다. 파라핀 절편은 형태 유지에 우수하고, 취급이 간편하고, 장기 보관이 가능한 반면, 절편제작 과정에서 항원성을 손실할 가능성이 높다. 역으로 동결절편은 항원성의 유지에 우수하지만 조직 그대로 장기보관하여 적절히 절편을 제작하기 매우 어렵다.

글루타르 알데히드는 단백질을 강하게 가교시켜 고정하기 때문에, 항원성이 가려지기기 쉽고, 면역염색에 적합하지 않다. Aldehyde 고정에 의해 잃어버린 항원성을 활성화하기 위해, pronase, trypsin, pepsin 등의 protease 처리와, 열처리, 염기 또는 산 처리 등을 하는 경우가 있다. 필자는 몇 가지 항원에 대하여 pronase 처리에서 좋은 결과를 얻고 있다[5]. 반대로 이러한 처리에 의해 항원성이 저하되는 경우(펩티드 호르몬의 일부 또는 IgD · J 사슬 등)도 있다. 알코올이나 아세톤에 의한 고정은 단백질의 응고 침전에 의한 것이며, 항원성 손실의 정도는 낮다.

4 기타

1) 염색 작업에 문제가 없는지 확인하기 위해 항원의 존재가 이미 알려진 재료를 동시에 염색한다(양성 대조). 또한 비특이적인 반응이 없는지 확인하기 위해 1차항체 대신 동종의 동물 유래의 IgG를 이용하여 같은 검체로 면역염색을 실시한다(음성 대조).
2) 마우스에 이식한 인간의 조직 등을 염색할 때 1차항체에 mouse 단일클론항체를 사용하면 2차항체가 내재성의 마우스 면역글로불린과 반응하기 때문에 백그라운드가 높아져, 정확한 염색 결과를 얻을 수 없다. 이에 대해 다음과 같은 대책이 있다.
   ① 과량의 미표지 항마우스 면역글로블린을 반응시켜, 사전에 내재성 마우스 면역글로블린을 블로킹한다. 이를 위한 kit를 Vector사, Nichirei사, Zymed사(Life Technologies사에서 취급) 등에서 판매한다.
   ② 1차항체를 직접, 효소, biotin 등으로 표지한다.
   ③ 먼저 1차항체와 표지 2차항체를 혼합하여 복합체를 형성시킨다. 그 후, 표지 2차항체의 과도한 반응기는 정상 마우스 혈청 1%로 블로킹한다.

IV-2 포르말린 고정 · 파라핀 절편의 염색

준비물

1) 기구 · 기계

- 염색대(예 : Ikemoto Scientific Technology)
- 염색 용기(예 : Ikemoto Scientific Technology)
- Immunopen(Millipore사, Wako Chemical사 등)
- 습윤 상자[얕은 Tupper 통에 물로 적신 킴스와이퍼를 깐다. Protocol ❸의 그림 참고] [예 : Incubation chamber(Ikemoto Scientific Technology)]
- 커버글라스(예 : Matsunami사, 24×40 등 각종)
- 핀셋
- 현미경

2) 시약

- 4%(w/v) paraformaldehyde 용액, 또는 3.7%(w/v) formaldehyde 용액[10%(v/v) 포르말린 용액][ⓒ]
- Xylene(특급)
- 에탄올(100%)
- 메탄올(100%)
- 0.3% 과산화수소/메탄올 용액 : 과산화수소[30%(w/v)] 1에 메탄올 100의 비율로 혼합(사용 시 조제)
- Phosphate buffer(PBS)
- 1%(w/v) 소 혈청알부민(BSA) : 0.5 g의 BSA을 50 mL의 PBS에 녹인다. 원심분리 또는 여과하여 불용성 물질을 제외하고 4°C에 보관(장기의 경우는 −20°C 보관)
- 0.05%(w/v) proteinase XXIV(별칭, Subtilisin, *Bacillus licheniformis* 유래,

ⓒ Paraformaldehyde는 formaldehyde의 중합체(고체)이고 수용액에서는 formaldehyde가 된다. 시판의 포르말린 용액은 37%(w/v) formaldehyde 수용액에 소량의 메탄올이 첨가되어 있다. 10% 중성 완충 포르말린 용액은 Sigma사나 Waki Chemical사 등에서 구입할 수 있다.

Sigma사)/50 mM Tris-HCl(pH 7.5). 소분하여 -80°C에 보관

- 블로킹액 : 정상 혈청[d] (2차항체와 동종의 동물 유래, 10% 정상 혈청, 예: Nichirei사[e])
- 1차항체 : 적당한 희석농도는 이미 알려진 양성 검체를 염색하고 결정한다. 시판용의 경우 희석은 다클론항체로는 100~1,000배, 단일클론항체로는 배양 상층액으로 원액~10배, 복수로 100~1,000배, 정제 IgG로 1 μg/mL를 기준으로 한다. 희석액으로서 3% 혈청(블로킹 용액과 동종)/PBS를 사용한다[f]. 원액 그대로 소분하여 -80°C에 보관한다. 동결 융해의 반복과 기포 발생은 항체를 실활시키는 원인이다.
- Biotin 표지 2차항체(예 : Nichirei사[e])(Vector사의 BA2000의 경우 1% BSA로 약 200배 희석) : 1차항체가 마우스 단일클론항체의 경우는 biotin 표지 항마우스 IgG, 토끼 다클론항체의 경우는 biotin 표지 항토끼 IgG를 사용한다.
- Peroxidase 표지 streptavidin(예 : Nichirei사[e])(Vector사 A-2004의 경우 1% BSA로 약 1,000배 희석)
- 발색액(예 : DAB 기질 kit, Nichirei[e])
  (시약 A) 발색기질 : (3,3′-diaminobenzidine) · 4HCl(DAB),
  (시약 B) 기질용액 : Tris buffer,
  (시약 C) 발색시약 : 0.6% 과산화수소로 이루어진다[g].
- 대비 염색액(Mayer's hematoxylin 용액, 예 : Wako Chemical사)
- 비수용성 봉입제(예 : Sysmex-IRC사 HSR액, Merk사 Entellan™ New)

ⓓ 혈청 대신에 1~5%(w/v) 소 혈청 albumin(BSA)/PBS나 5~10%(w/v) skim milk/PBS 도 가능.

ⓔ 사용한 Kit
Nichirei사
- Histofine 면역조직화학염색 시스템
- Histofine SAB-PO(M) Kit(블로킹 시약 II, 2차항체, 효소시약, DAB 기질 Kit)

ⓕ 희석액은 1~3%(w/v) BSA/PBS도 좋다.

ⓖ DW 1 mL에 시약 A 1방울과 시약 B 1방울을 가하여 잘 혼합한다. 다음으로 시약 C 1방울을 가하여 다시 혼합하여 발색액으로 사용한다. 차광하여 보관하고 30분 이내에 사용한다. Kit를 사용하지 않는 경우는 DAB 6 mg을 50 mM Tris-HCl(pH 7.6) buffer 10 mL에 용해하고, 3% 과산화수소 0.1 mL를 가하여, 발색액으로 사용한다.

3) 시약의 조제법

4%(w/v) paraformaldehyde 용액

Paraformaldehyde	8 g

DW 100 mL와 함께 삼각 flask에 넣고 60°C의 항온조에서 가끔 교반하여 용해한다(용해되기 어려운 경우에는 1 N NaOH를 소량 추가함). 온도가 내려가면 100 mL의 2× PBS를 첨가하고, 필요에 따라 pH를 조정한다(fume hood 내에서 사용 시 조제).

3.7%(w/v) formaldehyde 용액 [10%(v/v) 포르말린 용액]

시판되는 포르말린 수용액을 PBS로 10배 희석한다.

PBS(1×)

NaCl	8 g
KCl	0.2 g
Na_2HPO_4	1.15 g
KH_2PO_4	0.2 g

DW로 1 L가 되도록 한다(10× 농도의 PBS 용액을 제작해두고 희석하여 사용하면 편리함).

0.05% proteinase XXIV/50 mM Tris-HCl(pH 7.5)

		(최종 농도)
Proteinase XXIV	25 mg	(0.05%)
1 M Tris-HClpH 7.5)	2.5 mL	(50 mM)

DW로 50 mL가 되도록 한다(튜브에 소분하여 냉동 보관. 사용 시 용해하면 모두 사용).

Bouin 고정액

포화 picric acid 수용액	15 mL
포르말린 원액(37%)	5 mL
Acetic acid	1 mL

상기 시약을 혼합하여 조제한다.

4) 조직 절편의 제작

조직표본의 제작에는 특수 장비가 필요하기 때문에, 형태관찰을 전문으로 하는 연구소에 제작을 의뢰하는 것이 현명하다. 일반적인 조작으로는 신선한 조직의 조각(어느 정도 작은 편이 좋음)을 4%(w/v) paraformaldehyde액[또는 10%(v/v) 포르말린용액] 또는 Bouin 고정액에 2시간~overnight 담가 고정한다. 자동 포매 장치로 파라핀 포매한 후 microtome으로 3~4 μm 정도로 얇게 절편하여 슬라이드글라스 위에 도포한다. 그 후, 37~60°C에서 overnight 건조시킨다.

Protocol

약 6시간 (overnight 반응시 약 24시간)

❶ 슬라이드글라스를 60°C의 오븐에 1시간 두어 파라핀을 녹인다. 그 후 즉시 염색 바스켓에 나란히 세워 탈 파라핀을 한다(**아래 그림**). Xylene(5분) → xylene(5분) → 100% 에탄올(5분) → 100% 에탄올(5분) → DW(5분) 순으로 담근다ⓗ.

ⓗ 탈 파라핀을 완전히 하지 않으면 반응액이 접촉하지 않기 때문에 염색상을 얻을 수 없다. 눈으로 확인하면서 실시한다. 충분히 탈 파라핀화가 되지 않을 경우는 xylene에 더 오래 담근다.

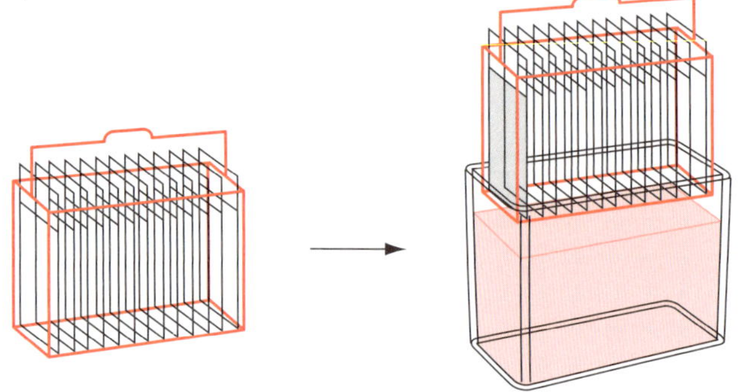

슬라이드글라스를 염색 rack에 가지런히 놓은 후 염색 dish에 넣고 탈 paraffin화를 한다. 탈수 시리즈를 만들어 두면 편리하다

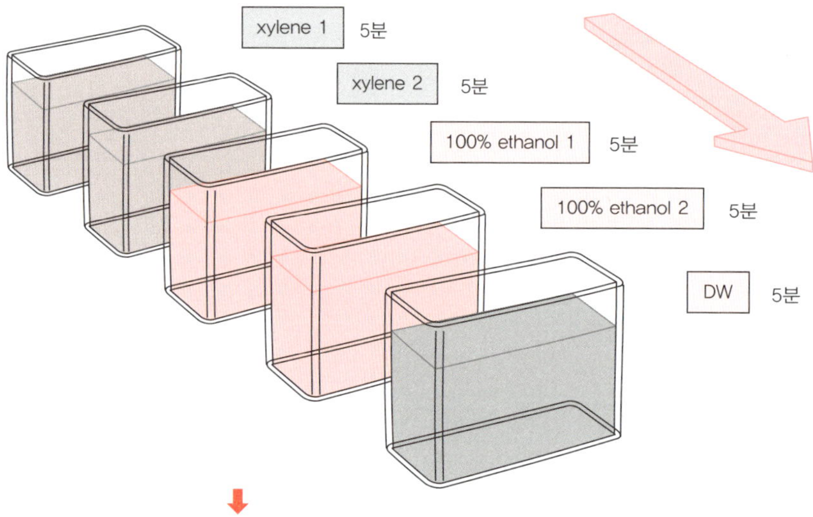

❷ Immunopen으로 조직을 두른다.

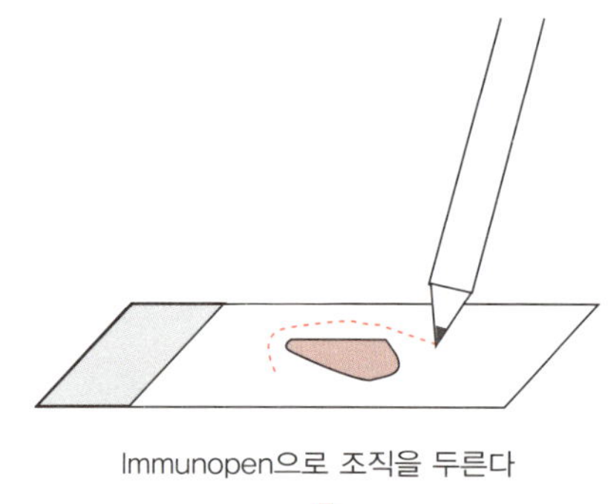

Immunopen으로 조직을 두른다

❸ 항원의 활성처리ⓘ : Slide glass를 습윤상자에 나란히 놓고, Immunopen으로 둘러친 조직에 0.05% proteinase XXIV/50 mM Tris-HCl(pH 7.5)을 직접 적하(100~200 μL)하고 20분간 실온에서 반응시킨다(다음 **그림**). 그 다음 PBS

ⓘ Proteinase XXIV는 반응력이 강하기 때문에 조직의 상태가 나쁠 때는 벗겨지기 쉬워진다. 희석 배율을 높여 길게 반응시키는 등 최적조건을 설정한다.
본 효소 이외에도 0.1% trypsin, 0.4% pepsin 등의 효소 처리와 microwave[0.01 M citrate buffer(pH 6.0)에서 5~10분간]의 가열처리, autoclave(DW에서 121°C, 2기압에서 5~20분)의 가압 가열처리, 6 M 요소나 6~8 M guanidine에 의한 변성제 처리, 염기, 산 처리 등을 검토한다.

로 가볍게 헹군다(5분).

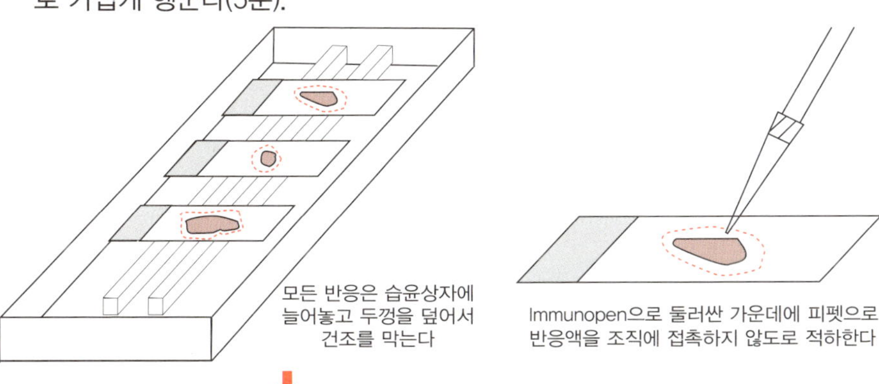

❹ 내재성 peroxidase의 불활성화 : 0.3% 과산화수소/메탄올 용액[j]에 30분 담근다. 그 후 PBS로 세척한다(5분×3회). 여분의 수분은 잘 없애고 다음 과정을 진행한다(이하의 과정에서도 같다).

❺ 비특이적 반응의 블로킹 : 2차항체와 같은 종의 10% 정상혈청/PBS를 사용. 실온에서(또는 37°C에서) 1~2시간 반응시킨다.

❻ 1차항체의 반응 : 1차항체를 3% 혈청 또는 1% BSA에서 최적 농도로 희석하고(일반적으로 100~1,000배), 실온에서 1~2시간 또는 4°C에서 overnight 반응시킨다[k]. 조직의 크기에 따라서 용액량은 다르지만 조직이 충분히 가려질 정도로 적하한다(이하의 과정도 마찬가지). 그 다음 PBS로 씻는다(5분×3회).

❼ Biotin 표지 2차항체의 반응 : 상기의 ❻과 같은 조작으로 실온에서 10~30분 반응시킨다[k]. 그 다음 PBS로 씻는다(5분×3회).

❽ Peroxidase 표지 streptavidin의 반응 : 실온에서 10분 반응시킨다. 그 다음 PBS로 씻는다(5분×3회). DW로 가볍게 헹군다.

❾ 발색 : 발색 기질인 DAB 용액으로 peroxidase 반응을 일으킨다[l]. 차광하고 실온에서 5~20분 반응시키고, 현미경으로 검사하면서 다갈색의 염색상을 확인하고 나서 DW에 담가 반응을 멈춘다.

❿ 핵 대비 염색 : Mayer's hematoxylin 용액에 약 1분간(15초~2분) 담근 후에 수돗물로 채운 통에 넣어 흐르는 물로 10분간 씻는다[m].

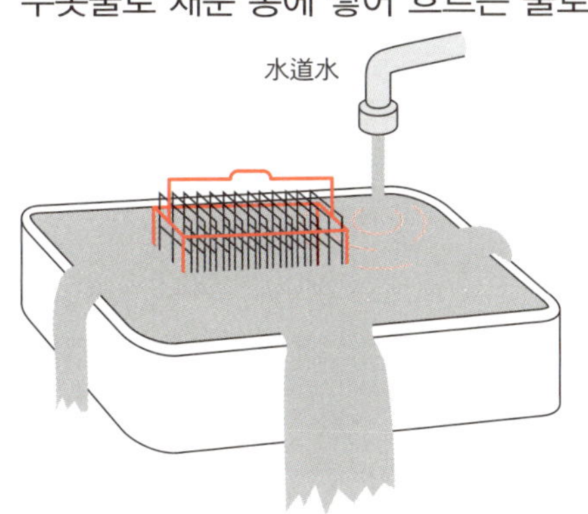

이때는 염색 dish가 아닌 큰 vat에
수돗물을 약하게 흘려보내면서
그 안에 담가둔다

ⓙ 내재성 peroxidase에 의한 비특이적 염색이 강한 경우는, 3% 과산화수소/메탄올(또는 PBS)에서 약 10분 처리한다.

ⓚ 처리시간이나 온도는 발색강도에 따라 적당히 조절한다. 서둘러야 하는 경우는 37°C에서 30~60분간 처리한다.

ⓛ DAB는 발암성이기 때문에 사용시는 반드시 장갑을 착용한다. 용액 중에 0.1% Tween 20(최종 농도)을 첨가하면 발색이 선명해진다.

ⓜ 3~5%의 methyl green도 좋다. 그 경우 5~10분 염색 후, 70~100% 에탄올로 메틸바이올렛을 분별하고 빠르게 탈수 · 투명화시킨다.

⑪ 탈수 · 투명화 : 100% 에탄올(5분) → 100% 에탄올(5분) → xylene(5분) → xylene(5분)의 순서로 진행한다.

⑫ 봉입 · 검경 : 봉입제를 1방울 떨어뜨려 커버글라스를 덮어 봉입한다(**아래 그림**)[n]. 건조 후 현미경으로 관찰한다.

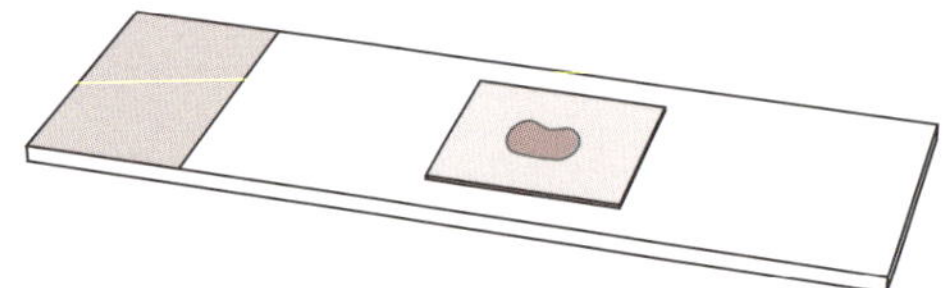

ⓝ 봉입제를 떨어뜨린 곳에 xylene 1방울을 떨어뜨리면 깨끗하게 봉입할 수 있다.

실험사례

실험 예 1 : 인간 위암 침윤부위에서의 laminin γ2 사슬의 특이적 발현

항 laminin γ2 사슬 단일클론항체를 이용한 효소항체법(LSAB법)으로 포르말린 고정 · 파라핀 포매한 인간의 위암 조직편을 염색하였다. Laminin 332(Laminin 5/라도신)는 α3쇄, β3쇄, γ2쇄의 3가지 소단위로 구성된 기저막형 세포 외 martrix 단백질의 일종이다. 이 단백질은 세포의 접착과 운동을 강력하게 촉진하는 작용을 갖기 때문에, 암의 침윤 · 전이에 관여한다고 알려지고 있다[6]. 본 실험에서는 간질에 침윤을 시작한 부위에서, 침윤 선단의 암세포(화살표)만 갈색으로 염색되어 있으며, laminin γ2쇄를 특이적으로 발현하고 있는 것을 알 수 있다(**그림 2**).

실험 조건

1차항체 : 항 laminin γ2 사슬 단일클론항체(#D4B5, 자체제작)(×500 배율, 12 μg/mL IgG, 4°C, overnight)

2차항체 : Biotin 표지 항마우스 IgG + IgA + IgM(Nichirei사)(실온, 10분)

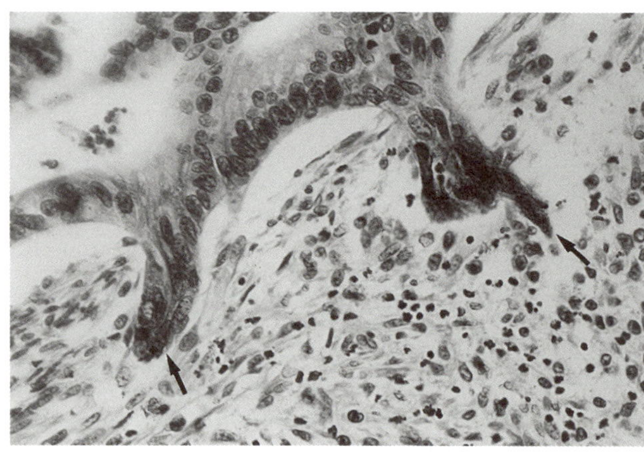

그림 2 사람의 위암 침윤부위에서의 laminin γ2 사슬의 특이적 발현
권두 Color Graphics 3 참고

Ⅳ-3 동결 절편의 염색

동결 절편은 cryostat이 있으면 비교적 간편하게 제작할 수 있다. 파라핀 절편에 비해 항원성이 잘 보존되기 때문에 파라핀 절편에서 사용할 수 없는 항체도 사용할 수 있다. 또한 파라핀 절편에 비해 낮은 항체 농도로 염색할 수 있고, 항원 활성화 처리는 불필요하다. 다른 대부분의 염색 과정은 파라핀 절편과 공통되므로, 여기에서는 마우스 1차항체를 사용한 경우의 염색과정 예를 간단하게 설명한다. 또한 1차 및 2차항체의 사용 농도, 처리 시간은 염색도와 배경의 발색 정도를 보고, 조절할 필요가 있다.

준비물

다음의 재료 이외는 상기(Ⅳ-2)와 공통.

- 동결 절편 슬라이드[o]
- 냉각 아세톤(-20~-40°C 또는 4°C)
- 블로킹 액 : 3%(w/v) BSA/PBS(또는 2차항체와 같은 동물 종의 10% 정상 혈청/PBS)
- 1차항체 : 면역염색에 사용 가능한 항체를 1% BSA/PBS로 100~1,000배 희석한다. 일반적으로 파라핀 절편 염색의 1/5~1/10의 농도에서 적당한 염색을 얻을 수 있다. 여기에서는 인간 라미닌 511(구 라미닌 10)을 인식하는 마우스 단일클론항체 12D(자체 제작)를 1 μg/mL로 사용한 예를 나타낸다.
- Biotin 표지 2차항체 : Vector사의 BA2000(1차항체가 마우스 항체이면 항마우스 IgG 항체)을 1% BSA/PBS로 200배 희석하여 사용[p]
- Peroxidase(HRP) 표지 streptavidin : Vector사 A-2004를 1% BSA/PBS로 1,500배 희석하여 사용[p]

Protocol

❶ 동결 상태로 보관한 절편 슬라이드를 냉장고에서 30분 정도 순화한 후, 실온에서 30~60분간(또는 드라이어의 냉풍으로 약 10분) 건조시킨다[q].

↓

❷ 냉각 아세톤에 10분간 담가 고정 · 침투화

↓

❸ 실온에서 15분간 건조

↓

❹ 10% 중성 포르말린액에 10분간 담가 고정[r]. PBS로 3회 세척(5분×3회)

↓

❺ 0.3% 과산화수소/메탄올액에 15분간 담근다. PBS로 3회 세척(5분×3회)

↓

❻ Immunopen으로 조직을 두른다.

↓

❼ 실온에서 3% BSA/PBS에 60분 또는 4°C에서 overnight 담가 블로킹한다.

↓ ( )

ⓞ 동결 절편 슬라이드 제작 : 채취한 조직은 즉시 얼음 위에서 냉각하고 메스로 5 mm 두께 정도로 다듬는다. 이 조직편을 동결 트레이(Cryomold)에 채운 동결 포매제(OCT compound : Sakura-Finetec사 등)에 가라앉히고 그것을 드라이아이스 위에서 동결하고 초저온냉동고에 보관한다. 급속동결이 필요하면, 드라이아이스 · 에탄올 안에서 동결시킨다. 동결 조직을 cryostat로 약 5 μm의 두께로 section하고 silane 코팅 슬라이드(예, Matsunami사 등) 또는 사전에 0.02%(w/v) poly L-lysine으로 처리한 슬라이드글라스 위에 붙인다. 선풍기나 드라이어의 냉미풍으로 30~60분 정도 건조시킨다. 이 조직 절편을 직접 염색하거나 또는 초저온냉동고에 보관한다. 건조시키지 않고 그대로 보관할 수 도 있다. 또한 위의 방법과는 달리 조직편을 미리 포르말린 등으로 고정한 후, 동결하고 절편을 만드는 방법도 있다.

ⓟ 그 밖에 Nichirei사(Histofine SAB-PO; Ⅳ-2 참고), Merck사 등에서 판매되고 있다.

ⓠ 동결 보관한 절편은 실온에 옮긴 후 다시 풍건하여 사용한다. 직접 염색의 경우는 얇게 썬 조직을 풍건 후 고정한다.

ⓡ 아세톤 또는 포르말린 단독 고정도 괜찮다. 포르말린 고정으로 항체반응성이 저하되는 경우는, 아세톤 고정(또는 메탄올 고정)만 한다. 이 경우 조직이 무너지기 쉽기 때문에, 각 단계를 신중하게 할 필요가 있다.

⑧ 블로킹액을 제거한 후, 1차항체에 실온에서 30～60분 또는 4°C에서 overnight 담가 처리한다ⓢ. PBS로 3회 세척(5분×3회)

⬇

⑨ Biotin 표지 2차항체로, 실온에서 30분간 처리한다. PBS로 3회 세척(5분×3회)

⬇

⑩ Peroxidase(HRP) 표지 streptavidin액으로, 실온에서 30분간 처리한다. PBS로 3회 세척(5분×3회)

⬇

⑪ 발색액(DAB)으로 염색한다(실온). 현미경으로 검사하면서 적당한 염색을 얻은 시간(1～20분간)에 DW에 담가 반응을 중지한다.

⬇

⑫ 대비 염색액(Mayer's hematoxylin)에 약 30초간 담가 염색한 후 37～45°C 온수의 용기에 넣어 천천히 2～3회 흔든다(즉시 청색으로 발색). Vat에 넣어 흐르는 물로 세척한다(10분간).

⬇

⑬ 탈수 · 투명화한다(에탄올 80%, 90%, 100%, 100%에서 각 1분; xylene 5분×2～3회).

⬇

⑭ 봉입제와 xylene을 각 1방울 떨어뜨려 포매하고, 건조시킨다.

ⓢ 항체 용액이 희석되지 않도록, 전 처리액의 물방울을 여과지 등으로 주의 깊게 흡수한다. 이하의 조작도 마찬가지이다.

실험사례

실험 예 2 : 인간 유방암 조직에서 라미닌 511/521의 분포

라미닌 511(구명 라미닌 10)은 다양한 상피 조직이나 혈관의 기저막에 분포하는 가장 보편적인 라미닌 분자이며, 이러한 조직의 구조와 기능 유지에 중요한 역할을 하고 있다. 여기에서는 자체 제작한 마우스 단일클론항체 12D를 1 μg/mL로 사용하여 인간 유방암 조직의 동결 절편을 염색한 예를 나타낸다(그림 3). 항체 12D는 라미닌 511/521의 α5쇄를 인식하기 때문에, 암세포를 둘러싼 기저막(화살표)과 간질 중의 신생 혈관의 기저막(►)이 명확하게 염색되어 있다. 또한 침윤성의 암은 암세포 주변의 기저막이 소실된다.

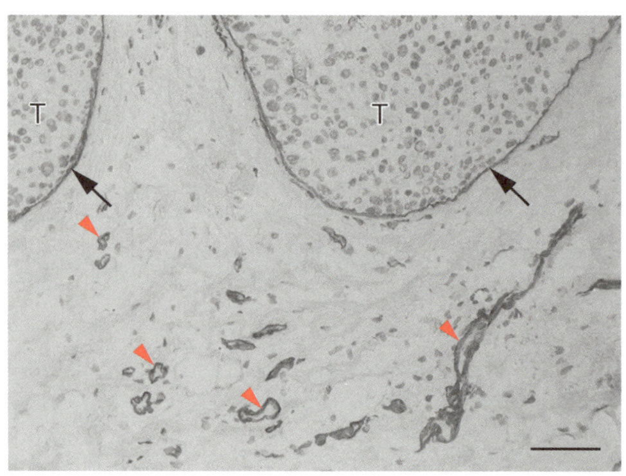

그림 3 사람의 유방암 조직에서 lamin 511/521의 면역염색

bar : 100 μm. 권두 Color Graphics 4 참고

IV-4 배양세포의 형광염색

1 부착성 배양세포의 형광염색

준비물

(아래 내용 이외의 것은 IV-2 염색법과 공통)

1) 기구 · 기계

- Lab-Tek Chamber Slide(Nunc사)ⓣ
- 파스퇴르 피펫
- 형광현미경

ⓣ Chamber Slide에는 4-well과 8-well 및 유리제품과 플라스틱제품이 있다. 젤라틴, 콜라겐, 라미닌, poly-L-lysine 등을 코팅한 dish와 커버글라스를 사용하는 경우도 있다.

2) 시약 · 시료

- PBS(+)
- 0.2%(v/v) Triton X-100/PBS(침투화가 필요한 때만)
- FITC 표지 2차항체(1차항체가 마우스 단일클론항체일 경우는 FITC 표지 항마우스 IgG 항체 : Vector사) : 희석액은 1차항체와 같은 것을 사용하고 100~200배로 희석한다.
- 항표백제 함유의 봉입제(예 : Vector사의 Vectashield)
- 투명 매니큐어

3) 시약의 조제법

PBS(+)		(최종 농도)
9 mM $CaCl_2$	20 mL	(0.9 mM)
5 mM $MgCl_2$	20 mL	(0.5 mM)
10× PBS	20 mL	

DW 140 mL를 첨가하여 200 mL가 되도록 한다.

5 mM $MgCl_2$	
$MgCl_2 \cdot 6H_2O$	0.1 g

DW 100 mL로 용해한다.

9 mM $CaCl_2$	
$CaCl_2$	0.1 g

DW 100 mL로 용해한다.

0.2% Triton X-100/PBS	
Triton X-100	200 μL

PBS로 total 100 mL가 되도록 한다.

Protocol

약 5시간 (overnight 반응인 경우 약 22시간)

❶ Lab-Tek Chamber Slide에 세포를 seeding하여 배양한다ⓤ.

↓

❷ 배지를 제외하고 약 1 mL의 PBS(+)로 세포가 벗겨지지 않도록 3회 세척한다ⓥ. 이때 액을 파스퇴르 피펫으로 조심스럽게 흡인, 주입하면 잘 벗겨지기 않는다ⓦ(아래 그림).

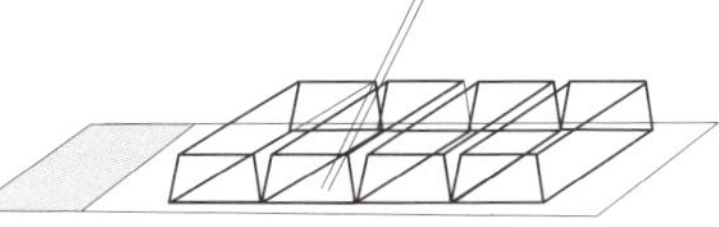

고정 전에는 세포가 떨어지기 쉬우므로 파스퇴르 피펫으로 조심하여 흡입과 주입을 하면 좋다

ⓤ 4-well chamber의 경우 1×10^4 cells/500 μL/well 정도의 세포를 seeding하고 37°C, 1~2일 배양한 것을 사용한다. 무혈청 배지로 배양할 때는 미리 chamber를 젤라틴, 콜라겐, 라미닌, poly-L-lysine 등으로 코팅할 필요가 있다.

ⓥ PBS(-)에서도 특히 지장이 없지만, PBS(+) 쪽이 세포가 벗겨지기 어렵고, 또한 세척 과정에 의한 형태 변화도 어렵다.

ⓦ 세포에 직접 액을 뿌리지 않는다.

❸ 세포의 고정 : 10%(v/v) 포르말린 용액(4-well chamber의 경우는 500 μL/well, 8-well chamber의 경우는 300 μL/well)으로 실온에서 15분 반응시킨다[x]. 그 다음 PBS로 세척한다(5분×3회).

❹ 침투화 : 세포내, 핵 내의 항원을 검출하는 경우에 세포막을 용해시킨다. 이를 위해 0.2%(v/v) Triton X-100/PBS 용액으로 실온에서 15분 반응시킨다. 그 다음 PBS로 세척한다(5분×3회).

❺ 비특이적 반응의 블로킹 : 2차항체와 같은 종류의 10% 정상 혈청/PBS 또는 3% BSA/PBS를 사용하여 실온에서 60분 반응시킨다.

❻ 1차항체의 반응 : 1차항체를 3% 혈청(블로킹과 동종)/PBS 또는 1% BSA/PBS로 최적 농도(보통 100~1,000배)로 희석하고, 실온에서 1~2시간 또는 4°C에서 overnight 반응시킨다(세포를 건조시키지 않을 것). 그 다음 PBS로 세척한다(5분×3회).

❼ 2차항체의 반응(이하 차광 조작 : 습윤 상자, 염색대를 알루미늄 상자로 덮는다) : 상기처럼 100~200배로 희석한 FITC 표지 2차항체를 첨가하여 실온에서 60분 반응시킨다[y]. 그 다음 PBS로 세척한다(5분×3회).

❽ 필요에 따라 핵 염색이나 F-actin 염색을 한다[z].

❾ 핀셋으로 고무 프레임의 끝을 잡아 올려서 떼어낸다(**아래 그림**). 그 다음 PBS로 세척한다(5분×3회). 또한 DW로 가볍게 씻는다.

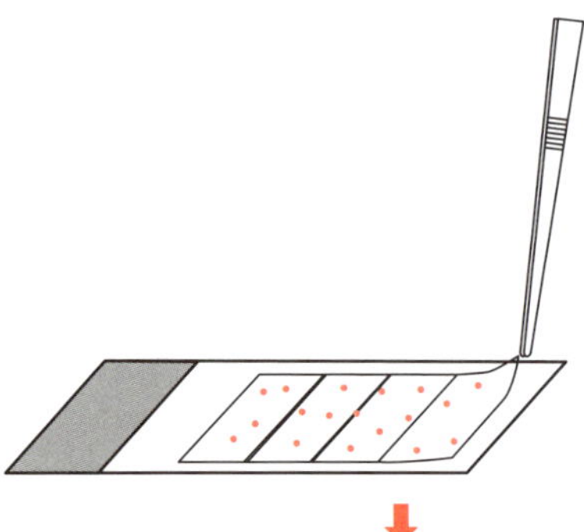

고무 프레임의 끝을 핀셋으로 집어 슬라이드글라스에서 떼어낸다

❿ 봉입 : 슬라이드글라스 위의 수분을 가볍게 킴스와이프로 닦아내고 봉입제를 적하한다. 커버글라스를 덮고 여분의 액을 여과지로 흡수하고, 주위를 투명 매니큐어로 봉한다.

⓫ 형광현미경으로 검사한다. B(Blue) 여기법이 적합하다[a].

ⓧ 고정이 종료되면 주변의 플라스틱 프레임(고무 프레임은 남긴다)을 분리하는 것이 이후의 작업을 쉽게할 수 있다(**아래 그림** 참고). 또한 사용하는 항체가 적어도 된다(4-well chamber에서 200 μL/well, 8-well chamber에서 100 μL/well이면 된다). 그러나 종류가 다른 항체를 같은 슬라이드글라스에 반응시킬 경우 혼합할 가능성이 있으므로, 벗기지 않는 것이 좋다.

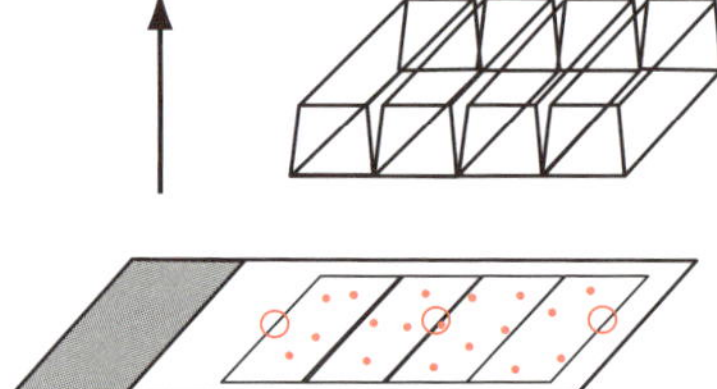

플라스틱 프레임은 중앙과 양쪽의 3곳이 실리콘으로 고정되어 있으므로, 그곳을 떼고 나서 조심스럽게 비틀면서 위로 당겨 벗긴다.

ⓨ 그 밖의 형광 색소로 Alexa Fluor, Cy3/5, Texas red, Rhodamin, DAPI, Hoechst 33258 등이 있다. Alexa Fluor는 표백되기 어렵고, 또한 파장이 다른 색소가 갖추어져 있다.

ⓩ DAPI(4,6-diamidino-2-phenylindole)로 핵염색하기 위해서는, 순수한 물에 녹인 1 mg/mL DAPI(−80°C에서 차광하고 보관 가능)(청색 형광)을 1% BSA/PBS로 500~1,000배로 희석한 용액으로 15분 염색하고, PBS로 세척한다(5분×3회). F-actin은 항원의 발광에 맞춰, Alexa-phaloidine, FITC-phaloidine(녹색), Rhodamine-phaloidine(적색) 등으로 염색한다. 모두 메탄올에 녹인 보관액(200 U/mL)을 1% BSA/PBS로 약 50배 희석한 용액으로 30~60분 정도 염색하고 PBS로 세척한다(5분×3회). 또, F-actin은 phaloidine액을 2차항체액에 넣고 염색할 수도 있다.

ⓐ 사용한 형광 색소의 종류에 적합한 여기법을 선택한다. 주요 색소의 최대 흡수 파장(여기광 : nm)과 최대 형광의 파장(nm)은 다음과 같다.

Hoechst 33258	(350/450)
DAPI	(358/461)
Alexa 488	(494/517)
FITC	(495/520)
Cy3	(548/562)
Alexa 546	(554/570)
Rhodamine	(539, 574/620)
Texas Red	(589/615)
Alexa 594	(590/617)

실험 예 3 : A431 인간 편평상피암 세포의 E-cadherin의 분포

항 E-cadherin 단일클론항체를 이용한 면역 형광염색법으로 A431 세포에서 E-cadherin의 분포를 조사하였다. 중요한 세포간 접착 분자인 E-cadherin이 세포 사이에 분포하는 것을 알 수 있다(그림 4).

실험 조건

1차항체 : 항 E-cadherin 단일클론항체(#HECD-1 : Takara사)(×2,000, 0.1 μg/mL IgG, 4°C, overnight)
2차항체 : FITC 표지 항마우스 IgG 항체(말)(Vector사)(×200, 실온, 1시간)
Triton X-100에 의한 세포의 침투화는 하지 않았다.

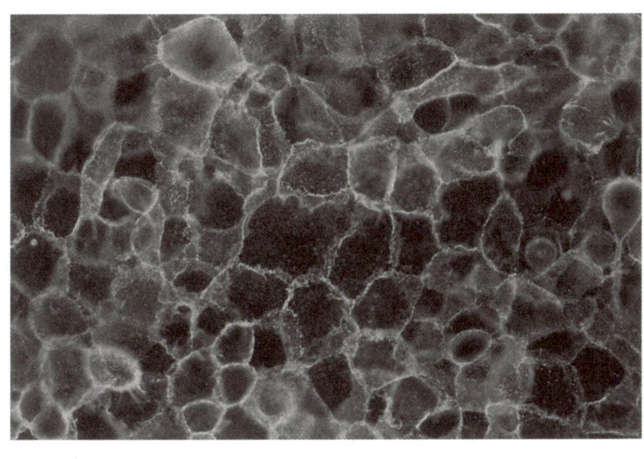

그림 4 A431 인간 편평상피암 세포에서 E-cadherin의 분포
권두 Color Graphics 5 참고

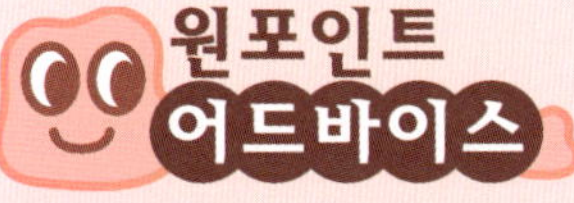

2종의 항원을 동시에 염색하는 경우(이중 염색), 2종의 항원에 대한 항체는 다른 동물의 항체이어야 한다. 예를 들어, 항원 A가 마우스(1차항체) – 염소(2차항체), 항원B는 토끼(1차항체) – 말(2차항체) 등으로 한다. 2종의 2차항체가 1차항체에 대해 서로 교차반응(cross-react)하지 않는 것이 중요하다. 이것을 미리 단독 염색으로 확인할 필요가 있다. 염색 조작은 2종의 1차항체와 2차항체를 각각 혼합하여 처리할 수 있다. 또는 각 항원에 대해 블로킹, 1차항체 반응, 2차항체 반응을 2회 반복해도 좋다. 형광 색소는 다른 색조의 것을 조합할 필요가 있다(예를 들면, FITC와 Rhodamine). 또한 1차항체를 직접 형광 염료로 표지하는 경우 동일한 동물 종 유래의 2종의 항체도 이중 염색이 가능하다.

2 부유성 배양세포의 경우

다음과 같은 4가지 방법이 있다.

① 도말 표본 : 세포를 원심분리하여 모아서, 농축된 세포 분산액을 준비한다. 그것을 슬라이드글라스 위에 1방울 떨어뜨리고, 커버글라스로 확산시킨다. 그 다음 풍건하고 고정한다.

② 1 mg/mL poly-L-lysine으로 15~60분 coating한 커버글라스 또는 슬라이드글라스에 세포(1×10^5 cells/mL)를 seeding하고, 실온에서 10분 정치한 후 고정한다.

③ 세포 부유액(1×10^5 cells/mL)을 부유 세포수집 bucket(TOM사) 등에 0.1~0.5 mL 넣고 원심분리하고, 슬라이드글라스에 모으고 풍건하여 고정한다.

④ 원심분리 튜브 내에서 세포를 분산시켜 항체처리와 세척한다. 마지막에 봉입제로 현탁하여 슬라이드글라스에 놓는다.

Troubleshooting

문제점	가능성 있는 원인	해결을 위한 조치
● 반응 중에 파라핀 절편이 벗겨진다.	• 슬라이드글라스 위에 파라핀 절편의 접착이나 건조가 나쁘다. • 단백질 분해효소와 1차항체와의 장시간 반응	➲ 슬라이드글라스를 네오플랜, 실란, 폴리-L-라이신 등으로 코팅하고 가능한 빠르게 전과정을 완료한다.
● 염색 얼룩이 생긴다.	• 세척액이 슬라이드글라스에 남아 있는 채로 있다.	➲ 여분의 수분은 충분히 털어낸다.
	• 항체 용액이 충분히 혼합되지 않았다.	➲ 항체용액을 거품이 생기지 않도록 하면서 충분히 교반한다.
	• 절편 위에 기포가 남아 있는 상태로 반응을 진행하였다.	➲ 기포가 있는 곳은 반응액이 접촉하지 않으므로 반드시 제거한다.
	• 절편을 건조시켰다.	➲ 습윤 상자에 넣고, 과정을 민첩하게 진행한다.
● 백그라운드가 강하다.	• 항체의 농도가 높다.	➲ 희석 배율을 검토한다.
	• 내재성 peroxidase의 불활성화가 불충분하다.	➲ 처리 시간을 길게 한다. 또는 3% 과산화수소를 사용한다.
	• 블로킹이 불충분하다.	➲ 처리 시간을 길게 한다. 실온의 경우에는 37°C로 해 본다.
	• 항체 용액의 세척이 불충분하다.	➲ 세척 횟수와 시간을 늘린다. 진탕 세척한다.
	• 파라핀 제거가 불완전하다.	➲ Xylene 처리를 약간 길게 하고 횟수를 늘린다.
● 염색이 약하다.	• 항체의 농도가 낮다. 반응이 불충분하다.	➲ 희석배율, 반응시간을 검토한다.
	• 항체 또는 항원성이 불활성화하고 있다.	➲ 1차항체의 반응시간을 길게 하거나 여러 차례 반복하여 본다. ➲ 새것으로 교체한다.
	• 파라핀 제거가 불완전하다.	➲ Xylene 처리를 약간 길게 하고 횟수를 늘린다.
	• 항원성이 마스킹되어 있다.	➲ 항원 활성화 처리를 검토한다.

참고문헌

1) 名倉 宏, 他 編：「渡辺・中根 酵素抗体法 改訂4版」, 学際企画, 2002

2) 大海 忍, 他：「新版 抗ペプチド抗体実験プロトコール」, 秀潤社, 2004

3) 野地澄晴 編：「注目のバイオ実験シリーズ 免疫染色＆ in situ ハイブリダイゼーション最新プロトコール」, 羊土社, 2006

4) Harlow, E. & David, L.：Antibodies, Cold Spring Harbor Laboratory, 1988

5) Akaogi, K. et al.：Proc. Natl. Acad. Sci. USA, 93：8384-8389, 1996

6) Miyazaki, K. et al.：Proc. Natl. Acad. Sci. USA, 90：11767-11771, 1993

V ELISA에 의한 단백질의 정량과 단백질간 상호작용의 분석

V-1 ELISA의 원리

ELISA(Enzyme Linked Immuno-Sorbent Assay)는 항원-항체 반응과 효소기질 반응을 조합한 검사법으로 효소 면역 측정법이라고 한다. 이 방법은 불순한 시료에 포함된 특정 단백질의 농도를 간단한 조작으로 감도 좋게 검출할 수 있다. 또한 이 방법은 표적단백질의 정량뿐만 아니라 특정 단백질과 다른 분자의 상호작용의 분석과 세포막 수용체에 리간드 분자의 결합 분석(세포 ELISA)에도 이용할 수 있다. 최근 보급 중인 항체 칩과 cell array 등도 ELISA의 변형법이라고 할 수 있다. 또한 이러한 기초 연구 분야뿐만 아니라, 감염증 등의 임상 검사, 식품 위생 등에도 널리 이용되고 있다.

기본적인 원리로는 마이크로 플레이트의 표면에 표적단백질이 포함된 용액을 고정하고 여기에 표적단백질에만 특이적으로 반응하는 항체를 추가한다. 고정된 항원의 양에 따라 결합하는 항체의 양이 변화한다. 사용 항체에 효소 표지를 해두면, 결합된 항체의 양에 비례하여 효소 반응이 일어난다. 효소 반응에 의해 발색된 흡광도를 측정하여 결합한 항체의 양을 알 수 있고 목적하는 항원 단백질의 양도 알 수 있다. 표지 효소에는 alkaline phosphatase(ALP)와 horseradish peroxidase(HRP)가 일반적으로 사용된다. 검출 방법에는 효소를 항체에 직접 결합하는 대신, biotin을 결합시켜 그것에 효소 표지 streptavidin을 결합하는 방법 등도 사용된다(**본장 IV** 「면역염색법」 그림 1 참고). 또한 ELISA라고는 할 수 없지만 효소 대신에 형광 색소로 표지하여 검출할 수도 있다(**본장 IV-4** 「배양세포의 형광염색」 참고).

일반적인 ELISA에는 직접흡착법, 샌드위치법, 경쟁법의 3종류가 있다. 또한 단백질간 상호작용 분석이나 세포를 이용한 수용체 분석(세포 ELISA)은 직접흡착법을 응용하여 수행할 수 있다. 여기에서는 샌드위치법과 세포 ELISA의 실험방법을 소개한다. 부족한 점에 관해서는 다른 기존 서적을 참고하기 바란다[1)~3)].

1 직접흡착법(그림 1a)

항원 용액을 직접 마이크로플레이트에 고정한 후 플레이트 표면을 소 혈청 알부민(BSA) 등으로 블로킹한 후, 1차항체로 항원-항체 반응을 시킨다. 세척 후, biotin 표지 2차항체에 이어 효소 표지 avidin D를 반응시키고 마지막으로 발색 반응을 시켜 흡광도를 측정한다. 또는 1차항체 반응 후 효소 표지 2차항체를 이용하여 발색 반응을 실시한다. 이 방법은 간편하지만, 항원 용액에 목적의 항원 이외의 단백질이 다량으로 있는 경우에 표적단백질이 흡착하지 못하고 검출 감도가 현저하게 낮아지는 경우가 있다.

2 샌드위치법(그림 1b)

마이크로 플레이트에 표적단백질에 대한 1차항체를 고정시켜 둔다. 블로킹 후 항원 용액을 첨가하여 항원-항체 반응을 시킨다. 그 후, 고정한 1차항체(A)와 항원 인식 부위가 다른 1차항체(B)를 첨가하여 항체-항원-항체의 샌드위치 구조를 형성시킨다. 이 경우는 고정한 항체와 나중에 첨가한 항체의 제작 동물 종은 각각 다른 것을 사용한다. 제작 동물 종이 같으면 2차항체가 양쪽 항체에 대해 모두 반응해 버리므로 정확하게 정량할 수 없다. 세척 후 biotin 표지 2차항체를 반응시키고 이어 효소 표지 avidin D를 반응시킨 후, 발색 반응을 시켜 흡광도를 측정한다. 또

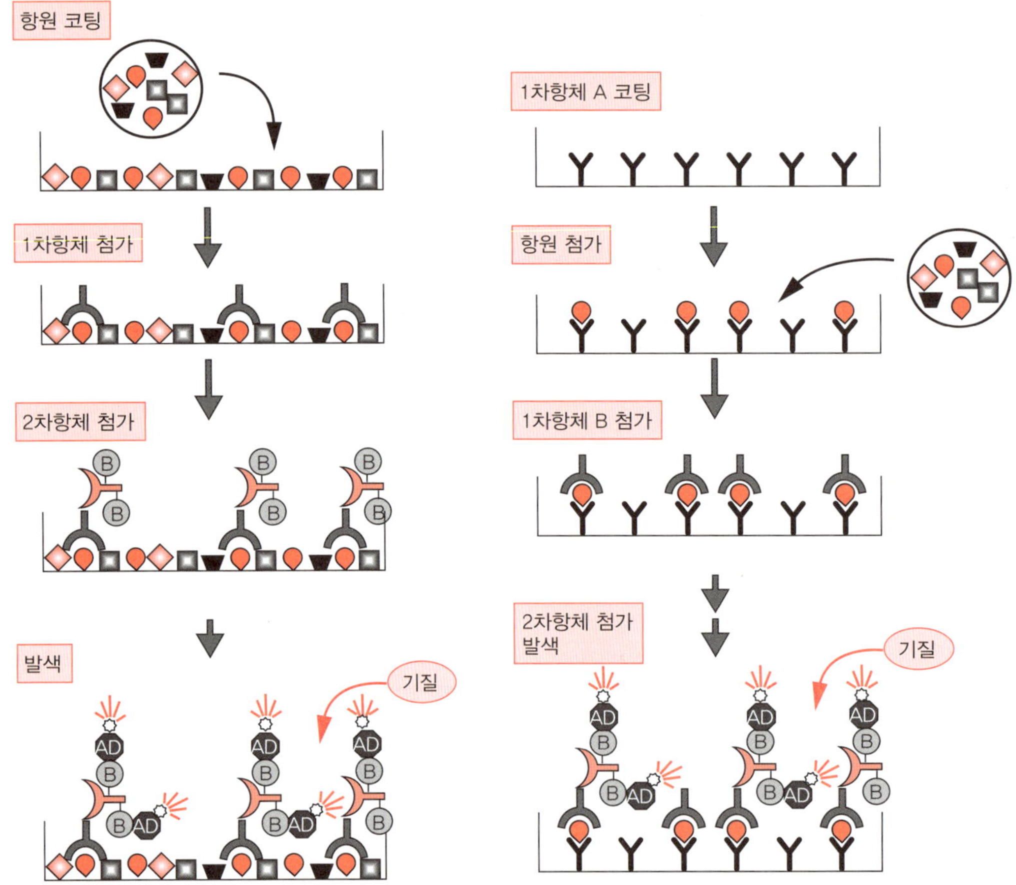

그림 1 직접흡착법(a)과 샌드위치법(b) 과정의 개요
각 단계별 설명은 본문 참고. 블로킹 과정은 생략되었다.

는 고정 항체와 항원을 반응시킨 후, 효소 표지 항체를 이용하여 항체-항원-효소 표지 항체의 샌드위치 구조를 만들면 2차항체 없이 발색 반응을 할 수 있다. 이 경우에도 2종류의 항체는 다른 항원 인식 부위를 가지는 것을 사용하지만, 동종 동물 유래도 좋다. 샌드위치법은 표적단백질을 2종류의 항체를 이용하여 검출하기 때문에 특이성이 매우 높은 방법이며 현재 주류 ELISA법이다. 단 고정된 항체의 양이 적을 경우에 처음에 포착된 양 이상의 항원이 결합할 수 없으므로 정량성이 나빠질 수 있다.

최근 사이토카인이나 신호전달 인자 등의 정량법으로서 샌드위치법에 근거하는 항체 array (또는 칩)가 판매되고 있다. 예를 들어, 인산화 MAP kinase(ERK)의 예에서는 고정 항체로서 항 ERK 항체, 첨가항체로서 항인산화 tyrosine 항체가 사용되고 있다. 이 방법은 Western blotting에 비해 10배 이상의 감도가 있다고 한다.

3 경쟁법(그림 2)

샌드위치 법과 마찬가지로 마이크로 플레이트에 표적단백질에 대한 1차항체를 고정시키고 블로킹한다. 그 후, 항원 용액과 효소 표지 항원을 첨가하여 항원-항체 반응을 시킨다. 세척 후, 효소 기질과 반응시키고 발색 반응을 시켜 흡광도를 측정한다. 이때 측정 항원이 적은 경우는 효소 표지항원의 반응이 많아지고 효소의 발색이 강하고(그림 2a), 반대로 측정 항원이 많은 경우는

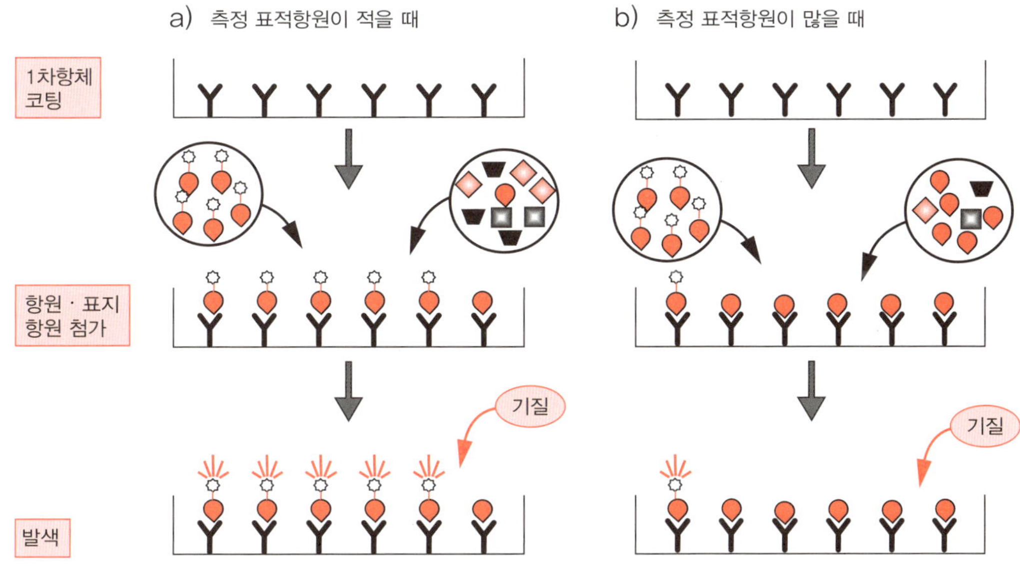

그림 2 경쟁법 과정의 개요
a) 시료 중의 항원이 적은 경우, b) 시료 중의 항원이 많은 경우. 블로킹 과정은 생략되어 있다.

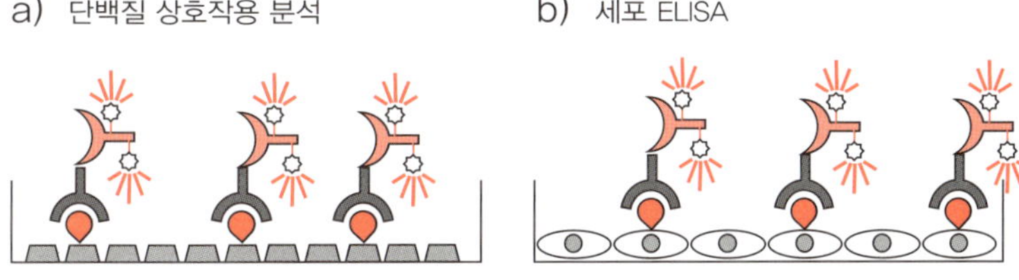

그림 3 ELISA를 이용한 단백질간 상호작용 분석(a)과 세포 ELISA(세포막 수용체와 ligand의 결합 분석)(b)

효소 표지항원의 반응이 적어지고 발색이 약해진다(그림 2b). 즉 이 방법은 다른 방법과는 반대로, 시료 중의 항원량이 많아짐에 따라 흡광도는 감소한다(오른쪽 내려가는 곡선). 그러나 표적항원 농도가 기준치와 너무 다른 경우에는, 사용하는 항체량이 부족하거나 또는 과잉이 되어, 정확한 측정이 어려워진다. 이 방법은 샌드위치법에 적합한 2종류 이상의 항체를 찾기 어려운 특수한 물질과 분자가 작아서 항체 샌드위치로 만들기 어려운 호르몬이나 화학 물질의 정량에 주로 사용된다. 정제 1차항체가 없는 경우에는, 2차항체를 고정한 후 1차항체를 결합시켜 실시할 수 있다.

4 단백질간 상호작용 분석(그림 3a)과 세포 ELISA (세포를 이용한 수용체 분석)(그림 3b)

단백질 A 충분량(1~5 μg/mL)을 마이크로 플레이트에 고정시킨 후, BSA 등으로 블로킹한다. 거기에 단백질 B의 농도를 바꾸어 작용시킨다. 그 후, 직접흡착법과 마찬가지로 단백질 A에 결합된 단백질 B를 특이항체를 이용하여 검출한다. 세포 ELISA는 포화상태로 배양한 세포를 고정하고 블로킹한 후 리간드 분자를 결합시켜 리간드 분자에 특이 항체를 이용하여 검출한다.

V-2 표준곡선(standard curve)

ELISA법에는 정성시험으로서 screening에 이용되는 경우와 정량검사로서 농도를 측정하는 경우가 있다. 정량검사 시에는 반드시 표준곡선을 작성한다. 표준곡선은 동일한 단백질을 측정하는 경우에도 환경, 손기술의 차이, 플레이트 간의 lot 차이 등이 있기 때문에 시험마다 작성한다. 사전에 농도를 알고 있는 표준 시약을 단계적으로 희석해 둔다. 가능하면 각 농도마다 2회 이상 반복수의 평균값을 취하는 것이 바람직하다. 측정법에 따라 표준곡선은 다르다.

V-3 샌드위치 ELISA법을 이용한 특정 단백질의 검출

준비물

1) 기구 · 기계

- 96 well microplate(예 : Coster, 일본 Becton Dickinson사 등)[b]
- Plate seal[c]
- 멀티 채널 피펫(있으면 편리)
- Microplate reader : Sowa Trading사, Bio-Rad사 등
- 마이크로 플레이트 워셔(많은 접시를 처리 할 때 편리) : Bio-Rad사, Funakoshi사 등

ⓑ ELISA용을 사용. Polystyrene(PS)제, 폴리염화비닐(PVC)제 등

ⓒ 반응 중인 용액의 건조와 먼지를 방지할 목적으로 사용

2) 시약

- PBS(Ca^{2+}, Mg^{2+} 없는 phosphate buffer) : 10배 농도의 것(10×PBS)을 10배 희석하여 사용
- 1% 및 3%(w/v) 소 혈청 알부민(BSA)/PBS[d]
- 0.05%(v/v) Tween-20/PBS(PBST)
- 1차항체(A) : 고정용 항체
- 표준곡선용 컨트롤 항원
- 1차항체(B) : 1차항체(A)와는 제작 동물 종, 항원 인식 부위가 다른 검출용 항체
- Biotin화 2차항체 : 1차항체(B)의 제작 동물 종에 대한 항체(Vector사, DAKO사, Nichirei사 등)
- Alkaline phosphatase 표지 avidin D(상동)
- 발색 기질액 : 5 mg/mL p-nitrophenyl phosphate/100 mM dienthanolamine(pH 9.8)/0.24 mM $MgCl_2$
- 반응 정지액 : 0.1 M EDTA

ⓓ 블로킹액으로서 1~3%(w/v)의 BSA나 3~5%(w/v)의 skim milk가 사용된다.

3) 시약의 조제법

10× PBS	
NaCl	80 g
KCl	2 g
Na_2HPO_4	11.5 g
KH_2PO_4	2 g

DW를 첨가하여 1,000 mL가 되도록 한다.

3%(w/v) BSA/PBS(블로킹액)	
BSA	3 g
PBS	100 mL

0.05%(v/v) Tween–20/PBS(PBST)	
PBS	1,000 mL
Tween–20	0.5 mL

Tween–20은 점성이 높기 때문에 PBS를 stirrer로 교반하면서 천천히 첨가한다.

5 mg/mL p–nitrophenyl phosphate/100 mM diethanolamine(pH 9.8)/0.24 mM $MgCl_2$	
p–nitrophenyl phosphate	50 mg
100 mM diethanolamine(pH 9.8)/0.24 mM $MgCl_2$	10 mL

사용 직전에 조제한다.

100 mM diethanolamine(pH 9.8) /0.24 mM $MgCl_2$	
diethanolamine	9.7 mL
1 M $MgCl_2$	0.24 mL

DW 800 mL와 함께 교반하고 1 N HCl로 pH 9.8로 조정한다. 그 후 DW로 total 1,000 mL가 되도록 한다.

1 M $MgCl_2$	
$MgCl_2 \cdot 6H_2O$	20.3 g

DW를 넣어 100 mL가 되도록 한다.

Protocol

 약 10시간(overnight 반응일 때는 약 24시간)

❶ 항체를 PBS로 20 μg/mL이 되도록 희석한다[e].

❷ 96 well micro titer plate의 각 well에 50 μL씩 첨가하고 plate seal로 커버하고(다음 단계에서도 마찬가지) 실온에서 2시간 또는 4°C에서 overnight 흡착시킨다. 필요하다면 항체 용액을 재사용할 수 있다.

 ()

❸ 코팅 용액을 제거하고 PBST를 200 μL 첨가하여 2~3회 세척한다. 이때, 플레이트를 거꾸로 하여 페이퍼타월 위에 두드려 세척액을 완전히 제거(다음 단계에서도 마찬가지)한다.

❹ 각 well에 3% BSA/PBS 200 μL씩 넣고 실온에서 2시간 또는 4°C에서 overnight 비특이적 반응의 블로킹을 실시한다[d].

 ()

❺ 블로킹 용액을 제거하고, PBST를 200 μL 첨가하여 2~3회 세척한다.

❻ 각 well에 1% BSA/PBS로 희석한 항원(샘플 및 표준시료)[f]을 50 μL 첨가하여 37°C에서 1.5시간 정도 또는 실온에서 2시간 이상 반응시킨다.

❼ 항원 용액을 제거하고, PBST를 200 μL 첨가하여 3~4회 세척한다.

❽ 각 well에 1% BSA/PBS로 1 μg/mL에 희석한 검출용 1차항체를 50 μL 첨가하여 37°C에서 1시간(또는 실온에서 2시간) 반응시킨다.

ⓔ PVC 플레이트의 경우 100 ng/well(300 ng/cm^2)의 항체가 흡착할 수 있다. 항원을 플레이트에 흡착시키는 경우는 PBS 대신 0.1 M carbonate buffer(pH 9.0)를 사용함으로써 플레이트에 흡착 효율이 높아진다. 항체의 경우 약염기성에 의해 불활성화하는 경우가 있다.

ⓕ 항원 용해액에 계면활성제가 포함되어 있을 때는 주의한다. 예를 들어 SDS에서 추출한 샘플은 항원–항체 반응이 저해되지만, 이 용액에 SDS의 5~10 배량의 Triton X–100을 첨가하여 처리함으로써 항원–항체 반응이 다시 활성화할 수 있다. 또한 지방과 유기 용매는 반응을 저해하므로 완전히 제거한 후 사용한다.

⑨ 항체 용액을 제거하고, PBST를 200 μL 첨가하여 3번 세척한다.

⬇

⑩ 각 well에 PBST로 1.5 μg/mL에 희석한 biotin화 2차항체[g]를 50 μL 첨가하여 37°C에서 30분 반응시킨다.

⬇

⑪ 항체 용액을 제거하고, PBST를 200 μL 첨가하여 3번 세척한다.

⬇

⑫ 각 well에 PBST로, 1,000배 희석한 alkaline phosphatase-avidin D를 50 μL 첨가하여 37°C에서 30분 반응시킨다.

⬇

⑬ 용액을 제거하고 PBST를 200 μL 첨가하여 4번 세척한다.

⬇

⑭ 각 well에 발색 기질액을 50 μL씩 첨가하여 37°C에서 20~60분 반응시키고, 발색을 확인하면서 반응 정지액을 50 μL씩 첨가한다.

⬇

⑮ 마이크로 플레이트 리더를 이용하여 405 nm에서의 흡광도를 측정한다[h].

⬇

⑯ 표준곡선을 작성하고 거기에서 샘플의 농도를 산출한다.

ⓖ 효소 표지 2차항체를 사용할 경우에는 ⑫, ⑬의 스텝이 필요 없다.

ⓗ 사용하는 기질액에 따라 적절한 파장에서 흡광도를 측정한다. 검출 감도가 높은 경우에는 각 단계의 처리 시간을 30~60분으로 단축하거나 또는 각 시약의 사용 농도를 낮출 수 있다.

실험사례

알부민 분석

필자는 피부의 상태나 아토피성 피부염 등의 증상을 판정하는 바이오 마커를 개발하였다[4]. **그림 4**는 이 목적을 위해 알부민 샌드위치 측정 시스템을 보여주는 것이다(사각). 항원 단백질 함량에 따라 직선으로 증가하는 영역에서 샘플에서의 농도를 결정한다. 또한 0.1% SDS의 존재는 이 항원-항체 반응을 거의 완전히 저해한다(원형).

실험 조건

코팅용 1차항체 : 토끼 항인간 albumin 다클론항체(Inter-cell Technologies사) 20 μg/mL
첨가용 1차항체 : 마우스 항인간 albumin 단일클론항체(Zymed사), 1,000배 희석
2차항체 : biotin 표지 항마우스 IgG 항체(말) 1,000배 희석

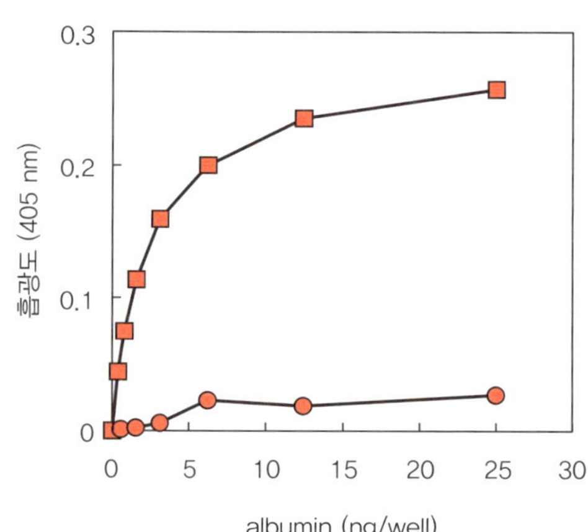

그림 4 샌드위치 ELISA에 의한 albumin의 분석 예
사각형 : 표준조건, 원형 : 0.1% SDS 포함 조건

Troubleshooting

문제점	가능성 있는 원인	해결을 위한 조치
● 시그널이 약하거나 검출되지 않는다.	• 기질의 조제가 잘못되었다.	➲ 효소 표지체에 대해 기질의 선택이 적절한지 확인한다.
	• 기질의 불활성화	➲ 새것으로 교체한다.
	• 항체/항원의 농도가 낮다.	➲ 최적 농도를 검토한다.
	• Incubation 시간, 온도가 적절하지 않다.	➲ Incubation 시간을 늘린다. 시약은 사용 전에 실온으로 옮겨 적절한 온도로 반응시킨다.
	• 플레이트 리더 설정이 최적화되어 있지 않다.	➲ 설정조건(파장, 필터)을 확인한다.
	• Sodium azide가 존재한다.	➲ Peroxidase 반응을 저해하므로 사용하지 않는다.
● 백그라운드가 높다.	• 블로킹이 불충분	➲ 블로킹제의 종류, 농도, 시간을 검토한다.
	• 세척이 불충분	➲ 충분한 세척 용액으로 채워져 있는지 확인하고 세척 횟수를 늘린다.
	• 항체 농도가 높다.	➲ 최적 농도를 검토한다.
● 흡광도 변이가 크다.	• 세척이 불충분	➲ 충분한 세척 용액으로 채워져 있는지 확인하고 세척 횟수를 늘린다.
	• 분주하는 시약의 양에 차이가 있고 또는 분주하는 데 시간이 걸린다.	➲ 피펫팅 조작을 정확하게 한다. 멀티채널 피펫을 사용한다.

V-4 세포 ELISA법(세포막 수용체에 리간드 결합 분석)

여기에서는 인간 단백질 리간드에 마우스 1차항체와 peroxidase(HRP) 표지 2차항체를 사용하는 예를 소개한다. 검출 감도가 부족한 경우는 V-3 「샌드위치 ELISA」뿐만 아니라 biotin 표지 2차항체를 이용하여 실시해 본다. 또한 단백질 상호작용 분석을 위해서는 세포 대신에 표적단백질을 고정하여 마찬가지로 실시할 수 있다.

준비물

- 96 well 세포배양용 plate(예 : Sumilon사, Becton · Dickinson사 등)
- 혈청 함유 세포배양액(표적세포의 표준 증식배지)
- 2차항체 : HRP 표지 항마우스 IgG 항체(토끼, 염소 등)
- Citric acid/phosphate buffer(pH 5) : citric acid(1H_2O) 0.51 g과 disodium hydrogen phosphate(12H_2O) 1.84 g을 DW에 녹여 100 mL 되게 한다(pH 5).
- 발색액 : 40 mg *o*-phenylenediamine(OPD)을 100 mL의 citric acid/phosphate buffer(pH 5)에 녹여 30 μL의 30%(w/v) H_2O_2를 섞는다. 사용 직전에 조제하고 알루미늄 호일로 차광
- 반응 정지액 : 2 M 황산
- 나머지는 V-3 「샌드위치 ELISA」와 공통

Protocol

약 7시간(overnight 반응일 때는 약 20시간)

❶ 세포 배양용 96 well plate에 2×10^4 cell/well 정도의 밀도로 seeding하여 세포가 충분히 포화될 때까지 수일간 배양한다. 배양액은 혈청이 들어 있는 증식배지를 사용한다.

❷ 각 well을 200 μL의 PBS로 2회 세척한 후, 10%(v/v) 포르말린 용액[또는 4%(w/v) 파라포름 알데히드 용액]에서 15분간 고정한다. 200 μL의 PBS (Tween-20 불포함)으로 2회 세척한다.

❸ 각 well에 3% BSA/PBS를 200 μL씩 넣고 실온에서 2시간 또는 4°C에서 overnight으로 비특이적 반응을 차단한다.

❹ 1% BSA 또는 PBS로 희석한 리간드 단백질(항원)(0.5~5 μg/50 μL/well)을 첨가하고 37°C에서 1시간(또는 실온에서 2시간) 반응시킨다. 그 후 200 μL의 PBST로 3~4회 세척한다.

❺ 각 well에 1% BSA/PBS로 500~1,000배 정도(0.5~1 μg/mL 정도)로 희석한 검출용 1차항체(예, 마우스 단일클론항체)를 50~100 μL 첨가하여 37°C에서 1시간(또는 실온에서 2시간) 반응시킨다. 그 후 200 μL의 PBST로 3회 세척한다.

❻ HRP 표지 2차항체(예, 토끼 항마우스 IgG 항체)를 37°C에서 1시간(또는 실온에서 2시간) 반응시킨다. 그 후 200 μL의 PBST로 3회 세척한다.

❼ 각 well에 발색액 100 μL를 첨가하고 차광하여 37°C에서 10~30분 반응시킨다.

❽ 2 M 황산 50 μL/well을 가하여 반응을 정지시킨다. 차광한다.

❾ 플레이트 리더로 흡광도(O.D. 492 nm)를 측정한다.

Troubleshooting

V-3「샌드위치 ELISA」참고

참고문헌

1) Harlow, E. & Lane, D. : Antibodies – a Laboratory Manual, Cold Spring Harbor Laboratory, 1988

2) Immunodetection – Application and Product Guide, Millipore, 2007

3) 高津聖志, 他 編 :「注目のバイオ実験シリーズ 改訂版 タンパク質研究のための抗体実験マニュアル」, 羊土社, 2008

4) Yamane, Y. et al. : Int. Arch. Allergy Immunol., 150 : 89-101, 2009

제4장

단백질 상호작용의 분석

I 단백질간 상호작용의 검출

I-1 생화학적 분석

1 GST/MBP pull-down

어떤 단백질의 기능분석을 실시할 때, 그 단백질이 어떤 단백질과 결합하는지를 조사하는 것은, 단백질의 기능을 아는 데 있어서 중요한 단서가 될 수 있다. 본 단원에서는, 간편하게 단백질간의 결합을 확인할 수 있는 방법으로 알려진 풀다운(pull-down) 법을 소개하는데, 그중에서도 glutathione-S-transferase(GST)와 maltose 결합 단백질(MBP)을 tag로 융합시킨 단백질을 이용하는 것에 대하여 소개한다[1).

이들 GST와 MBP는 대장균으로 재조합 단백질을 제작할 때 tag로 자주 사용된다(**상권 5장** 참고). 그 이유로는, 이들 단백질은 가용성이 매우 높다는 특징이 있고, 목적하는 단백질에 융합 발현시킴으로써 발현된 융합단백질이 가용성 분획에 포함될 가능성을 높인다는 점을 들 수 있다. 한편으로, 각각 GST는 26 kDa, MBP는 42.5 kDa로 크기 때문에, 단백질간 결합에 영향을 줄 가능성을 고려할 필요가 있다.

Pull-down법은 단백질간의 상호작용을 분석할 때 빈번하게 이용되고 있으며, 대량 규모로 신규 결합 단백질을 탐색할 수 있으며, 정제 단백질을 이용함으로써 단백질간의 직접적인 결합을 확인할 수 있는 등 뛰어난 장점이 있다. 또 이처럼 GST 또는 MBP를 tag로 결합시킨 융합단백질을 이용하는 경우, GST/MBP의 기질을 결합시킨 beads가 각각의 회사에서 판매되고 있어서 간편하게 분석을 할 수 있다는 것도 뛰어난 점이다. 반면, *in vitro*의 실험인 점과 비특이적 결합이 많다는 이유에서, 이 실험으로 긍정적인 결과를 얻었다 하더라도 그 결합에 생리적으로 의미가 있는지를 다른 실험 방법으로 조사해야 하는 점에 주의할 필요가 있다.

분석하고 싶은 단백질의 GST/MBP 융합단백질 발현계를 구축하면 그 단백질을 발현시켜 Glutathione-Sepharose 4B 또는 Amylose Resin[i](GE Healthcare사/New England Biolabs사) beads에 결합시킨다. 이어, 세포나 조직의 용해물, 또는 정제단백질 용액을 가해 incubation한 후, 결합샘플을 회수하고 SDS-PAGE 등으로 분석을 한다(**그림 1**).

ⓘ 각각, GST의 리간드인 glutathione, MBP의 리간드인 amylose가 고정되어 있는 gel.

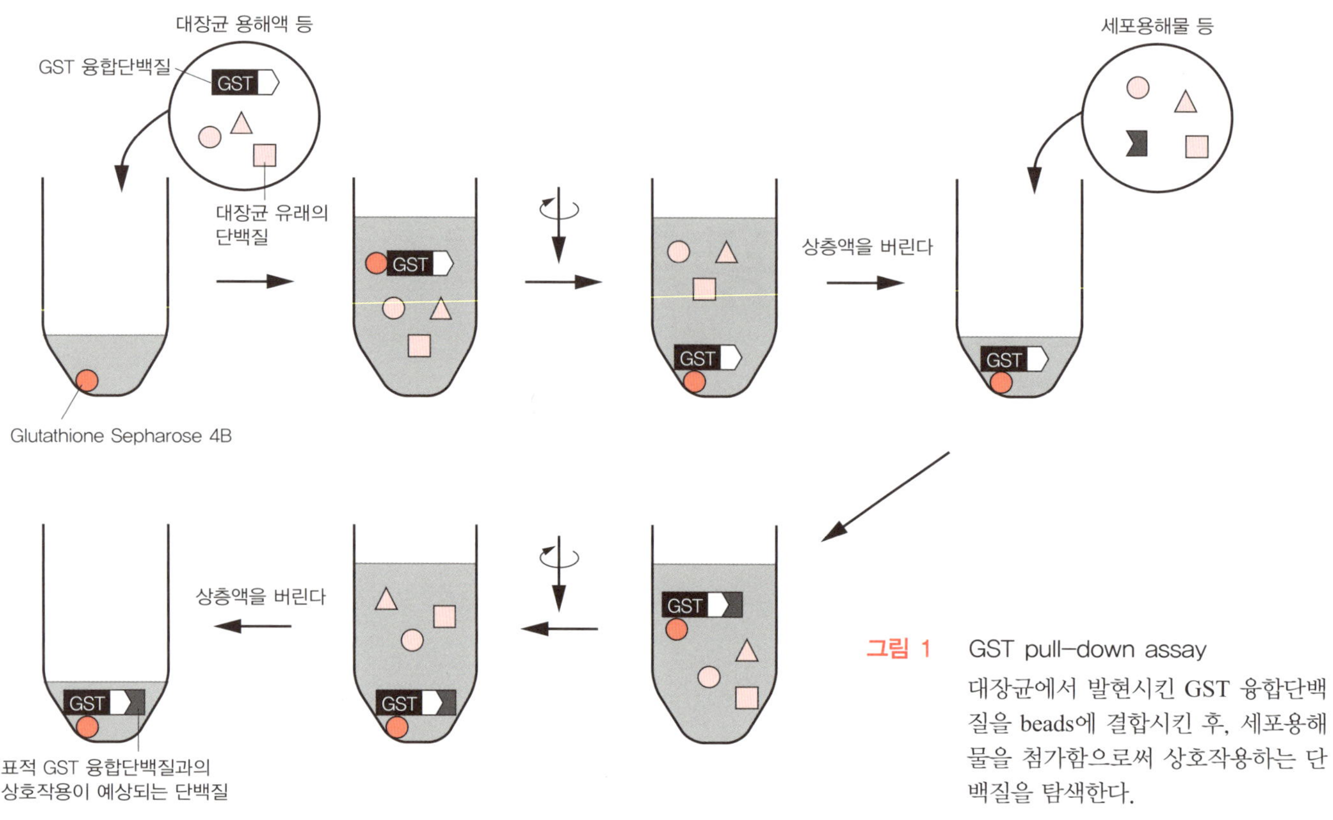

그림 1 GST pull-down assay
대장균에서 발현시킨 GST 융합단백질을 beads에 결합시킨 후, 세포용해물을 첨가함으로써 상호작용하는 단백질을 탐색한다.

준비물

1) 기구 · 기계

- 1.5 mL 마이크로 튜브
- 미량 고속 냉각원심분리기
- Rotator

2) 시약 · 시료

- Glutathione Sepharose 4B beads(GE Healthcare사)
- Amylose Resin(New England Biolabs사)
- 용해 buffer
- 2× Laemmli 샘플 buffer

3) 시약의 조제

용해 buffer [j]		(최종 농도)
1 M Tris-HCl(pH 7.5)	200 μL	(20 mM)
5 M NaCl	300 μL	(150 mM)
0.5 M EDTA	20 μL	(1 mM)
10% Triton X-100	500 μL	(0.5%)
0.1 M PMSF [k]	100 μL	(1 mM)

DW를 가해 total 10 mL 되게 한다.

2× Laemmli 샘플 buffer(2× SDS-PAGE 샘플 buffer)	
1 M Tris-HCl(pH 6.8)	1 mL
10% SDS	4 mL
β-mercaptoethanol	1.2 mL
80% 글리세롤	2.5 mL
Bromophenol Blue(BPB)	1 mg

DW를 가해 total 10 mL 되게 한다.

ⓙ 여기에서는 serine protease 억제제인 PMSF밖에 넣지 않지만, 실험에 따라 다른 protease 억제제, 탈인산화 억제제를 첨가해서 사용한다. 각 사에서 protease 억제제와 탈인산화 억제제의 혼합액이 판매되고 있으므로, 그것을 이용하면 시약의 조제가 쉬워진다.

ⓚ 에탄올에 녹여 100 mM stock으로 -20°C에 보관한다. 또 PMSF는 수용액에서 빠르게 가수분해되므로 사용 직전에 첨가한다.

Protocol

 약 3시간

❶ 20 μL(bed volume)의 Glutathione–Sepharose 4B 또는 Amylose Resin을 용해 buffer에서 평형화하고 10,000 rpm(7,700 g)에서 10초 원심분리하고 상층액을 버린다[ⓛ].

ⓛ Beads는 용해 buffer로 평형화한 약 50%의 현탁액 상태로 두고, 사용 전에 잘 혼합하여 40 μL의 beads 현탁액을 취함으로써 bed volume으로는 20 μL의 beads를 취하게 된다.

❷ 미리 세척한 beads에 20 μg의 GST/MBP 융합단백질을 포함한 용액을 가한다[ⓜⓝ].

ⓜ 사전에 융합단백질을 포함한 용액을 소량 취해 beads와 결합시킨 후 SDS–PAGE을 시행하여 CBB 염색을 함으로써, 어느 정도의 용액량이 필요한지 어림잡아 둔다.

ⓝ 컨트롤로 GST/MBP tag만 발현시킨 샘플(융합시키지 않은 GST/MBP 단백질)도 준비하는 것을 잊지 말 것.

❸ 4°C에서 30분간 rotator로 혼합한다.

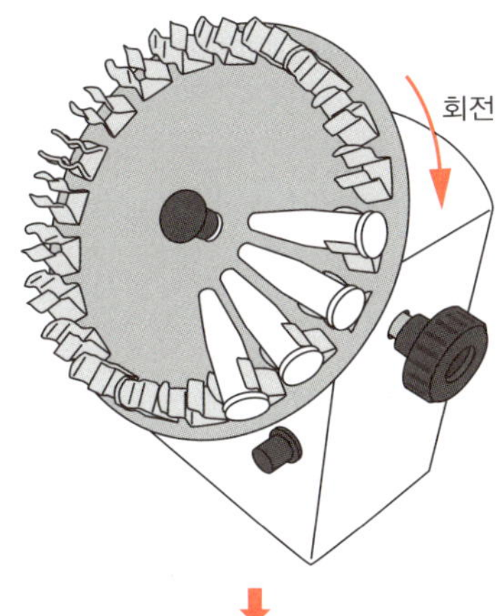

❹ 10,000 rpm(7,700 g)에서 10초간 원심분리하고, 상층액을 버린다.

❺ 용해 buffer 500 μL를 가하고, 천천히 아래위로 혼합한다.

❻ 10,000 rpm(7,700 g)에서 10초간 원심분리하고, 상층액을 버린다.

❼ 상기 ❺, ❻의 스텝을 5회 반복하여 beads를 세척한다. 마지막 세척 후에는 용해 buffer를 가능한 한 제거한다.

❽ 세포나 조직의 용해액, 정제단백질 용액을 첨가한다[ⓞ].

ⓞ 15 cm dish에 배양한 세포의 경우 2 mL 정도의 용해 buffer로 회수한다. 원심분리로 불용물을 제외하고, 그 상층액을 GST/MBP 융합단백질을 incubation한 beads에 첨가한다.

❾ 4°C에서 2시간, rotator로 혼합한다.

❿ 10,000 rpm(7,700 g)에서 10초간 원심분리하고, 상층액을 버린다.

⓫ 상기 ❺, ❻의 스텝을 5회 반복하여 beads를 세척한다. 마지막의 세척 후에는 용해 buffer를 가능한 한 제거한다.

⓬ 직접 beads에 50 μL의 2× Laemmli 샘플 buffer를 가한다.

⓭ SDS–PAGE나 Western blotting 등으로 단백질의 결합을 분석한다(예 : 그림 2).

실험사례

그림 2에 실험 예를 나타낸다.

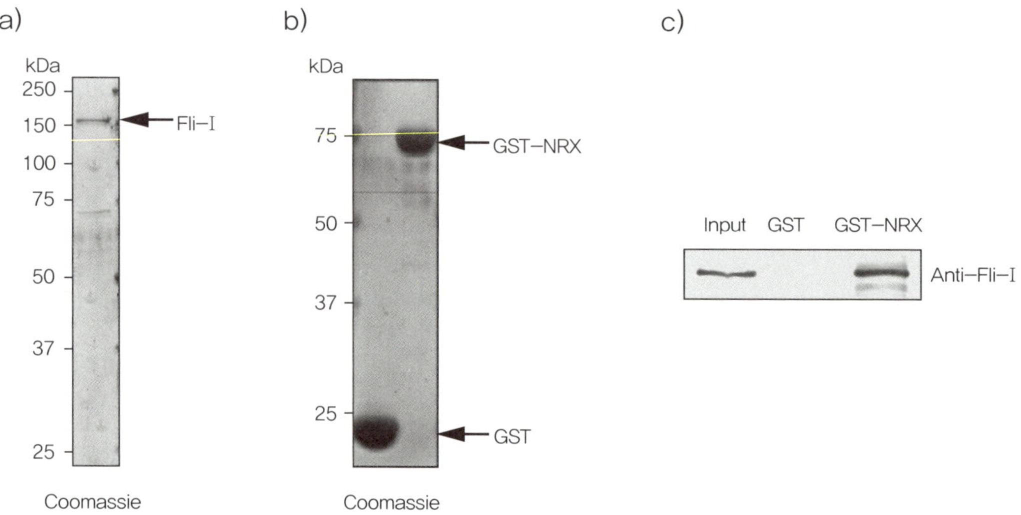

그림 2 Nucleoredoxin(NRX), flightless-I(Fli-I)의 변형단백질을 이용한 결합 확인 실험

a) 정제한 Fli-I의 변형단백질의 순도를 CBB로 확인하였다. 그 다음, GST tag 부착의 NRX의 변형단백질을 glutathione sepharose beads에 고정하고, 정제 Fli-I을 첨가하여 incubation한 후 SDS-PAGE를 실시하였다.
b) CBB 염색
c) 항 Fli-I 항체에 의한 Western blotting 결과. GST-NRX의 lane만 Fli-I의 밴드가 검출된 것으로, NRX와 Fli-I의 직접적인 결합을 확인할 수 있었다. (참고문헌 2 인용)

Beads에 결합하는 비특이적인 단백질의 결합을 줄이기 위해서도, 취급할 수 있는 범위 중 최소량의 beads(bed volume 20 μL 정도)를 이용하여 실험을 실시하는 것이 바람직하다. 한편, beads 양이 너무 적으면 샘플 사이의 변이가 커지는 경향이 있다.

SDS-PAGE 후, CBB 염색과 은염색으로 단백질간의 결합을 확인하는 경우는 pull-down에 이용한 대량의 GST/MBP 융합단백질로 인해 매우 보기 힘든 결과가 되는 경우가 많다. 세포나 조직 용해물을 가하지 않는 것을 컨트롤 실험으로 실시하여, 결과를 비교함으로써, 표적 밴드가 세포에서 유래된 것인지, 아니면 GST/MBP 융합단백질에서 유래하는 비특이적인 것인지 확인할 필요가 있다.

Troubleshooting

문제점	가능성 있는 원인	해결을 위한 조치
● SDS-PAGE의 결과, 예상되는 크기 이외의 밴드가 다수 보인다.	• 단백질의 분해가 일어나고 있을 가능성이 있다.	➲ 복수의 단백질분해효소 억제제를 쓴다. ➲ 샘플 rotating 시간을 단축한다.

참고문헌

1) 竹縄忠臣, 伊藤俊樹 編：「改訂 タンパク質実験ハンドブック」, 羊土社, 2011
2) Hayashi, T. et al.：J. Biol. Chem., 285：18586-18593, 2010

2 공면역침강

세포내 단백질간 상호작용을 검출하는 경우에 가장 자주 이용되는 방법이 면역침강법이다. 2개 단백질의 상호작용을 주제로 하는 논문에서는, 거의 모두 양자의 공면역침강(coimmunoprecipitation, 공동침전)을 나타내는 그림이 들어 있다. 달리 표현하면, 2개 단백질에서의(특히 내재성의) 복합체 형성이 면역침강법에 의해 검출될지 여부가 향후 그 복합체의 기능과 결합에 대한 연구를 수행할지를 판단하는 데 큰 분기점이 된다고 할 수 있다.

실험 기술의 원리는 이 책의 **3장 III** 「면역침강법」과 거의 동일하다. 즉, 배양세포나 조직의 추출액 중 어느 한 쪽의 단백질을 특이적으로 인식하는 항체와, 항체의 불변부인 Fc 부분에 결합하는 Protein A나 Protein G를 공유결합시킨 agarose beads를 골고루 혼합하고 incubation함으로써 표적단백질 및 그 복합체를 정제한다(그림 1). 단, 주의할 점은 단일 단백질을 면역침강하면 좋은 경우와 달리, 결합하는 상대의 단백질과 함께 공동침강을 검출해야만 한다는 것이다. 대부분의 경우 그 두 단백질 간의 결합은 항원–항체 반응보다는 약한 상호작용이며, 그 때문에 추출이나 beads의 세척에 이용하는 buffer의 조성이나 조건에 대해서는 적절한지 검토할 필요가 있다.

강제 발현한 단백질을 이용한 면역침강과, 내재성 단백질을 타킷으로 한 면역침강은 큰 차이가 있고 각각 장점 · 단점이 있다. 강제 발현계를 이용하면 다음과 같은 이점이 있다.

① Amino–말단, 또는 carboxy–말단에 tag(Myc, FLAG, HA 등)를 단 단백질을 사용하기 때문에 항체가 인식하는 부위가 복합체 형성 시에 마스킹되어 있거나, 반대로 항체가 결합함으로써 복합체 형성이 저해되거나 하는 리스크가 낮다.

② Tag를 인식하는 항체에는 면역침강에도 적용 가능한 것이 시판되고 있으므로, 표적단백질 자체를 면역침강할 수 있는 특이성과 역가가 뛰어난 항체를 준비할 필요가 없다.

③ 각종 변이체를 만듦으로써, 결합 부위와 결합 양식 등을 조사할 때 편리하다.

한편, 일시적으로 강제 발현한 단백질의 양은 내재성 단백질과 비교하면 매우 많고 그래서 생리적으로는 일어날 수 없는 결합을 검출할 수 있는 리스크를 항상 내포하고 있다. 그러므로 보다 검출하기 쉬운 강제 발현계를 이용하여 먼저 검증하여 양자의 공동침강이 명확해진 후, 내재성 단백질을 이용한 면역침강을 실시하고, 생리적 레벨에서 두 단백질의 복합체 형성을 검출하는 것이 일반적이다.

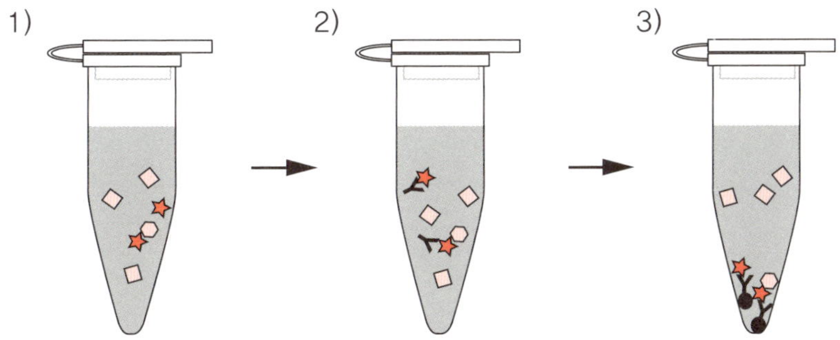

그림 1 공면역침강의 원리

1) 세포/조직 추출액에는 여러 가지 단백질 및 그 복합체가 존재한다.
2) 항체(★을 인식)를 첨가하면 항체가 특이적으로 단백질에 결합한다.
3) 또한 항체의 Fc 부위에 결합하는 Protein A/G agarose beads(●)를 가함으로써 특정 단백질 및 단백질이 형성하는 복합체를 분리할 수 있고, 결합하고 있는 단백질(⬡)을 검출할 수 있다.

준비물

1) 기구

- 미량 원심분리기
- Rotator

2) 시약 · 시료

- 조직 · 또는 배양세포
- 항체(면역침강에 사용 가능한 것)[p]
- IgG : 위의 항체와 동일한 종(쥐, 토끼 등)에 맞추는 것
- Protein A 또는 Protein G agarose beads : Pierce(현 Thermo Fisher Scientific)사 등에서 판매되고 있다.
- PBS(−)
- 용해 buffer
- SDS−PAGE 샘플 buffer

3) 시약의 조제

용해 buffer[q]		(최종 농도)
1 M Tris−HCl(pH 7.5)	12.5 mL	(25 mM)
5 M NaCl	10 mL	(100 mM)
0.5 M EDTA	2 mL	(2 mM)
Triton X−100	2.5 mL	(0.5%)
total	500 mL	

사용 전에 이용할 양만큼 나눠서 차갑게 해둔다.

- PMSF(최종 농도 1 mM, 100 mM EtOH 용액을 stock 용액으로 만들어 두면 좋다 : −20°C 보관)
- Leupeptin(최종 농도 10 μg/mL, 1,000배 수용액을 stock 용액으로 만들어 −20°C 보관)
- Aprotinin(Leupeptin과 같음)

등의 protease 억제제를 가한다(약간 고가이지만, 태블릿 형태로 된 all in one도 판매되고 있다).

ⓟ 면역침강에 이용하는 항체와, Western blotting으로 검출에 이용하는 항체의 숙주는 가능한 한 다른 편이 좋다. 만약 숙주가 같은 항체를 Western blotting에 사용하면 면역침강에 이용한 항체를 2차항체가 인식하여, 상당히 강한 IgG 백그라운드가 검출되기 때문이다. IgG 백그라운드가 문제가 되고 있고, 숙주가 다른 항체의 구입이 곤란한 경우에는 미리 beads에 항체를 공유결합시키는 방법이 유용하다(**3장 II** 참고). 또 입체구조를 유지한 항체 Fc 부위만을 인식하는 2차항체(Clean−Blot™ IP Detection Reagent, Thermo Fisher Scientific사) 등 몇 가지 상기의 문제를 해결할 수 있는 제품도 개발되어 있다.

ⓠ 이용해야 하는 buffer의 조성은 검출하고 싶은 복합체의 특성에 따라 크게 다르다. 일반적으로 계면활성제 농도를 높이거나, 또는 보다 강한 종류(예를 들어 SDS)를 사용하거나, 염농도를 높이면 가용화력은 세지고, 비특이적인 결합도 줄일 수 있는 한편, 약한 상호작용의 경우는 검출이 곤란하게 된다. 어디까지나 여기서 설명하고 있는 것은 한 예로 취급해야 한다.

Protocol

1) 세포/조직 추출액의 준비 30~60분

a) 배양세포의 경우 약 30분

❶ 세포를 준비한다(내재성 단백질끼리의 경우, ϕ 150 mm dish 1장 정도).

↓

❷ 배지를 aspirator로 흡입하고 10 mL의 차가운 PBS(−)로 린스한다.

↓

❸ 1 mL의 용해 buffer를 가하고, scraper로 긁어내어 Eppendorf tube에 옮긴다.

↓

❹ 원심분리(15,000 rpm, 4°C, 10분)하여 상층액을 새로운 Eppendorf tube에 옮긴다.

b) 조직의 경우 60분

❶ 마우스 등의 조직을 꺼내서 PBS(−)로 잘 씻는다.

↓

❷ 액체 질소를 이용하여 순간 동결시킨다[r].

↓

❸ 필요한 만큼 냉동고에서 꺼내서 homogenizer 내에 조직과 용해 buffer를 넣고 조직을 파쇄한다.

↓

❹ 적절한 튜브에 옮기고 초원심분리[s][t]한 후에 상층액을 회수한다.

2) 면역침강 2시간 정도

❶ 샘플을 3개로 나눈다. 1번째는 컨트롤로 normal IgG를, 2번째는 면역침강하고 싶은 단백질에 대한 항체(각각 5 μg)[u]를 가하고, 4°C에서 1시간 rotate한다. 3번째는 면역침강에 사용된 샘플 내에 포함된 단백질의 총량을 파악하기 위해, 그대로 샘플 buffer와 현탁한다[v].

↓

❷ IgG, 항체를 가한 샘플에 대해 Protein G agarose 또는 Protein A agarose를 가하고, 이어 4°C에서 1시간 rotate한다.

↓

❸ 원심분리(10,000 rpm, 4°C, 10초)하고, 상층액을 제거한다.

↓

❹ 새로운 용해 buffer를 가하고, 뚜껑을 닫아 2~3회 뒤집어 혼합하여 세척 후, 원심분리(10,000 rpm, 4°C, 10초)하고, 상층액을 제거한다. 이 과정을 4회 반복한다.

↓

❺ 상층액을 흡입 제거한 후, 침전물을 샘플 buffer와 현탁한다. ❶의 면역침강 전의 샘플과 더불어 SDS-PAGE로 전개하고 Western blotting법 등에 따라 표적단백질을 검출한다(예 : 그림 2).

ⓡ 이 상태에서 보관할 수 있다는 점과, 이후 조직을 파쇄할 때, 조직이 딱딱한 편이 파쇄하기 쉽다는 2가지 장점이 있다.

ⓢ 조직 추출물 쪽이 배양세포와 비교하면 불순물이 많아 초원심분리하는 것이 좋다.

ⓣ 배양세포나 조직에서 추출한 경우에도, 반드시 잘 원심분리하는 것이 중요하다. 불용물의 혼입은 실험 결과에 심각한 악영향을 미친다. 추출액의 동결, 융해는 최소한으로 하고 다시 융해 후에는 반드시 다시 원심분리해야 한다.

ⓤ 이용하는 항체의 양은 항체의 종류에 따라 달라진다. 또 FLAG 등의 tag를 인식하는 항체는 이미 beads에 공유 결합된 것이 시판되고 있으며, 이들을 사용하면 Western blotting할 때 IgG 백그라운드가 줄어드는 이점도 있다. 조금 비싸지만 적절히 사용하기를 추천할 수 있다.

ⓥ 더 엄밀하게는 항체+용해 buffer(세포를 용해시키지 않은 것)를 사용하는 것이 더 좋다(그림 2 레인 4).

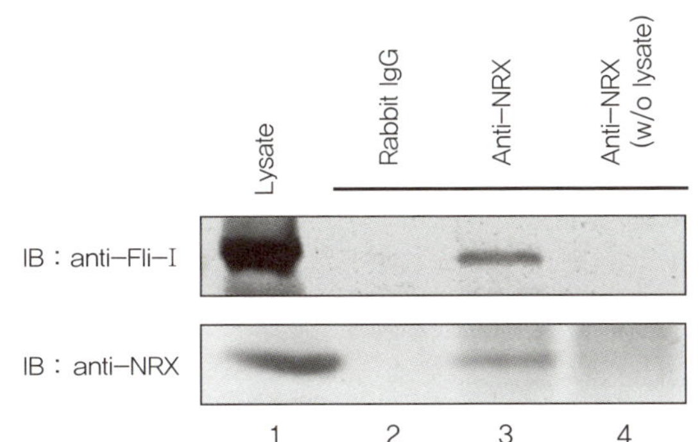

그림 2 NRX와 Fli-I의 공동침강
Mouse 섬유아세포(fibroblast)의 세포 추출액에 항 NRX 항체를 넣어 면역침강시키고, 침전물을 항 Fli-I 항체(anti-Fli-I) 및 항 NRX 항체(anti-NRX)에 의한 Western blotting법으로 분석하였다. 내재성의 NRX와 Fli-I의 공동침강을 관찰할 수 있다(lane 3). (참고문헌 1 인용)

Troubleshooting

문제점	가능성 있는 원인	해결을 위한 조치
● 가용화되지 않는다.	• 용해 buffer 가용화력이 약하다.	➲ 보다 강한 계면활성제와 높은 염농도의 buffer를 사용한다.
● 면역침강 효율이 나쁘다 (= 사용한 항체가 인식하는 단백질이 그다지 면역침강이 잘 되지 않는다).	• 항체가 면역침강에 부적절하다.	➲ 다른 항체를 구입한다.
	• 항체역가가 약하다.	➲ 항체 사용량을 늘린다. ➲ 인큐베이션 시간을 길게 한다. ➲ 용해 buffer 조건을 고안한다(보다 약한 계면활성제와 낮은 염농도로 한다).
	• 샘플 중의 단백질 함유량이 적다.	➲ 가용화 조건을 고안한다. ➲ 발현량이 많은 세포종, 조직으로 변경한다.
● 공동침강이 관찰되지 않는다 (또는 약하다).	• 용해 buffer의 세척력(= 가용화력과 거의 동일)이 너무 강하다.	➲ 보다 약한 계면활성제와 낮은 염농도 buffer를 이용한다. (가용화 때에는 강한 것을 이용하고 인큐베이션이나 세척할 때에는 약한 것으로 희석시킨다/교체하는 것도 대안이 된다.)
	• 상호작용이 약하다.	➲ 상동 ➲ 인큐베이션 시간을 길게 한다.
	• 항체가 양쪽의 결합부분을 인식하고 있다.	➲ 다른 항체를 사용한다. (강제 발현으로 tag 부착 단백질을 면역침강하는 경우에는 tag 위치를 바꾼다.)
● IgG에 의해서도 표적단백질이 비특이적으로 침강하게 된다.	• 항체농도가 너무 높다.	➲ 적절히 항체 사용량을 줄인다.
	• 단백질 샘플이 너무 진하다.	➲ 적절한 용해 buffer로 희석하고 사용한다.
	• 원심분리가 불충분하다.	➲ 특히 조직유래 샘플 등에 대해서는 주의 깊게 재차 원심분리한다.
	• 비특이적으로 IgG와 protein A/agarose에 결합하기 쉬운 성질의 단백질이다.	➲ 미리 IgG + protein A/G agarose와 단백질 샘플을 섞어 incubation하고 원심분리한 후 상층액을 이용하여 면역침강한다.
● Western blot 중에 IgG 백그라운드에 가려진다.	• 상호작용이 약하거나 경쇄/중쇄 면역글로블린과 유사한 분자량의 단백질이다.	➲ 미리 항체와 protein A/G agarose를 공유 결합시킨다. ➲ 특수한 2차항체(Ⓟ 참고)를 사용한다.

강제 발현한 단백질로 하는 경우와 내재성 단백질끼리 하는 경우는 난이도가 상당히 다르지만, 처음에 언급한 대로 특히 내재성 단백질의 공동침강을 확인할 수 있다는 것은 연구의 진전상 큰 의미를 가지므로, 첫 번째 조건에서 잘 검출이 되지 않더라도, 꼭 여러 가지 조건으로 검토하고 도전하길 바란다.

참고문헌

1) Hayashi, T. et al. : J. Biol. Chem., 285 : 18586-18593, 2010

3 Far Western

Far Western법은 Western blotting(2장 II 참고)의 응용이고, West Western blotting이라고도 불린다. Western blotting은, SDS-PAGE나 2차원전기영동으로 전개한 단백질을 membrane 위로 transfer한 후, 항원 특이적 항체를 이용해서 검출하는 반면, Far Western은 membrane상의 단백질과 상호작용하는 단백질을 이용해서 검출한다. 단백질간의 상호작용을 분석하는 방법 중 하나이지만, Far Western에서는 단백질들이 membrane상에서 직접 결합하고 있는 것을 검출하는 것이 특징이며, 면역침강법 등이, 단백질들이 세포용해액 중에서 복합체 형성에 의해 간접적으로 상호작용하는 경우도 검출하는 점이 Far Western과는 다르다. 수용체와 리간드의 상호작용 분석이나, 새로운 결합단백질을 탐색하는 screening 등에서 이용되는 경우가 많다[1].

Far Western에서는, membrane상의 단백질을 「prey」, prey와 상호작용하는 단백질을 「bait」라고 부른다(그림 1). Bait의 검출에 표지 단백질을 이용하는 경우, 다양한 표지법이 있다. 정제한 bait 단백질을 *in vitro* labeling으로 ATP를 이용하여 인산화함으로써 ^{32}P 표지하거나 단백질 전체를 ^{125}I에서 표지하거나, biotin화하고 avidin에서 검출하기도 한다. Bait가 G 단백질의 경우에는 ^{32}P 표지 GTP를 이용하는 것도 많다. 또 bait을 직접 표지하지 않고 bait의 GST 융합단백질을 이용하여, 항GST 항체에서 검출하는 방법도 잘 쓰이므로 각각의 목적에 맞추어 이용하면 좋다. 본 항에서는 ^{32}P 표지한 bait 단백질을 이용한 Far Western법에 대해서 설명한다.

준비물

1) 기구 · 기계

- SDS-PAGE용 장치 세트
- Blotting 장치 세트
- RI 이미지 analyzer
- Membrane(PVDF, nitrocellulose)

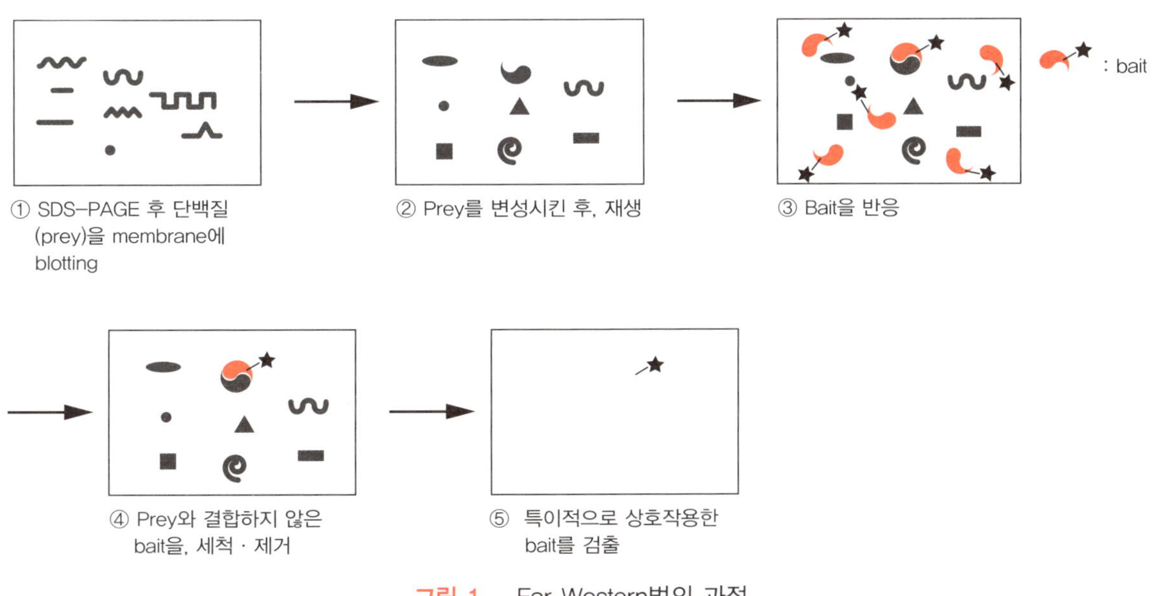

그림 1 Far Western법의 과정

4장 단백질 상호작용의 분석

2) 시약

- SDS-PAGE용 시약 세트
- Blotting 시약 세트
- [^{32}P] 표지 단백질

3) 시약의 조제

변성 buffer		(최종 농도)
8 M guanidine-HCl	18.75 mL	(6 M)
1 M Tris-HCl(pH 7.5)	0.5 mL	(20 mM)
10% Tween-20	0.125 mL	(0.05%)
1 M DTT	25μL	(1 mM)

DW를 첨가하여 25 mL가 되게 한다(사용 시 조제).

재생 buffer		
1 M Tris-HCl(pH 7.5)	2 mL	(20 mM)
10% Tween-20	0.5 mL	(0.05%)
1 M DTT	100 μL	(1 mM)

DW를 첨가하여 100 mL로 되게 한다(사용 시 조제).

블로킹 buffer		
BSA	1 g	(1%)
1 M Tris-HCl(pH 7.5)	2 mL	(20 mM)
10% Tween-20	0.5 mL	(0.05%)
1 M DTT	100 μL	(1 mM)

DW를 첨가하여 100 mL가 되게 한다.

Tween-TBS		
1 M Tris-HCl(pH 7.5)	10 mL	(10 mM)
NaCl	8.77 g	(150 mM)
10% Tween-20	0.5 mL	(0.05%)

DW를 첨가하여 100 mL가 되게 한다(실온 보관).
일반적으로 10× Tween-TBS를 희석해서 이용한다.

Protocol

transfer 후부터 검출 전까지 : 3시간 정도

❶ Prey 단백질을 일반적인 SDS-PAGE 후, PVDF membrane 또는 nitrocellulose membrane에 단백질을 transfer한다ⓦ.

⬇

❷ Membrane에 흡착된 단백질을 4°C에서 변성 buffer에 5분간 담그고, 단백질을 변성시킨다.

⬇

❸ 재생 buffer를 동량 첨가하고 5분간 진탕한다.

⬇

❹ Guanidine-HCl의 농도를 6 M, 3 M, 1.5 M, 0.75 M, 0.375 M으로, 단계적으로 낮추면서 ❷~❸을 4회 반복하여 단백질을 재생시킨다.

⬇

❺ 재생 buffer에 membrane을 담그고 10분간 진탕한다ⓧ.

⬇

ⓦ 정제 단백질은 1 μg 정도, 세포용해물은 10~100 μg 정도에서 검토하면 좋다[2].

ⓧ 4°C에서 overnight도 좋다.

❻ Membrane을 실온에서 1시간 블로킹한다.

⬇

❼ 제작한 [^{32}P] 표지 단백질ⓨ을 블로킹 buffer로 희석하고, 실온에서 1시간 반응시킨다[1)]ⓩⓐ.

⬇

❽ Membrane을 Tween-TBS에서 10분간(3회) 세척하고, 결합되지 않은 단백질을 제거한다.

⬇

❾ Membrane을 건조시킨다.

⬇

❿ RI 이미지 분석기로 결합한 단백질을 검출한다ⓑ.

ⓨ Prey 단백질은 1 μg부터 5 μg 정도(농도 1 μg/mL 정도)에서 검토하면 좋다.

ⓩ 4°C에서 overnight도 좋다.

ⓐ RI 실험이 된다는 것에 주의한다.

ⓑ Bait 단백질에 RI 표지 단백질을 이용하지 않는 경우에는 bait 단백질에 대한 항체에서 검출한다. 또한 bait 단백질에 tag를 부착한 것을 이용하고 tag에 대한 항체에서 검출하는 방법도 있다.

실험의 성공 포인트는 prey 단백질과 bait 단백질과의 결합 부위가 계속 유지되고 있는 것이다. Guanidine으로 변성된 뒤 재생은 잘 안 되는 경우도 있기 때문에, 단백질간의 상호작용에 prey의 삼차원 구조가 필요한 경우에는 상호작용을 검출하는 것은 어려워진다. 그러므로 실패의 원인으로 prey 단백질의 변성이 의심되는 경우에는 native-PAGE(**2장 I-3** 참고)를 실시하는 경우가 있다. 또한 membrane으로의 transfer 과정에 문제가 있다고 생각되는 경우에는, membrane으로 transfer 대신에 In-Gel Far Western을 실시하면 효과적인 경우도 있다.

또 단백질의 상호작용에는 prey 단백질 농도도 중요한 요소가 된다. 결합의 성질에 따라 최적의 조건은 다르므로, 항원-항체 반응과 달리, prey 단백질 농도에도 주의해서 조건을 검토할 필요가 있다. 또 pH와 염농도 등에도 의존하기 때문에, buffer의 조건 검토를 충분히 실시할 필요가 있다.

비특이적인 단백질간 상호작용과 명확하게 구별하기 위해, 적절한 컨트롤 실험을 포함하는 것은 중요한 포인트이다. 예를 들어 GST 융합단백질을 bait에 이용하는 경우에는 GST tag만 발현시킨 단백질을 컨트롤로 하면 좋다.

Troubleshooting

문제점	가능성 있는 원인	해결을 위한 조치
● 검출되지 않는다.	• Prey 단백질이 변성되어 있다.	➡ Guanidine 염산이 잔존하지 않도록 한다. ➡ 재생시간을 길게 한다.
	• 단백질 양이 충분하지 않다.	➡ Prey와 bait 단백질의 양, 농도를 검토한다.
	• 결합조건, 세척조건이 부적절하다.	➡ Buffer의 pH 등을 재검토한다.
● 비특이적 시그널이 검출된다	• Prey 단백질이 변성되어 있다.	➡ Guanidine 염산이 잔존하지 않도록 한다. ➡ 재생 시간을 길게 한다.
	• 단백질이 너무 많다.	➡ Prey와 bait 단백질의 양, 농도를 검토한다.
	• 블로킹이 약하다.	➡ 블로킹을 길게 한다. Buffer를 검토한다.

참고문헌

1) Blackwood, E. M. & Eisenman, R. N. : Science, 251 : 1211 -1217, 1991
2) Wu, Y. et al. : Nat. Protoc., 2 : 3278-3284, 2007
3) Kaelin, W. G. Jr. et al. : Cell, 70 : 351-364, 1992

4장 단백질 상호작용의 분석

4 Blue Native-PAGE

Blue Native-PAGE(BN-PAGE)는 일반적인 SDS-PAGE(**2장** **1** 참고)와는 달리 비변성 상태에서 전기영동을 하는 방법이고, 단백질의 고차구조와 복합체의 상태를 유지한 채 분자의 크기에 따라서 분리할 수 있다. 일반적인 SDS-PAGE에서는, SDS가 단백질을 변성시켜 복합체를 해리시키고, 고차구조가 풀어진 polypeptide의 상태가 되어 거기에 결합한 SDS의 음전하에 의해 전기영동된다. 한편, BN-PAGE에서는 Coomassie Brilliant Blue G-250(CBBG-250)을 단백질 분자 표면에 결합시키고 음전하를 주어 전기영동한다. 그래서 단백질 분자 또는 그 복합체 자신의 구조는 유지되고 자연스러운 상태에 가까운 형태로 분자의 크기에 따른 단백질의 분리를 실시할 수 있다. Sucrose 밀도기울기 원심분리와 gel 여과(다음 단락 **5** 참고)을 이용하여도 분자의 크기에 따라 단백질을 분리할 수 있지만, BN-PAGE가 보다 간편하고, 분해 기능도 뛰어나다. 또한 복수의 시료를 동시에 비교 분석할 수 있다는 점이 큰 특징이다.

준비물

1) 기구 · 기계

- Power supply
- 전기영동장치
- Gel판
- Gradient maker

2) 시약 · 시료

- 전기영동 buffer(음극 buffer, 양극 buffer)
- Gel 제작용 buffer
- Acrylamide 용액
- 용해 buffer
- CBB G-250

3) 시약의 조제[3]

음극 buffer(CBB G-250을 포함하는 것, 포함하지 않은 것을 각각 준비한다)

		(최종 농도)
1 M Tricine	25 mL	(50 mM)
3 M Imidazole[ⓒ] (pH 7.0)	1.25 mL	(7.5 mM)
Coomassie G-250[ⓓ]	0.1 g	(0.02%)

DW를 첨가하여 500 mL가 되게 한다.

양극(+) buffer

3 M Imidazole[ⓒ](pH 7.0)	4.2 mL	(25 mM)

DW를 넣어 500 mL가 되게 한다.

3× gel 제작용 buffer

3 M Imidazole[ⓒ](pH 7.0)	12.5 mL	(75 mM)
6-aminocaproic acid	98.3 g	(1.5 M)

DW를 넣어 500 mL가 되게 한다.

ⓒ Imidazole대신 Bis-Tris buffer를 사용하는 protocol도 있다[1].

ⓓ CBB G-250과 CBB R-250을 혼동하지 않도록 할 것. CBB R-250은 buffer에 용해시키기 위해서 계면활성제 등이 요구되므로 사용하지 않는다[2].

Acrylamide 용액

49.5% T, 3% C [48%(w/v) acrylamide, 1.5%(w/v) methylene bis–acrylamide]
T : total concentration of acrylamide and bis–acrylamide monomers
C : percentage of cross–linker(bis–acrylamide)

acrylamide	48 g	[48%(w/v)]
methylene bis–acrylamide	1.5 g	[1.5%(w/v)]

DW를 넣어 100 mL이 되게 한다.

용해 buffer

5 M NaCl	40 μL	(20 mM)
3 M Imidazole(pH 7.0)	167 μL	(50 mM)
0.5 M EDTA	20 μL	(1 mM)
Glycerol	1 mL	(10%)
6–aminocaproic acid	0.65 g	(500 mM)
10% Triton X–100	100 μL	(0.1%)
(10% Digitonin	500 μL	(0.5%)
또는		
10% Dodecyl–β–D–Maltoside)	100 μL	(0.1%)

DW을 첨가하여 total 10 mL이 되게 한다.

Protocol

 약 6시간

❶ Acrylamide gradient gel[e]을 준비한다(아래 표).

	Gradient 분리 gel		스태킹 gel
	4% T	13% T	3.5% T
Acrylamide	0.32 mL	1.04 mL	0.14 mL
3x gel 제작용 buffer	1.3 mL	1.3 mL	0.66 mL
80% glycerol	–	0.5 mL	–
D_2W	2.38 mL	1.16 mL	1.2 mL
Total volume	4 mL	4 mL	2 mL
10% APS	20 μL	20 μL	15 μL
TEMED	2 μL	2 μL	1.5 μL

ⓔ 각종 업체들에서 BN–PAGE용 gel과 buffer 세트가 판매되고 있으므로, 그것을 이용하면 편리하다. 또 gradient gel을 제작하는 경우는 Schägger[2]에 의한 protocol에 단백질 복합체에 따른 acrylamide의 농도 구배 사례가 기재되어 있으므로 참고하여 acrylamide의 농도 구배를 결정하면 좋다. Gradient gel을 이용하지 않아도 전기영동은 가능하지만 밴드가 약간 broad하게 되는 경향이 있다.

❷ Gel을 전기영동 탱크에 세팅하고, 양극(+) 측에 양극(+) buffer를 넣고 gel의 well에 음극(–) buffer(CBB G–250 불포함)를 넣는다[f].

ⓕ 이 시점에서 음극 탱크에 음극(–) buffer(CBB G–250을 포함)를 넣어버리면 샘플이 well에 들어 있는지 확인하기 어렵게 되므로, well에 음극(–) buffer(CBB G–250 불포함)를 넣은 후, 샘플 apply 과정을 진행한다.

❸ 용해 buffer를 사용하여 준비한 단백질 시료에, CBB G–250를 최종 농도 0.2%가 되도록 첨가하여 얼음 위에 5분 정도 둔다.

❹ 샘플을 well에 apply한다.

❺ 음극 측에 음극 buffer(CBB G–250을 포함)를 추가한다.

❻ Power supply를 100 V의 정전압에 세팅하고 전기영동을 개시한다[g].

ⓖ 이동할 때 발생하는 열은 단백질의 변성과 굽은 밴드의 원인이 되므로 가능한 한 저온실(4°C) 등에서 실시하는 것이 바람직하다.

❼ 스태킹 gel을 지나면 전압을 150 V로 올린다.

⑧ 전기영동의 끝이 분리 gel의 위에서 1/3 정도까지 전개되면, 일단 전기영동을 멈추고 음극 측의 전극액을 CBB-G250를 포함하지 않는 음극 buffer로 교환한다[ⓗ].

ⓗ Gel 내에서 과잉의 CBB G-250을 배출시키기 위함이다.

⑨ 전기영동 종료 후, gel을 꺼내서 일반적인 고정과 CBB 염색 또는 은염색에서 확인한다. Western blotting에서 검출하는 경우는 전기영동 후의 gel을 20 mM Tris-HCl, 150 mM glycine, 0.1% SDS buffer에 10분간 담그고 단백질을 변성시킨 뒤 PVDF membrane에 blotting한다. Blotting 후, 메탄올에 담그고 PVDF membrane으로부터 CBB G-250을 제거하고, 블로킹, 1차항체 등의 스텝으로 진행한다.

- BN-PAGE와 Native-PAGE는 전기영동 자체보다도, 샘플 준비에 다양한 고려와 노력이 필요한 경우가 많기 때문에 선행 연구논문 등이 있는 경우는 그것을 참고하면 좋은 결과를 얻는 경우가 많다.
- 전기영동 시의 샘플 apply 양을 평소의 SDS-PAGE에 비해서 적게 하면 선명한 밴드를 볼 수 있는 경우가 많다.

Troubleshooting

문제점	가능성 있는 원인	해결을 위한 조치
● 밴드를 확인할 수 없다.	• 단백질이 스태킹 gel에 걸려 있을 가능성이 있다.	➲ Gel의 아크릴아미드 농도를 3.5%T에서 2.5%T까지 내린다.
	• 단백질이 가용화되어 있지 않을 가능성이 있다.	➲ 용해 buffer의 조건 검토를 한다. 막단백질이라면 10% 정도의 글리세롤을 첨가하거나, NaCl 농도를 0~50 mM 정도로 하면 좋은 결과를 얻을 수 있다.
● 밴드가 선명하지 않다.	• 전기영동 속도가 빠르다.	➲ 전압을 40 V로 설정하고 overnight 영동을 한다.
	• 샘플 양이 많다.	➲ 샘플 사용량을 줄인다.

참고문헌

1) Swamy, M. et al. : Sci. STKE, 345 : l4-31, 2006
2) Schägger, H. et al. : Anal. Biochem., 100 : 223-231, 1991
3) Wittig, I. et al. : Nat. protoc., 1 : 418-428, 2006

5 Gel 여과에 의한 단백질 복합체의 검출

A) 원리와 기초지식

Gel 여과법은 문자 그대로 gel 안에 용액을 통과시켜 그때의 용출 속도에 따라 분자를 분리하는 방법이다. Gel 여과법에 이용하는 gel 담체에는 작은 구멍이 뚫려 있고, 이 구멍에 맞는 크기(즉, 어느 정도 이하의 분자량인 것)일수록 gel의 통과에 오랜 시간을 필요로 한다. 즉, 분자량이 큰 복합체일수록 더 빨리 용출되는 특징을 가지고 있다. 이때, 같은 fraction에 2개의 단백질이 동시에 검출된 경우, 그 2개가 동일한 복합체에 포함되고 있음을 시사한다.

일반적인 SDS-PAGE를 수행할 때는 SDS와 2-mercaptoethanol을 이용하여 단백질을 각각으로 분리하므로 복합체의 형태로는 검출되지 않는다. 복합체 형태로 전기영동을 하는 Blue Native-PAGE도 알려져 있지만(**4장 I-1-4** 참고), 단백질에 전하를 가지게 CBB를 첨가하고 있고, 완전히 생체 내의 복합체 상태와 동일하다고 말하기 어렵다. 또 전혀 전하를 가하지 않는 Native PAGE의 경우는 분자 크기보다, 오히려 단백질 복합체가 가진 전하에 그 전기영동도가 강하게 의존하고 있다. 반면, gel 여과법은 비교적 생체내 상황에 가까운 단백질 복합체를, 그 분자의 크기에 의존하여(전하에는 의존하지 않고) 분리할 수 있는 특징을 가지고 있다. 특히, 단백질의 중합체 형성이나, 비교적 약한 상호작용의 검출에는 효과적이다.

한편으로 주의해야 할 점으로는, 분리 능력이 전기영동 등과 비교하면 크게 떨어지며, 일반적으로는 2개의 복합체를 정확히 분리하려면 2배 정도의 분자량의 차이가 필요하다는 것이다. 또 gel 여과법은 어디까지나 크기(보다 정확히는 형태)로 분리하는 방법이고 엄밀히는 분자량과 상관관계에 있지 않은 점도 들 수 있다. Gel 여과법으로 추산되는 분자량은 어디까지나 그 분자가 완전한 구형임을 가정한 경우이고, 복합체에 따라서는 실제의 분자량과 크게 다르다.

더불어, gel 여과법의 경우에는 직접 2개의 단백질의 결합을 검출하는 것은 아니고, 어디까지나 같은 fraction에 용출되고 있음을 나타내고 있을 뿐, 전혀 별개의 복합체에 포함된 단백질인 위험성을 배제하기 어렵다.

이러한 장점 · 단점을 잘 이해한 상태에서, 다른 복합체 분석법과 함께 실시하고, 종합적으로 이해하는 것이 중요하다.

B) Gel 여과법의 실제

상권 4장 VI에 실제 실험 방법이 설명되어 있으므로 참고하기 바람.

I-2 표면 plasmon 공명법

표면 plasmon 공명법(Surface Plasmon Resonance, SPR법)은 생체 분자간 상호작용을 실시간으로 측정할 수 있고 단백질을 표지할 필요가 없다는 점에서 뛰어난 방법이다. ELISA(3장 **V** 참고)와 같은 평형계와는 달리, 평형상수 K_A, K_D뿐 아니라 속도상수 k_a, k_d를 얻을 수 있다. SPR장치(본 항목에서는 GE Healthcare사의 Biacore를 예로 한다)의 원리는 상호작용을 조사하고 싶은 단백질의 일부(리간드)를 센서칩 위에 고정화시키고 또 한편의 단백질(피분석물)을 액체상에 흘려, 그 결합과 해리를 센서칩 표면의 질량 변화로서 검출하는 것이다(**그림 1a**)[1),2)]. 액상이 흐르는 부분을 flow cell이라 부르며, 하나의 센서칩 위에 복수의 flow cell(대개 2~4개)을 만듦으로써 다른 리간드에 피분석물의 결합을 동시에 측정할 수 있다.

A) 데이터는 어떤 형태로 얻을 수 있을까

데이터는 **그림 1b**와 같은 「sensorgram」으로 나타난다. 가로축은 시간, 세로축은 질량 변화(결합량)를 나타내는 양이다. Analyte를 주입하는 동안(**그림 1b** 중 적색 화살표)에는 결합과 해리가 동시에 일어나고 있지만, 계속 buffer만 흘림으로써 결합한 analyte가 해리하는 모습을 볼 수 있다.

B) 실험의 개요

SPR 실험의 순서는, ① 센서칩에 리간드를 고정화, ② 재생 조건의 검토, ③ analyte를 흘리고 측정, ④ 얻어진 데이터의 처리 · 분석으로 나눌 수 있다.

1 리간드의 고정화

상호작용 파트너의 한쪽을 센서칩에 고정화하는 방법으로 몇 가지 있지만, 이번에는 가장 보편화된 amine coupling법을 예로 든다ⓘ.

ⓘ Amine coupling법에서는 단백질의 amino기에 반응시키기 때문에, tris buffer 등 amino기를 포함하는 buffer는 사용하지 못한다. 샘플은 사전에 투석이나 탈염 column에서 phosphate buffer나 HEPES buffer 등으로 buffer를 교환해 둔다.

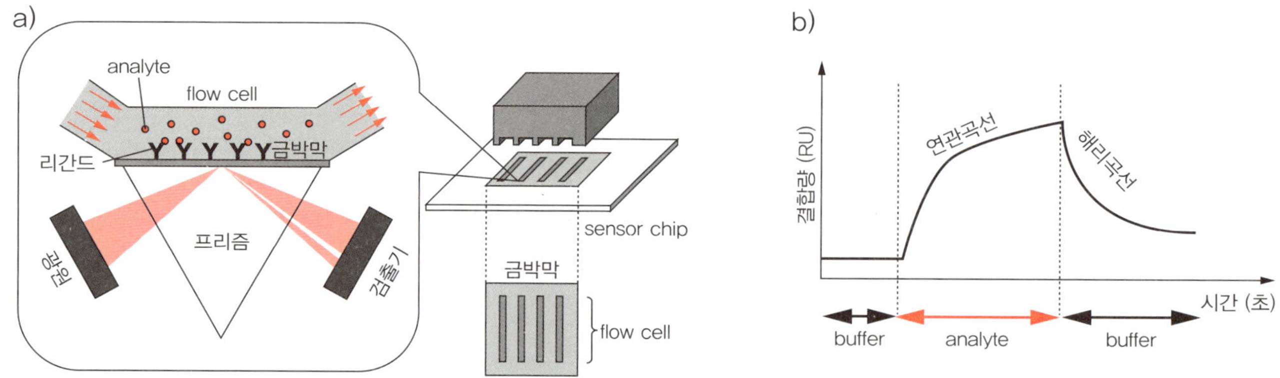

그림 1 표면 plasmon 공명장치의 구조(a)와 전형적인 sensorgram(b)

a) 센서칩은, 금박막에 리간드를 고정화하기 위한 층(carboxy methyl dextran 등)을 코팅한 것이다. 여기에 장치 쪽에 홈이 있는 뚜껑을 덮어서 몇 개의 flow cell(흐르는 통로)이 생긴다. SPR 장치에서는, 이 금박막 뒤쪽에서 레이저를 쏘아 금속표면 부근의 질량(엄밀히는 밀도)에 따라 반사 빛이 약화되는 것을 이용하여 질량 변화를 검출한다.

준비물

1) 사용 기기 · 기구

- Biacore2000(GE Healthcare사)
- 센서칩 CM5(GE Healthcare사)

2) 시료 · 시약

- 고정화하는 단백질의 용액(리간드 용액이라고 부른다)
- 리간드 용액 희석 buffer(10 mM sodium acetate, pH 4.5)
- NHS(*N*−hydroxysuccinimide)
- EDC[ethyl(dimethylaminopropyl) carbodiimide]
- 블로킹 용액(1 M ethanolamine−HCl pH 8.5)
- Running buffer(20 mM HEPES, 150 mM NaCl, 0.01% Tween−20, pH 7.2)

Protocol

❶ 리간드 용액을 희석 buffer로 10~30 μg/mL 농도로 준비한다[j].

↓

❷ Running buffer를 사용하여 10 μL/분의 유속으로 흘린다. 특정한 시약을 주입하지 않을 때에는 항상 running buffer가 흐르게 한다.

↓

❸ NHS 용액, EDC 용액을 동량 혼합하고, 이 혼합용액 70 μL 주입한다. 이 조작으로 칩 상의 carboxyl기가 활성화되며, amino기와의 반응성을 가지게 된다. 직사각형의 sensorgram을 얻을 수 있다(그림 2).

↓

❹ 이어 ❶에서 희석한 리간드 용액을 주입한다[k][l].

↓

❺ 목적한 고정화 양을 얻게 되면, 다음으로 ethanolamine을 70 μL 주입하여 미반응의 작용기를 블로킹한다.

ⓙ 산성의 buffer로 희석하는 것은 고정화 효율을 높이기 위해서 단백질을 양전하로 하전시키서 센서칩 표면의 carboxymethyl dextran에 정전기적으로 집중시키는 것이다. 이를 preconcentration 효과라고 한다.

ⓚ 어느 정도의 농도와 volume으로 리간드 용액을 주입하면 목적하는 고정화 양을 얻을 수 있을지는 단백질마다 다르므로, 시행 착오가 필요하다. 고정화 양이 적으면 리간드 용액을 추가로 주입한다.

ⓛ 분석에 적합한 리간드 고정화 양은, 주로 리간드와 analyte의 분자량 비율로 정해진다. 일반적으로는, [200×1/n×(리간드의 분자량/analyte의 분자량)]에서 그 5배까지가 최적으로 알려져 있다(n : 리간드 1분자에 결합하는 analyte의 분자 수). 예를 들면 리간드가 항체(IgG)인 경우, n = 2이고, 리간드 분자량이 150 kDa, analyte가 20 kDa이라면, 이상적인 고정화 양은 750 RU~3,750 RU가 된다.

원포인트 어드바이스

Blank cell이라는 것은?

측정 시, analyte를 주입하면 buffer 조성도 약간 변화하기 때문에 그 영향이 센서그램에 나타난다. 이를 bulk 효과라고 하고, 분석 전에 sensorgram에서 제하여야 한다. 그래서 리간드를 고정화하지 않은 cell(blank cell)의 측정을 같이 실시하고, 이 데이터를 베이스라인으로서 사용한다. 이상적인 blank cell에는 리간드와 비슷한 단백질로서 analyte와 상호작용하지 않는 것(불활성 변이체 등)을 고정화하는 것이 최선이지만, amine coupling의 경우에는, 아무것도 고정화하지 않고 ethanolamine에 의한 블로킹만 하는 쉬운 blank로 하는 것이 일반적이다. 이 경우, blank로 하고 싶은 flow cell을 고르고, 고정화 protocol을 ❹만 제외하고 하면 좋다.

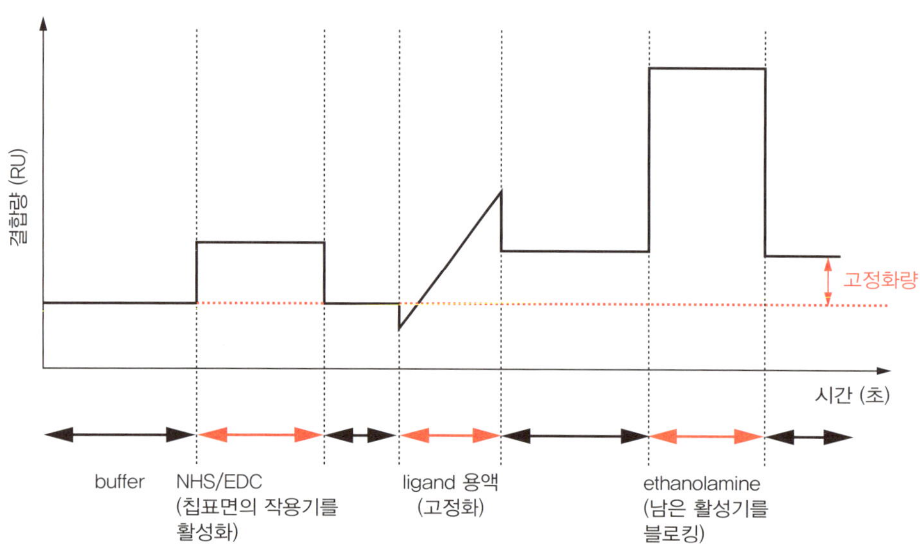

그림 2 Aamine coupling법의 sensorgram

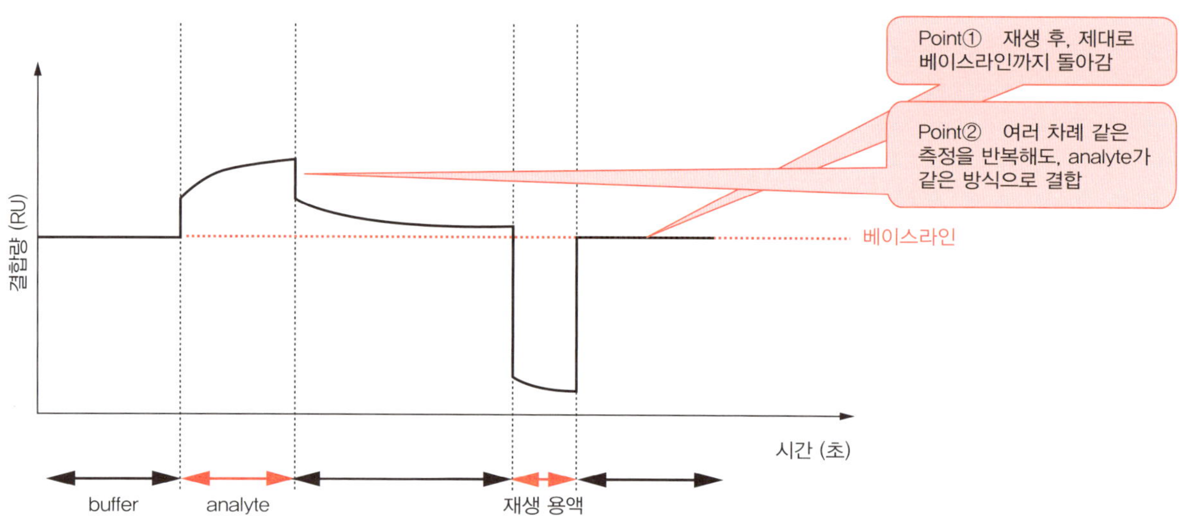

그림 3 Sensorgram으로 판단하는 재생조건의 좋고 나쁨

2 재생 조건의 검토

한 번 리간드를 고정화한 flow cell은, 반복하여 측정에 사용하는 것이 바람직하다. 다만 그러기 위해서는, 실행 때마다 센서 표면을 재생(regeneration)할 필요가 있다. 재생은 다음의 2가지 조건을 충족해야 한다. 우선, analyte를 완전히 해리시킬 수 있는 것, 그 다음, 반복 재생해도 고정화한 리간드가 상하지 않을 것. 이들을 충족시키는 조건을 각각의 상호작용에 대해서 찾는 것은 사실 매우 어려운 SPR 실험의 약점이다. 상호작용을 특이적으로 파괴하는 조건을 알고 있는 경우에는 그것을 이용하지만(예를 들면 금속 이온 의존적인 상호작용의 경우에는 EDTA 같은 chelate제가 유효), 미지의 경우에 일반적으로 시험하는 재생 조건에는 산성 buffer(10 mM glycine-HCl pH 1.5~3.0), 염기성 용액(50 mM NaOH), 고농도의 염(1 M NaCl) 등이 있다.

재생 조건이 적절한지를 판정하려면 재생 용액의 주입 후, sensorgram이 신속하게 베이스 라인까지 돌아가고, 다음으로 같은 농도의 analyte 용액을 첨가했을 때 거의 동일한 sensorgram을 얻을 수 있는 것을 확인하면 된다(**그림 3**).

3 측정

측정의 조작은 running 개시 → analyte 첨가 → 재생의 순서로 진행한다. 정확히 kinetics 측정을 실시하려면, 단계적으로 희석된 복수의 analyte 농도(이상적인 것은 5종 이상)로 측정할 필요가 있다. 또한 bulk 효과를 빼기(4 참고) 위해, 리간드를 고정화한 cell과 blank cell의 양쪽에 샘플을 흘린다. 이하의 예에서 사용하는 속도와 주입량, 해리 phase 시간 등은 대략적인 것이며, 각각의 케이스에 따라 변경하여도 좋다[ⓜⓝ].

ⓜ Analyte 농도는, 해리상수 K_D가 이미 다른 실험으로 알고 있는 경우에는 그 값을 사이에 끼울 수 있도록 설정한다. 모르는 경우에는, 일단 임의의 농도 범위에서 측정하고, 일시적으로 얻어진 해리상수를 참고로 다시 농도를 설정하고 다시 측정한다.

ⓝ Analyte 농도는 데이터 분석 값에 직접 영향을 주므로, 되도록 정확하게 준비한다. 또 희석은 linear가 아닌 지수적으로(예를 들면 1/2배, 1/4배, 1/8배, · · ·) 제작한다.

준비물

- 재생 용액(10 mM glycine–HCl pH 2.0 등)
- Analyte 용액
- Running buffer(20 mM HEPES, 150 mM NaCl, 0.01% Tween–20, pH 7.2)

Protocol

❶ Analyte 용액을 running buffer로 적당한 농도로 희석한다.

↓

❷ Running buffer로 시작한다. 유속은 20 μL/분으로 설정하고 blank cell과 리간드 고정화된 cell의 양쪽으로 흘러가도록 한다[ⓞ].

↓

❸ ❶에서 희석한 analyte 용액 20 μL를 주입한다.

↓

❹ ❸의 주입 종료부터 3분간의 해리 시간을 두고, 20 μL의 재생 용액을 주입한다. 주입되는 동안, bulk 효과와 실제의 결합 신호의 합인 sensorgram은 크게 변화한다.

↓

❺ 다른 농도에 대해서도 ❷~❹를 반복한다.

ⓞ 여기에서는, 고정화 때보다 유속을 빠르게 하고 있다. 유속이 늦으면, 확산으로 analyte의 공급이 충분하지 않고, analyte가 리간드에 결합했을 때 표면 인근에서는 국소적으로 analyte 농도가 순간 내려간다. 역으로, 해리한 리간드가 표면 부근에 체류하면, analyte의 농도가 상승한 것과 같은 효과가 있다. 이것을 mass transport 효과라고 한다[2,3]. 상호작용의 kinetics 분석을 어렵게 하기 때문에 특히 kinetics 분석을 할 때에는 유속을 20~100 μL/분으로 설정한다.

4 데이터 처리

다음으로, 3에서 얻은 복수의 analyte 농도로 측정한 데이터를 분석 가능한 형태로 만들어야 한다. 어느 SPR 장치에도 sensorgram을 가공하는 tool이 포함되어 있으므로 그것을 사용한다(Biacore의 경우는 BIA evaluation이라는 프로그램이 있다).

Protocol

❶ Sensorgram에서, 분석에 불필요한 영역을 삭제한다(그림 4a).

↓

❷ 베이스라인(샘플 주입전 영역)에서, 모든 sensorgram을 제로에 맞춘다(그림 4b).

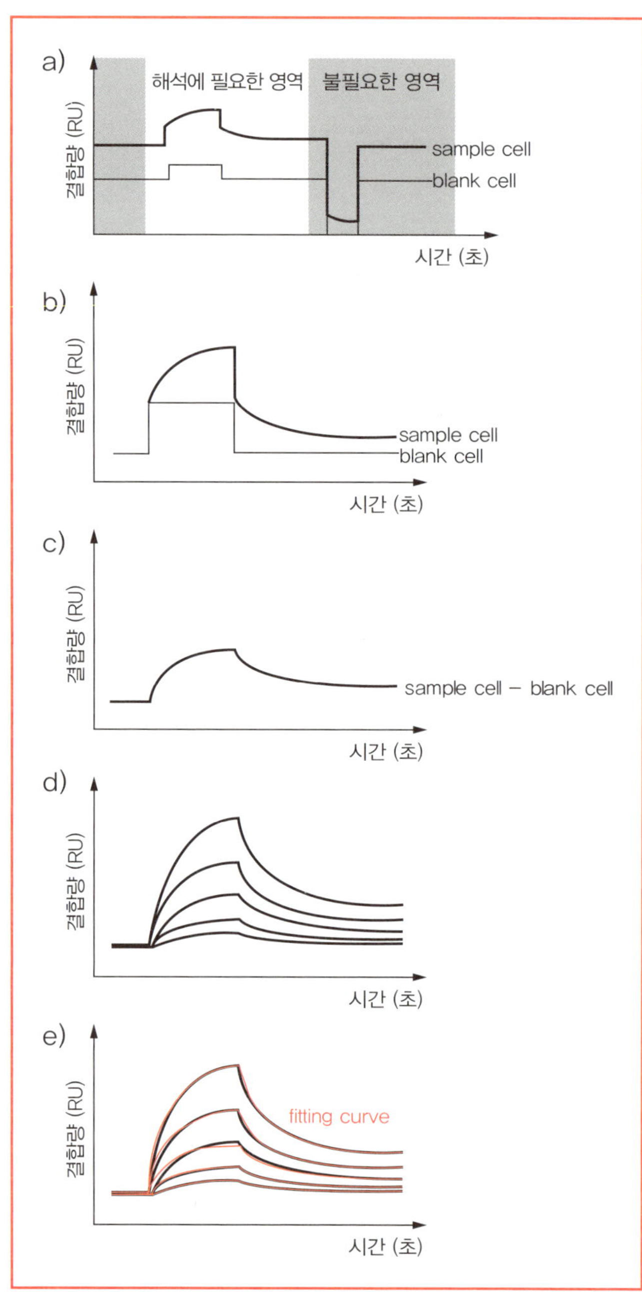

그림 4 Curve fitting의 순서

⬇

❸ 목적한 sensorgram의 시그널에서, blank cell의 시그널을 뺀다(**그림 4c**). 이 조작으로, buffer 조성의 변화에 따른 sensorgram 변화(bulk 효과)를 제외할 수 있다[p].

⬇

❹ ❸까지 진행한 각각 농도의 analyte의 sensorgram들을 1개로 겹친다(**그림 4d**).

⬇

❺ 구체적으로 분석에 이용하는 영역을 정하고 fitting을 수행한다(**그림 4e**)[q].

ⓟ Biacore의 경우, 주입한 용액이 2개의 flow cell을 지나는 사이에 시간지연이 있기 때문에, sensorgram의 X축 방향에 어긋나 있고, 그 2개의 sensorgram을 빼면 인젝션 전후에 실제로는 없는 spike가 나타난다. 그러므로 Y축 방향의 베이스라인뿐만 아니라 X축 방향도 주입할 때 제로에 맞추는 것이 좋다.

ⓠ Fitting이란 다양한 상호작용 모델의 함수를 이용하여, 얻은 데이터에 맞는 식을 찾아내는 작업이다. 가장 단순한 모델은, 리간드와 analyte가 1대 1로 결합하고 해리하는 "Langmuir binding"모델이다. 보다 복잡한 모델을 적용하면 fitting은 잘 되지만, 그 상호작용 모델이 옳은지는 다른 실험에서 검증하는 것이 필수적이다.

Troubleshooting

문제점	가능성 있는 원인	해결을 위한 조치
● 리간드 고정화가 잘 안 된다.	• Buffer에 아미노기, 티올기가 들어간 시약이 들어 있지 않은가? (아미노 커플링/티올 커플링에 한한다.)	➲ Running buffer(일반적으로 HEPES buffer)에 투석한다.
	• Preconcentration이 잘 되지 않는다.	➲ 리간드 용액을 희석하는 산성 buffer의 pH를 바꿔본다.
	• 아무리 해도 잘 되지 않는다.	➲ 리간드와 analyte를 교체해본다.
● 좋은 재생 조건을 찾을 수 없다.	• 사전 정보 수집이 충분하지 않다.	➲ 유사한 단백질에 대한 논문에서 정보를 모은다. 예를 들면 affinity 정제 때 산으로 용출하는 단백질이라면 산으로는 거의 손상을 입지 않는다고 생각해도 좋다.
	• Sensorgram이 베이스라인으로 돌아가지 않는다(analyte가 충분히 해리되지 않았다).	➲ 복수의 조건을 편성하면(산 + 높은 염농도 등) 잘 되는 경우가 있다. 또한 해리가 빠른 상호작용이라면 자연해리를 기다리는 것도 방법이다.
	• 측정마다 시그널이 감소해버린다(재생에 의해서 리간드가 손상되어 있다).	➲ 그렇지 않은 조건을 찾는 것이 기본이지만, 도저히 없으면 자연해리를 기다리던지 또는 리간드와 analyte를 교체한다.
● Sensorgram의 질이 낮다.	• 샘플에 기포와 이물질이 들어 있다.	➲ Bufffer와 샘플을 필터 여과, 탈기한다.
	• 결합 반응이 너무 빨라서 주입 시 시작이 느슨해졌다.	➲ 데이터 샘플링 속도를 올린다.
● 피팅이 잘 되지 않는다.	• 리간드 analyte의 정제도가 낮다.	➲ 정제도가 낮으면 다른 불순물과의 반응이 섞여 복잡한 sensorgram이 되는 경우가 있다. 정제도는 90% 이상이 바람직하다. 또한 analyte가 중합체로 되어 있으면 외관상 높은 친화성을 나타낸다.
	• 실제로 복잡한 상호작용을 하고 있다.	➲ 단백질간 상호작용에서는 단순한 모델로 피팅에 성공하는 것이 드물고 엄밀한 kinetics parameter를 얻는 것은 쉽지 않다. 한편 평형상수에 관해서는 비교적 신뢰할 수 있는 값을 산출할 수 있다. 만약 각 analyte 농도로 결합이 plateau에 도달하는 경우는 그 평형 값을 농도에 대해 plotting하면 해리 평형상수를 구할 수 있다.
● Blank 셀에 대해서도 결합이 보인다.	• 비특이적 결합이 무시할 수 없을 정도로 존재한다.	➲ Running buffer의 계면활성제 농도를 올려본다. 또한 0.1% 정도의 알부민을 첨가하면 억제되는 경우도 있다.

참고문헌

1) Willander, M. et. al. : Methods Mol. Biol., 544 : 201-229, 2009
2) 永田和宏, 他 編 :「生体物質相互作用のリアルタイム解析実験法」, シュプリンガー・フェアラーク東京, 1998
3) 長谷俊治, 他 編 :「タンパク質のはたらきを知る」, pp.42-49, 化学同人, 2009

I-3 Two-hybrid법

1 Two-hybrid법의 원리와 기초지식

효모 Two-hybrid법은 리포터 유전자 전사 활성을 지표로, 2개 단백질의 상호작용을 검출하는 시스템이다.

전사활성화 인자인 GAL4 단백질은, DNA 결합 domain(DBD)과 전사활성화 domain(AD)의 2개의 모듈로 구성되어 있고, 각각 분할해도, 분할된 2개의 도메인이 promoter상에서 아주 근방에 위치하는 경우, 강한 전사 활성 능력을 보인다. 이 원리를 이용한 것이 Two-hybrid법이다(그림 1). 상호작용을 검토하고 싶은 2개의 단백질에 대해서, GAL4-DBD와 GAL4-AD와의 융합단백질을 각각 효모 내에서 발현시킨다. 2개의 단백질이 상호작용하는 경우, GAL4-DBD와 GAL4-AD가 근접하게 되고 전사활성이 생긴다. 이때의 reporter 유전자 발현을 지표로, 양 단백질간의 상호작용의 강도를 검토할 수 있다. 또 이 과정을 낚시에 비유해서, GAL4-DBD-융합단백질을 Bait(낚시 미끼), GAL4-AD-융합단백질을 Prey(어획물)이라고도 부른다.

고전적인 단백질간 상호작용의 검토법이며, 기술도 확립되었다. 원핵생물인 대장균이 아닌 진핵생물인 효모를 사용하여 단백질의 folding과 변형 등, 보다 고등동물 세포 내에 가까운 상태를 볼 수도 있다.

또 Bait 단백질을 도입한 효모에 cDNA library를 도입하는 것으로, 미지의 결합단백질의 screening을 할 수 있다. Bait로서 DNA 서열을 이용하여, DNA 결합단백질의 screening에도 응용 가능하다(One-Hybrid법).

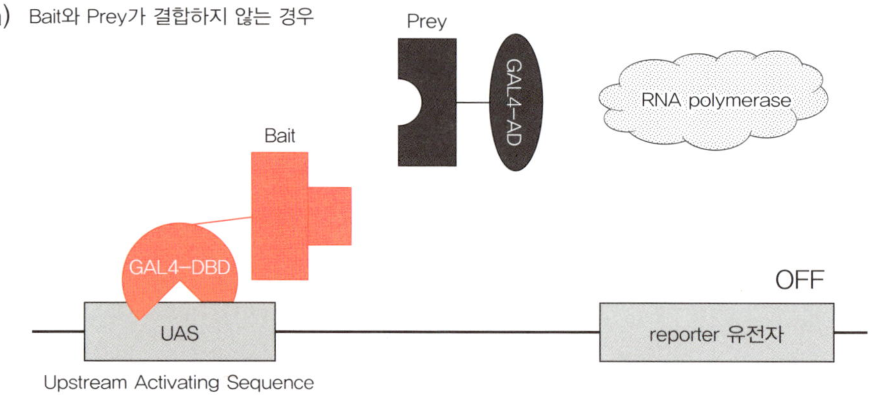

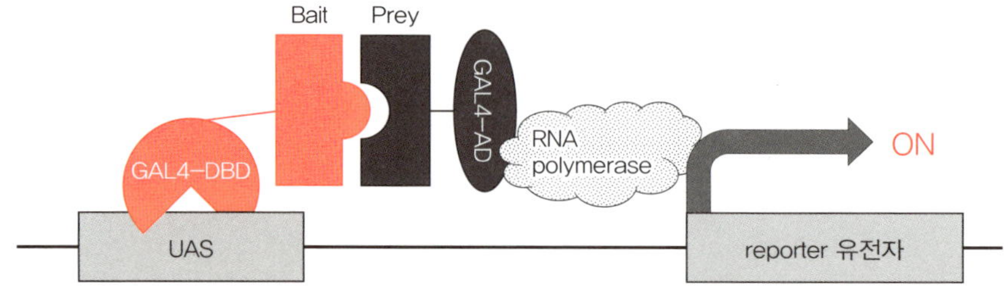

그림 1 Two-hybrid 시스템의 기본 모델

2 Two-hybrid법의 실제

A) Vector의 선택

우선, 효모에 검토하고 싶은 단백질을 발현시키는 vector를 선택할 필요가 있다. 시판되고 있는 Two-hybrid 시스템으로서는, Thermo Fisher Scientific사의 ProQuest와 Takara Bio사의 Matchmaker 시스템을 들 수 있다[r].

[r] 여기서 문제가 되는 것은, 두 회사의 제품에 호환성이 없다는 것이다. Vector의 영양 요구성 reporter 종류가 양사에서 거꾸로 되고 있기 때문에, 한 시스템으로 정하면 그것으로 계속해야 한다. 만약 나중에 미지의 결합단백질의 screening을 할 예정이라면, 자신이 필요한 cDNA library가 있는 쪽의 시스템을 여기서 선택해야 한다.

B) 복수의 선택 reporter

여기에서는 Thermo Fisher Scientific의 ProQuest 시스템을 이용한 경우를 예로 든다. ProQuest에서 사용하는 효모 Mav203주는, genome 중에 *HIS3*, *URA3*, *LacZ*의 3개의 리포터 유전자가 포함되어 있다. 복수의 reporter를 편성하고 분석을 함으로써, Two-hybrid법에 항상 따라다니는 false positive를 줄일 수 있다.

• ***HIS3***

HIS3 reporter 유전자의 활성을 측정할 때는, histidine 요구성 배지에 넣고, histidine 생합성을 저해하는 약제 3-Amino-1,2,4-Triazole(3AT)을 이용한다. 3AT는 용량 의존적으로 작용하기 때문에, 농도를 바꿈으로써 상호작용의 강도 검토도 가능하다.

• ***URA3***

URA3 reporter 유전자의 활성을 측정할 때는, uracil 요구성 배지를 이용한다. Assay로는 *HIS3*보다 더 엄격한 조건이 되고, 강한 상호작용이 없으면 생육하지 않는다.

보다 엄밀한 assay를 실시하는 경우는, 5FOA를 이용하는 방법도 있다. URA3 효소는 5-fluoroorotic acid(5FOA)를 세포 독성이 있는 5-fluorouracil로 변환한다. 따라서 reporter가 발현한 경우에는 치사한다.

• ***LacZ***

LacZ reporter 유전자의 활성을 측정할 때는, X-gal assay를 한다. 균체를 membrane에 transfer하고, X-gal 용액에 담근다. *LacZ*가 발현하면, 청색이 발색한다.

준비물

1) 기구

- Incubator(30°C, 37°C)
- Replica table과 Replica cloth(벨벳)(126페이지 그림 3 참고)(Japan Genetics사 등)
- Nitrocellulose 또는 nylon membrane(지름 85 mm의 원형으로 잘라 놓는다)
- 125 mm Whatman 541 filter paper
- 15 cm petri dish
- 액체 질소

2) 시약

- X-gal(5-bromo-4-chloro-3-indolyl-β-D-galactoside)
- N,N-dimethyl formamide(DMF)

- Z buffer(60 mM Na_2HPO_4, 40 mM NaH_2PO_4, 10 mM KCl, 1 mM $MgSO_4$, pH 7.0)
- 2-mercaptoethanol
- 효모 형질 전환용 시약

3) 배지

효모 배양의 경우, 플레이트의 agar 농도는 2%, 배양 기간도 수일에 이르므로, 90 mm dish당 배지량은 20~25 mL(약간 두툼) 정도가 좋다.

SC-Leu
SC-Trp
SC-Leu-Trp
SC-Leu-Trp-His + 10~100 mM 3AT(우선은 100 mM으로)[s]
SC-Leu-Trp-Ura
SC-Lue-Trp + 0.2% 5FOA[t]
YPDA(완전 배지)

ⓢ 배지를 autoclave한 후, 65°C 정도로 식힌 후 분말의 3AT를 가하고 교반하여, dish에 붓는다.

ⓣ 5FOA는 탈이온수에 녹여 filtering으로 제균한다. 배지를 autoclave한 후, 충분히 식힌 다음에 5FOA 용액을 첨가하고, 재빨리 교반하여, dish에 붓는다. 5FOA는 유독하므로 취급에 주의.

각종 SC(Synthetic Complete) 배지 제작법

Glucose	20 g
Yeast nitrogen base without amino acids	6.7 g
아미노산 결핍 믹스(-His-Leu-Trp-Ura) (Clontech사 #630425)	2 g

800 mL 정도의 탈이온수로 충분히 교반하고, 10 N NaOH로 pH 5.9로 조정한다. 첨가한 NaOH의 양을 기록하고, 다음번 실험에는 pH를 측정하지 않고 그 양을 첨가한다.

↓

Agar(플레이트로 하는 경우)	20 g

1 L로 만들고, 121°C, 5분간 autoclave한다. 121°C 5분

↓

목적의 선택배지가 되도록 100× 아미노산 stock 용액을 10 mL 추가한다.

예 :

100× His stock 용액	10 mL

SC-His-Leu-Trp-Ura로 되어 있으므로, His를 가하면, SC-Leu-Trp-Ura가 생긴다.

- 100× His stock 용액* 10 g/L
- 100× Leu stock 용액* 10 g/L
- 100× Trp* 10 g/L
- 100× Ura stock 용액* 2 g/L

* Autoclave하고 4°C에 보관

Protocol

다음의 과정은, Thermo Fisher Scientific사의 ProQuest 시스템을 이용한 예를 나타낸다.

1) 형질전환체 확보

❶ 상호작용을 검토하고 싶은 단백질의 cDNA을 Bait vector(pDEST32)와 Prey vector(pDEST22)에 cloning한다. 각각을 효모 Mav203주에 형질전환하고 SC-Leu, SC-Trp 배지에 plating한다. 30°C에서 1~3일 incubation한다[u].

ⓤ 형질전환 효율이 나쁜 경우는, 형질전환 후, YPDA 배지에서 효모를 씻고 또 YPDA에서 30°C 1시간 정도로 배양한 후, plating한다.

❷ 형질전환체를 얻으면, 단백질의 발현을 확인한다. 적절한 영양 요구성 배지에서 overnight 배양하고, 완전배지(YPDA)로 교환하여 몇 시간 배양 후 균체를 회수한다. 샘플 조제 후, Western blot을 실시하고, 표적단백질의 항체, 또는 Gal4–DBD, Gal4–AD의 항체로 검출한다.

❸ Bait와 Prey의 vector를 효모에 형질전환시킨다. Kit에 첨부된 control vector도 함께 준비한다[v].

1. Bait vector + Prey vector
2. pDEST32 empty vector + Prey vector
3. Bait vector + pDEST22 empty vector
4. pDEST32 empty vector + pDEST22 empty vector
5. pEXP32/Krev1 + pEXP22/Ral GDS–wt(강한 상호작용의 컨트롤)
6. pEXP32/Krev1 + pEXP22/Ral GDS–m1(약한 상호작용의 컨트롤)
7. pEXP32/Krev1 + pEXP22/Ral GDS–m2(상호작용 없는 컨트롤)

[v] Vector는 2종류 동시에 형질전환시킬 수도 있지만, 1개씩 형질전환시킬 것을 권장한다.

2) 결합 assay

4~5일

❶ Master plate를 제작한다. 2종류의 vector가 도입된 효모가 준비되었다면, 1의 plate에서 약 4 colony 정도 취하여 SC–Leu–Trp에 plating한다. 2~7은 2colony씩 같은 plate에 plating한다(그림 2)[w].

[w] 결합 assay에 사용되는 효모는 반드시 신선한 것을 사용한다. Plating 후 1주 이내가 표준. 시간이 경과한 것은 다시 plating한다.

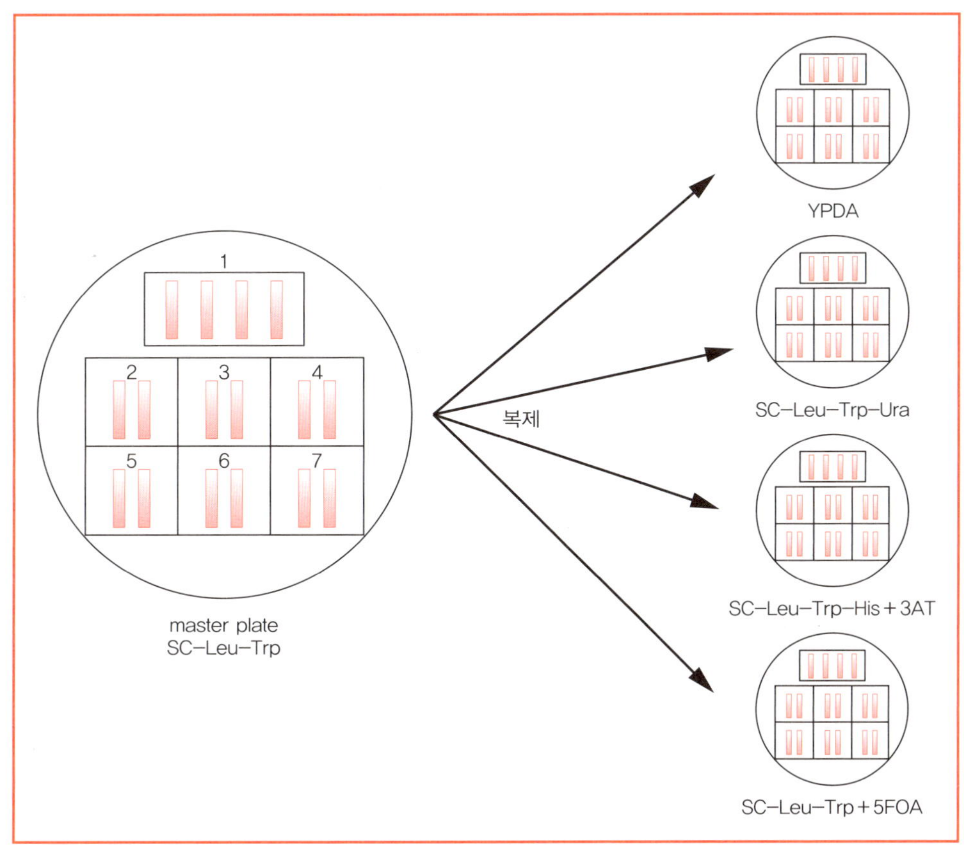

그림 2 Master plate의 제작

4 장 단백질 상호작용의 분석

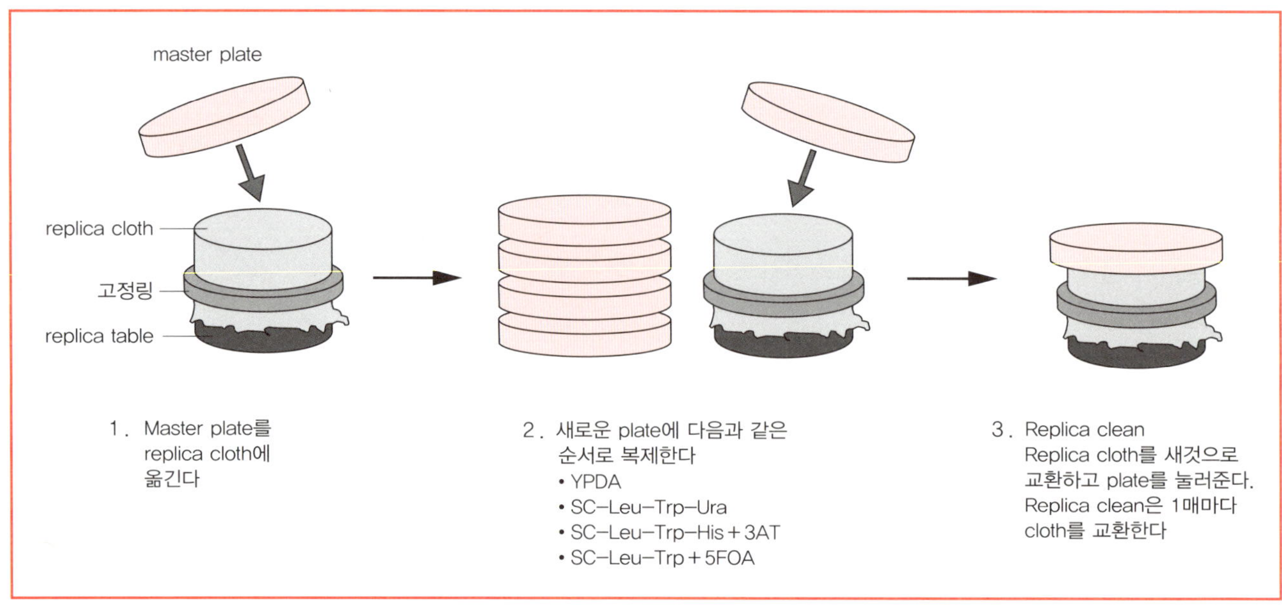

그림 3 복제방법

❷ 30°C에서 18시간 incubation한다.

❸ Master plate에서 다음의 plate에 기재한 순으로 복제한다(그림 3).

- YPDA
- SC-Lue-Trp-Ura
- SC-Leu-Trp-His+3AT(이후 replica clean)
- SC-Leu-Trp+5FOA(이후 replica clean)

Replica clean이란 plate를 새로운 replica cloth에 꽉 눌러 그대로 떼어냄으로써, 선택배지상의 효모 수를 줄이는 과정(그림 3). Plate가 깨지지 않을 정도로, 너무 약하지도 않고 너무 강하지도 않은 정도로 조절하여 누른다. 대량의 균체가 선택배지 위에 복제되면, 그 후 그것이 복제에 의한 것인지, 선택배지상에서 증식한 것인지 알 수 없게 된다. 그래서 replica clean으로 인해서 대부분의 효모를 제거함으로써 백그라운드를 감소시킨다. Replica clean은 균체의 수를 줄이는 것이 목적이기 때문에 세포 덩어리가 보이지 않는 정도가 알맞다.

❹ 30°C에서 24시간 incubation한다.

❺ YPDA plate는 X-gal assay를 한다(후술).

❻ 다음의 plate는 replica clean을 한다.

- SC-Lue-Trp-Ura
- SC-Leu-Trp-His+3AT
- SC-Leu-Trp+5FOA

❼ 30°C에서 2일 더 incubation한다.

❽ 효모의 증식 상태에 따라, 상호작용을 검토한다. –Ura와 –His plate에서 생육 가능하고 +5FOA에서 생육 불가능한 경우에는 상호작용이 있을 가능성이 시사된다. –His plate에서 생육, –Ura에서 생육하지 않는 경우, 약한 상호작용의 가능성이 있다.

X–gal assay

❶ 10 mg X–gal을 100 μL의 DMF에 녹인다. 100 μL X–gal/DMF, 60 μL 2–mercaptoethanol을 10 mL의 Z buffer와 섞는다.

❷ 15 cm petridish에 2장의 filter paper를 겹쳐놓고, 8 mL의 X–gal/Z buffer를 첨가한다.

❸ 핀셋을 사용하여, 효모가 증식한 YPDA plate 위에 살며시 membrane을 얹는다. 가장자리부터 천천히 거품이 들어가거나 주름이 생기지 않도록 주의한다. Membrane 전체가 젖으면, 천천히 membrane을 벗긴 후 균체가 붙어 있는 쪽을 위로 하고, 액체 질소에 20~30초간 담근다.

❹ 균체가 붙어 있는 쪽을 위로 하고, membrane을 filter paper 위에 겹친다. 거품이 들어가거나 주름이 생기지 않도록 한다. Dish를 조금만 기울여, 여분의 buffer를 제거한다.

❺ 닫고, 37°C에서 24시간 incubation한다. 강한 결합의 조합에서는 약 1시간 정도 안에 푸른색을 띠는 경우도 있다.

4 장 단백질 상호작용의 분석

Troubleshooting

문제점	가능성 있는 원인	해결을 위한 조치
● pDEST32 Bait vector가 불가능하다.	• 항생물질의 농도가 너무 높다.	➲ pDEST32의 첨부 프로토콜에는 10 μg/mL의 gentamycin plate를 이용하도록 지시되어 있지만, 일단 항생물질 없는 LB plate에서 증식시키고, 거기에서 colony를 수십 개 취하여 gentamycin 함유 액체배지로 배양하여 본다.
● Negative control에도 효모가 자란다.	• 3AT 농도가 낮다.	➲ 3AT 농도를 재검토한다.
	• Replica clean이 잘 되지 않는다.	➲ Replica clean은 균체가 보이지 않을 정도까지 plate를 누른다.
	• 배양시간이 너무 길다.	➲ 배양은 3일까지

참고문헌

1) 水野貴之：「バイオ実験イラストレイテッド7 使おう酵母 できるTwo Hybrid」, 秀潤社, 2003

II 형광단백질을 이용한 분석

II-1 형광융합단백질을 이용한 세포내 분포와 공동분포의 분석

GFP(Green Fluorescent Protein, 녹색형광단백질)를 비롯한 형광단백질은 발광 기질과 보조 인자를 첨가하지 않고 그 자체로 형광단을 형성하고 형광을 발할 수 있어, 유전 공학적으로 형광단백질과 표적유전자를 융합한 발현 플라스미드를 제작하고 세포, 조직 내에 도입하는 것만으로, 표적단백질과 소포소기관의 거동을 생세포 내에서 관찰할 수 있다.

또한 여기(들뜸)와 형광 스펙트럼이 다른 형광단백질도 다수 개발되어 있으며, 적절한 형광단백질들의 조합을 이용하여, 동시에 2종류 이상 분자의 세포내 동태를 관찰하는 것도 비교적 용이하다.

이런 세포소기관과 분자의 다중 염색 표본의 관찰에는 공초점레이저현미경(confocal laser microscope)이 위력을 발휘한다. 공초점레이저현미경은 보통의 형광현미경에 비하여, 극단적으로 초점 심도가 작은 화상(광학적 절편)을 얻게 되는데다가, 초점면 이외의 형광(흐림)이 없고, 공간적 해상도가 높으므로, 미세한 구조체(세포소기관, 세포골격 등)의 형태 관찰이나 분자들의 공동분포(colocalization)를 분석하기에 적합하다.

여기에서는, 공초점레이저현미경과 형광융합단백질을 이용하여 표적단백질이나 세포소기관의 위치 관계와 분포를 관찰하는 방법을 소개한다. 형광단백질과 공초점레이저현미경에 대한 자세한 내용은 다음 참고서적을 참고하기 바란다.[1)~4)]

준비물

1) 기구, 기계

- 공초점레이저현미경[x]
- Glass bottom dish
- Heat chamber, 현미경용 CO_2 incubator[y]

2) 시약

- Imaging buffer(HBSS 등) / 세포 배양액(DMEM 등)[z]
- 4%(w/v) paraformaldehyde / PBS 용액

Protocol

1) 사전 준비

공초점레이저현미경을 켜고 사용할 레이저나 필터, dichroic mirror 등의 조건을 설정한다[a]. Heat chamber 등을 사용하여 세포를 보온하는 경우는 heat chamber, imaging buffer를 미리 따뜻하게 해둔다[b].

ⓧ 목적에 맞게 도립 또는 정립의 현미경을 선택한다. 배양세포를 이용한 관찰에서는 보통 도립현미경을 선택한다.

ⓨ 살아 있는 세포를 관찰할 때, 필요에 따라 현미경상에 설치하다.

ⓩ 일반적으로 세포배양에 사용하고 있는 세포배양액은 CO_2 존재 하에서 최적의 pH가 되도록 조정되고 있으며, 대기 중에서는 pH가 크게 올라간다. 그래서 실내에서 imaging을 실시하기 위해서 대기 중에서 완충능력을 갖는 buffer로 치환할 필요가 있다. 장시간의 라이브 영상과 실험에서 세포배양액을 그대로 사용하는 경우에는 현미경용 CO_2 incubator를 사용한다. 그때, 세포배양액에 포함되는 페놀레드의 자가 형광은, 형광현미경에서의 관찰에 방해가 되는 일이 많은데 공초점레이저현미경에서는 초점면 이외의 형광을 배제할 수 있어서 문제없이 사용할 수 있다.

ⓐ 요즘의 기종에서는 사용하는 형광색소의 조합을 선택하는 것만으로 적절한 광학계를 설정해 주는 것도 많다.

ⓑ 온도 변화에 따라 현미경의 구성부품과 유침렌즈용 오일의 부피가 증감하고 초점변화를 일으킨다. 이를 피하기 위해 chamber와 buffer의 온도를 영상 촬영 전에 안정시키는 것이 바람직하다.

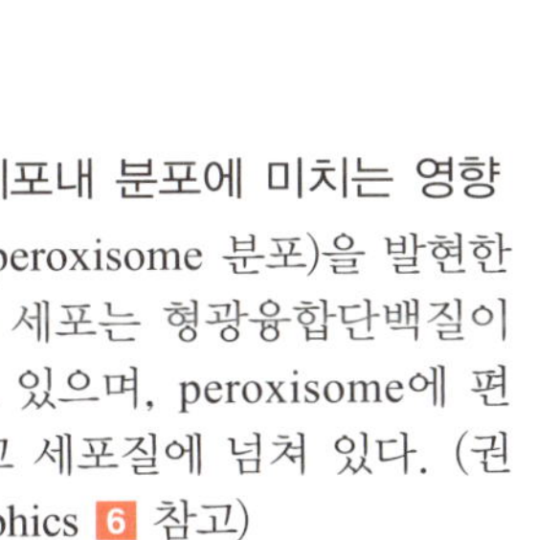

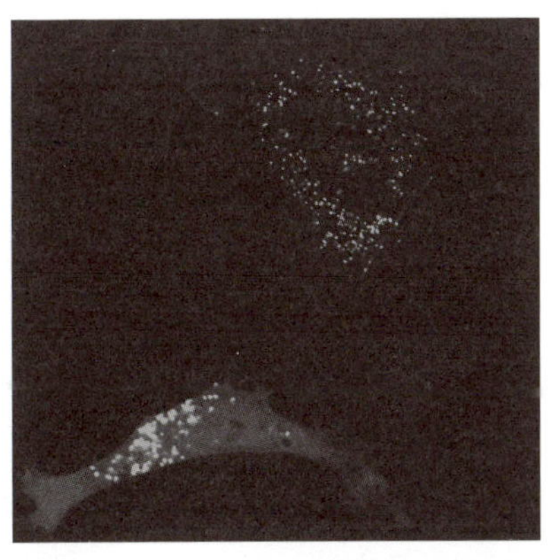

그림 1 과다발현이 세포내 분포에 미치는 영향

EGFP-SKL(peroxisome 분포)을 발현한 세포. 아래의 세포는 형광융합단백질이 과다발현하고 있으며, peroxisome에 편재하지 못하고 세포질에 넘쳐 있다. (권두 Color Graphics **6** 참고)

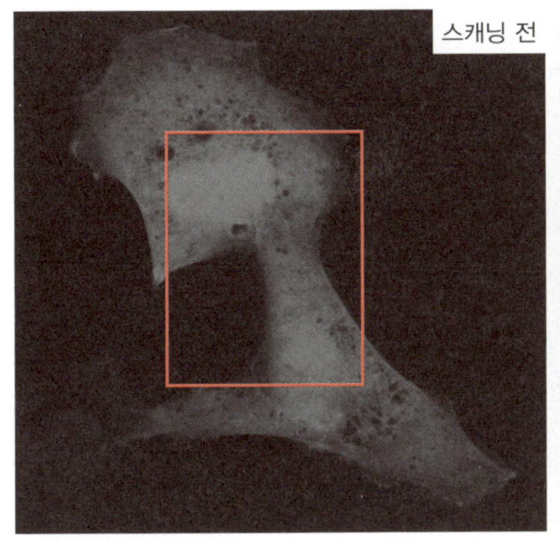

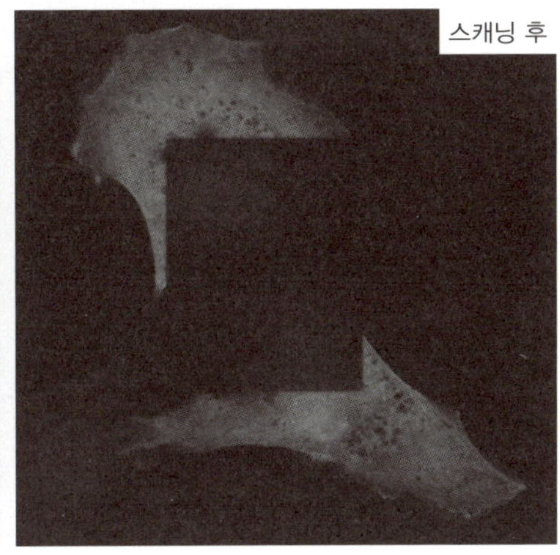

그림 2 광표백

EGFP를 발현한 세포를 고정하고, 빨간 테두리 내를 20회 반복 스캐닝하였다. 테두리 내의 형광이 퇴색되어 있는 것을 잘 알 수 있다(권두 Color Graphics **7** 참고)

2) 관찰과 화상 습득

❶ Dish 전체를 본 후 형광 이미지와 투과상을 보고 적당한 세포들을 선택하여 시야를 결정한다ⓒ. 이때 너무 밝은 세포는 형광융합단백질이 과잉 발현하고 정상적인 분포 동태를 나타내지 않는 경우가 있기 때문에 피하는 것이 좋다(**그림 1**)ⓓ.

❷ 선택한 세포의 형광 강도로 laser power나 pinhole 지름, gain 등 각 parameter를 임시로 결정하고, 광로를 공초점레이저현미경으로 전환한다.

⬇

❸ 스캐닝하고 시야, 초점, pinhole 지름을 재빨리 결정한다. 스캐닝하지 않아도 되는 parameter[laser power, PMT(Photomultiplier tube)의 감도, gain 등]는 한 번 스캐닝을 멈추고 조정하고 다시 스캐닝하여 최적의 노출 조건을 찾는다. 또 필요하다면 averaging 설정을 한다. 조건이 정해지면 일단 스캐닝을 멈춘다ⓒ(131페이지 원포인트 어드바이스 ① 참고).

❹ 본 스캐닝을 실시하고 이미지를 얻는다. 이때 주의할 것을 아래에 기술한다.

a) 광표백을 피한다

과도한 여기광(들뜬 빛)을 샘플에 계속 쬐면 형광은 표백되고, 샘플은 망가져버린다(**그림 2**). 형광 관찰을 할 때, 항상 표백 방지에 유의해야 한다. 표백을 피하기 위해서는 아래의 방법이 있다.

ⓒ 표백과 광독성을 피하기 위해 빠르게 관찰하고, 필요할 때 이외는 여기광을 꺼둔다.

ⓓ 발현한 형광융합단백질이 정상적인 분포를 보이느냐를 판단하기 위해서 내재성 단백질의 분포를 면역염색 등으로 억제하는 것. 또 이런 이상 분포는 안정적인 세포를 제작하고 발현유도벡터를 이용하여 발현량을 조절하는 등 형광융합단백질의 발현량을 억제함으로써 크게 개선할 수 있다.

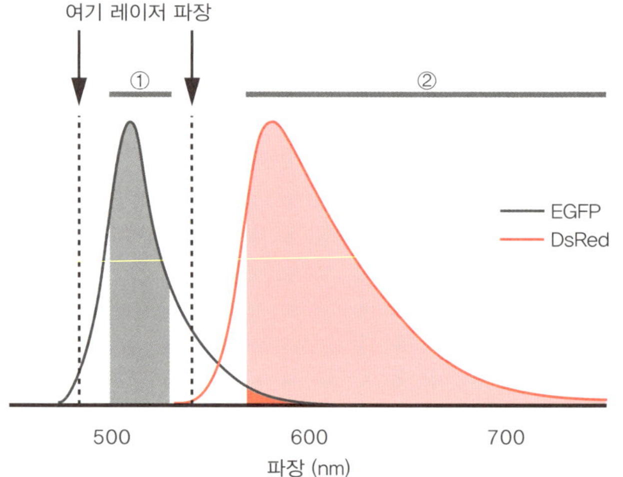

그림 3 EGFP와 DsRed 형광의 간섭

EGFP와 DsRed를 동시에 여기하고, 관찰한 경우의 예를 나타낸다. 이 예에서는 검출기 ①을 이용하여 EGFP의 형광을 500~530 nm 영역에서(회색 부분), 또 검출기 ②를 이용하여 570 nm 이상의 DsRed 형광(연한 적색 부분)을 얻는다. EGFP 형광의 일부(짙은 적색 부분)가 검출기 ②에 의해 DsRed 형광으로 검출된다.

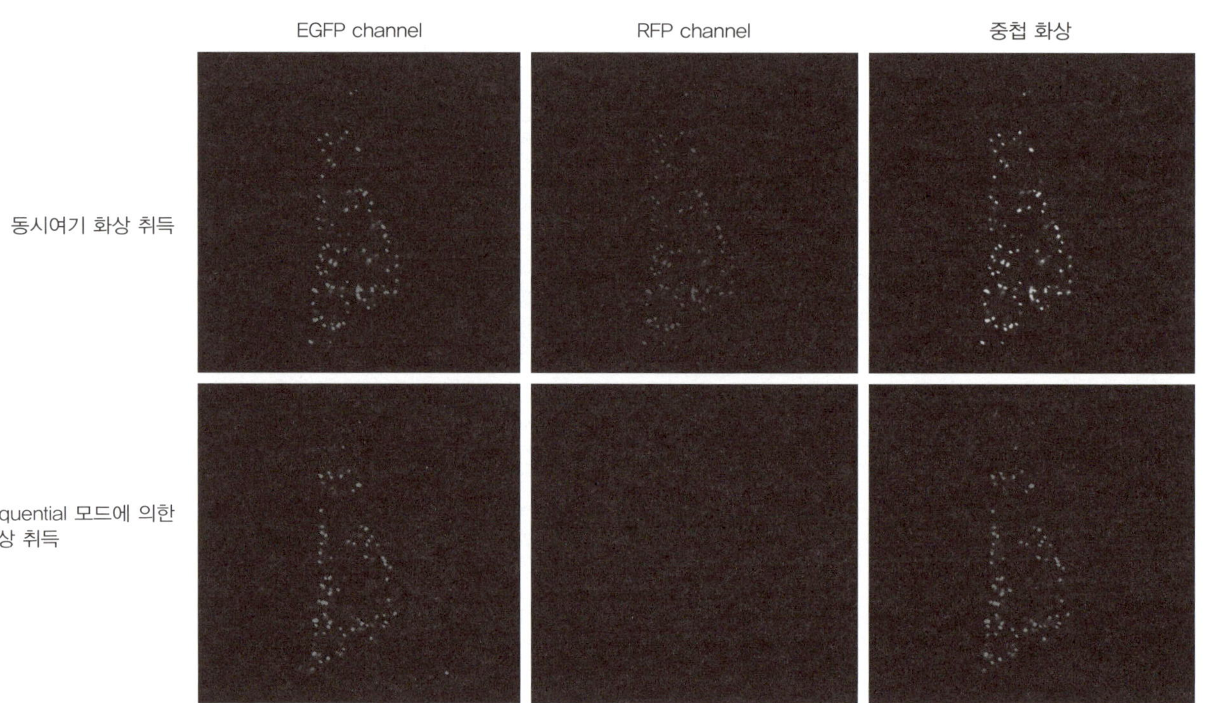

그림 4 동시여기에 의한 간섭

EGFP-SKL(peroxisome에 분포)을 발현한 세포를 GFP와 RFP 채널에서 화상을 취득하였다. (위) 동시여기 화상 취득, (아래) sequential 모드로 취득. 동시여기 화상 취득에서는 EGFP의 형광이 RFP 채널에 새어 실제로는 존재하지 않는 RFP가 검출된다. (권두 Color Graphics 8 참고)

① 관찰하지 않을 때는 자주 셔터를 닫고, 여기광을 차단한다.

② ND 필터의 사용, 레이저 파워의 조절 등으로 여기광의 강도를 낮춘다.

b) 형광의 간섭을 피한다

2종 이상의 형광 색소로 표지된 샘플에서는 형광 스펙트럼의 중첩에 의한 형광 누출이 생긴다. 이러한 형광 누출로 간섭(cross talk)이 생기며(**그림 3**) 모든 localization에 대한 잘못된 해석을 낳는 원인이 된다[ⓔ]. **그림 4** 상단에 실제 간섭의 예를 나타낸다. 이 예에서는 EGFP의 형광이 RFP 채널에 누출되고 실제로 존재하지 않는 적색의 형광이 검출된다. 이러한 간섭을 방지하는

ⓔ 이러한 간섭에 의한 형광은 같은 장소에 나타나기 때문에 공동분포하고 있다고 오인되기 쉽다(**그림 4**. 우상단 중첩 이미지). 익숙하지 않다면 단일의 형광색소로 표지된 샘플도 준비하여 간섭이 없는지 확인하는 것이 좋다.

방법으로서,

① 형광 스펙트럼에 중첩이 적은 형광 색소들의 조합으로 변경한다.
② 검출기의 형광 검출 범위를 좁힌다.
③ 순차모드(sequential mode)로 화상을 얻는(그림 4 하단)[ⓕ] 방법 등이 있다.

c) 생세포를 관찰할 경우 세포의 움직임에 의한 상의 변화에 주의한다

공초점레이저현미경에서는 그 원리상 화상 습득에 시간이 걸리는 경우가 많다(1초 전후, 깨끗한 상을 찍으려고 하면 몇 초, 수십 초). 특별히 상세하고 깨끗한 화상을 얻을 때는 더 긴 화상 습득 시간이 요구된다. 당연한 일이지만 살아 있는 세포는 항상 움직이고 있으며, 시시각각으로 그 형태를 변화시키고 있기 때문에, 다중 염색 화상을 순차적으로 취득하는 동안에 화상의 차이를 만드는 경우가 있다. 그 결과, 공동분포하는 분자를 그렇지 않다고 해석할 위험성이 있다(그림 5)[ⓖ]. 이를 피하기 위해서는,

① 세포를 고정하고 상을 얻는다[ⓗ].
② 선 순차 방식(Line sequential) 스캔[ⓘ]으로 화상을 얻는 방법 등이 있다.

3) 결과의 해석

결과를 저장하고 해석한다(원포인트 어드바이스 ② 참고)[ⓙ]

ⓕ 실험 조건에 따라 기본적으로 다중염색 화상을 얻을 경우는 순차모드에서 실시하는 것이 바람직하다. 요즘 기종은 순차모드를 갖춘 것이 많다고 생각되지만, 만약 공초점레이저현미경에 이 모드가 장착되지 않은 경우, 각 형광상을 각각 얻은 후 Photoshop 등으로 상을 중첩시킨다.

ⓖ 이 차이는 움직임이 빠른 작은 세포소기관(수송소낭, 엔도솜 등은 최대 몇 μm/초로 움직임)으로 문제가 되기 쉽다. 그러나 핵 등 큰 세포소기관은 영향이 적다. 또 여러 번 scanning할 때에도 같은 문제에 주의해야 한다.

ⓗ 고정을 함으로써 광독성을 고려하지 않고, 침착하게 영상을 얻을 수 있기 때문에 더 좋은 파라미터에서 좋은 화상을 얻을 수 있게 된다. 살아 있는 세포로 화상을 취득할 수도 있지만, 고정하고 더 나은 화상의 얻는 것도 고려한다.

ⓘ 선 순차 방식 스캔은 여기광과 검출기를 라인별로 전환하는 방식이다. 이에 따라 각각의 영상 확보 시에 시간의 차이는 수 m초로, 거의 무시할 수 있게 된다.

ⓙ 프로그램이나 PC의 정지 등으로 어렵게 얻은 화상 데이터를 잃어버리지 않도록 확보한 영상은 최대한 빠르게 저장한다. 또 분석 중에 화상 정보의 변경이나 파손에 대비하기 위해 원본 데이터는 따로 남겨둔다.

원포인트 어드바이스

① 영상 확보 시의 parameter 조정에 대해서

목적하는 시야를 임시로 스캔하고, 화상 취득의 parameter를 결정하는 것은 결과의 좋고 나쁨을 결정하는 가장 중요한 스텝이라고 할 수 있다. 그러나 parameter 변화에 따른 영향은 양면성이 있다(예를 들면 pinhole 지름을 작게 하면 분해 능력이 증가하여 화상은 깨끗하지만 반면 형광은 어두워지고, 화상 취득에 시간이 걸려서 그 결과로 형광 표백과 광독성(phototoxicity)이 증가하게 된다. 표 1에 화상 취득시의 parameter 변화와 그에 따른 영향에 대해서 정리했다). 각 표본은 형광 강도 및 요구되는 화상의 정확도가 다르다는 것을 생각하면 그 조건은 단순히 결정 할 수 있는 것은 아니다. 따라서 보편적인 가이드라인 등은 존재하지 않고, 실제 표본을 이용하여 학습할 수밖에 없다. 익숙해지기 전에는 동일한 표본을 다수 제작하고 연습용 표본에서 시행착오 후 실전의 측정을 권장한다.

표 1 Parameter 변화에 따라 관찰에 미치는 영향

변화시키는 parameter		관찰에 미치는 영향: 분해능	노이즈	화상 취득 소요시간	표백·광독성
형광 강도	강하게 한다	올라간다	감소한다	짧아진다	증가한다
	약하게 한다	내려간다	증가한다	길어진다	감소한다
Pinhole 지름	작게 한다	올라간다	감소한다	길어진다	증가한다
	크게 한다	내려간다	증가한다	짧아진다	감소한다
검출기의 감도	내린다	올라간다	감소한다	길어진다	증가한다
	올린다	내려간다	증가한다	짧아진다	감소한다
평균화 횟수	늘린다	올라간다	감소한다	길어진다	증가한다
	줄인다	내려간다	증가한다	짧아진다	감소한다

화상 취득 시 바람직한 영향을 빨간 글자로 표시한다.

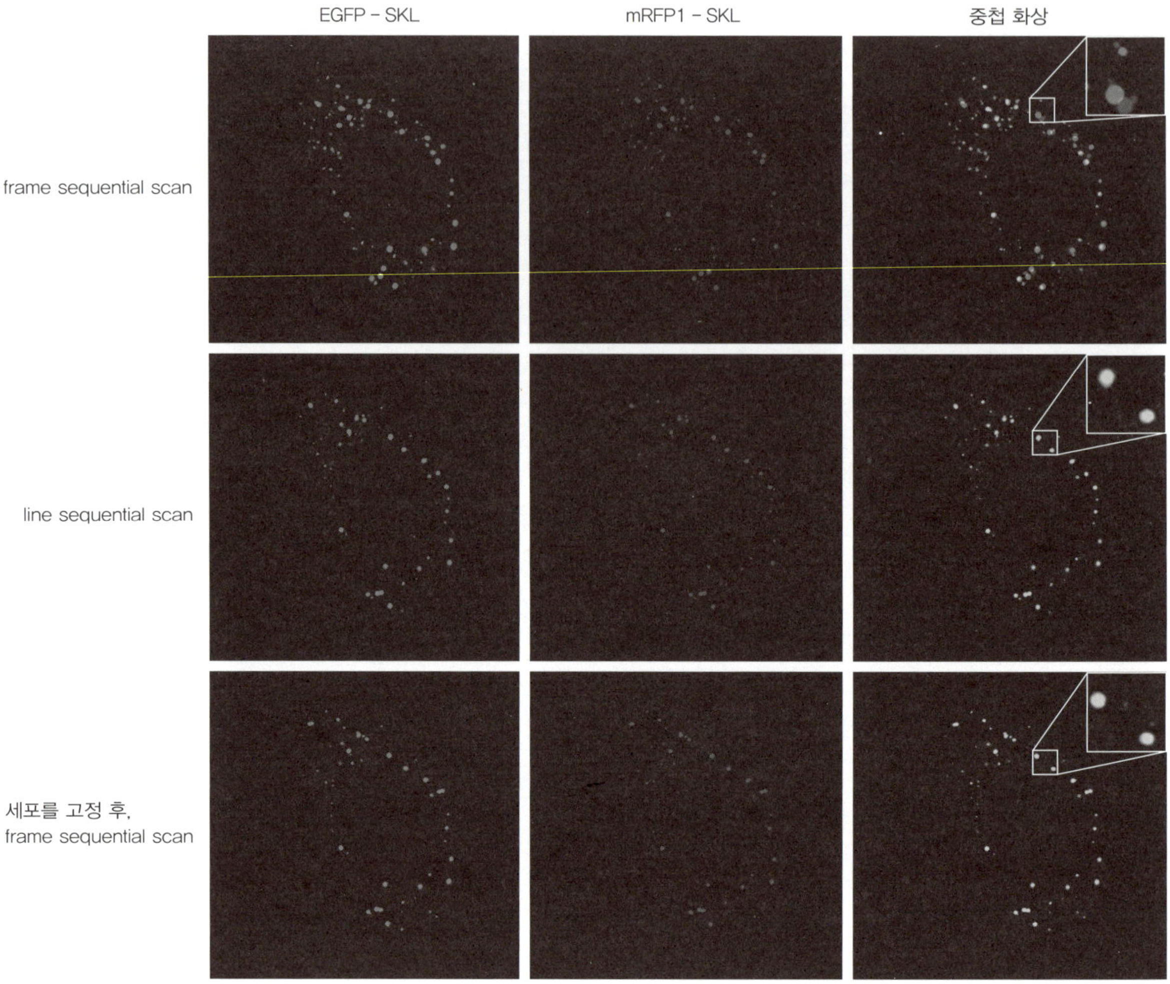

EGFP - SKL　mRFP1 - SKL　중첩 화상

frame sequential scan

line sequential scan

세포를 고정 후,
frame sequential scan

그림 5　살아 있는 세포에서의 공동분포 관찰

EGFP−SKL과 mRFP1−SKL을 공동 발현한 세포를 (위) frame sequential scan, (중간) line sequential scan, (아래) 고정 후, frame sequential scan을 실시하였다. Frame sequential scan에서는 EGFP와 mRFP1의 형광 화상 취득에 시간의 차이(이 그림에서는 3초)가 있기 때문에 peroxisome이 이동하고 함께 공동분포하지 않는 것처럼 보인다. (권두 Color Graphics 9 참고)

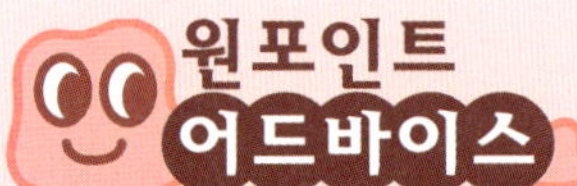

② 형광단백질을 이용하여 실험할 때의 유의점

표적단백질과 세포소기관을 형광단백질로 표지하는 것은 생체 내에서 일어나는 현상을 실시간으로 관찰할 수 있는 매우 매력적인 실험방법이다. 또한 새로 클로닝한 단백질 등 특이 항체가 아직 없는 단백질도 형광단백질과 융합시킴으로써 그 분포와 거동을 조사할 수 있다. 그러나 이 융합단백질은 어디까지나 인공적인 분자이며, 내재성의 표적분자와 같은 거동을 나타내는 것은 아니다. 또 기능을 보유한 융합단백질을 이용한 경우에도, 밝은 형광을 얻기 위해서 이들을 대량으로 강제 발현시키는 것도 많고, 정상적인 반응이 관찰되지 않는 경우도 많다. 이들 형광단백질을 이용한 실험은 인공 산물을 동반하기 쉬운 것임을 항상 염두에 두어야 한다.

참고문헌

1) 高松哲郎 編：「わかる実験医学シリーズ バイオイメージングがわかる」, 羊土社, 2005
2) 三輪佳宏 編：「実験がうまくいく蛍光・発光試験の選び方と使い方」, 羊土社, 2007
3) 高田邦昭 編：「注目のバイオ実験シリーズ 初めてでもできる共焦点顕微鏡活用プロトコール」, 羊土社, 2003
4) 宮戸健二, 岡部 勝 編：「顕微鏡活用なるほどQ&A」, 羊土社, 2008
5) 高田邦昭, 他 編：「染色・バイオイメージング実験ハンドブック」, 羊土社, 2006

Ⅱ-2 FRET에 의한 단백질 상호작용 분석

1 실험법의 목적

세포 기능은 단백질-단백질간 상호작용에 의해 달성되고 있다고 해도 과언이 아닐 것이다. 예를 들면 성장인자의 신호전달(signal transduction)에 있어서도, 수용체의 2합체화 등 수많은 단백질의 상호작용이 관여하고 있다. 따라서 세포 기능의 규명에는 단백질-단백질 상호작용의 규명이 필수적이다. 단백질 상호작용 분석법으로서 *in vitro*에서는 오래전부터 yeast two-hybrid법(효모단백질잡종법, **4장 Ⅰ-3** 참고)이 사용되고 있다. 그러나 이 방법은 상호작용의 유무는 검출할 수 있지만, 세포의 언제 어디서라는 시공간적 정보를 갖지 않는다. 세포 내에서의 역동적인 단백질간의 상호작용을 검출하는 수단으로 FRET법이 주목받고 있다.

2 원리

FRET은 Fluorescence Resonance Energy Transfer(형광공명에너지전달)의 약자이며, 2개의 색소 사이에 에너지가 복사가 아닌 방식으로 이동하는 현상이다(그림 1). 에너지를 주는 측은 donor, 받는 측은 acceptor라고 부른다. FRET이 일어나려면 donor의 형광스펙트럼과 acceptor의 흡수스펙트럼에 중첩이 있어야 한다(그림 2). Acceptor가 donor의 근방에 존재하면 여기된 일부 donor는 에너지를 형광으로 방출하는 것이 아니라 acceptor에 이동시키는 것이 생긴다. 전체적으로 donor의 형광량은 감소한다. 에너지는 donor로부터 acceptor에 광자를 통해 에너지가 전달되는(donor에서 형광을 발하며, 그 형광을 acceptor가 흡수하는) 것이 아니라는 점에 주목할 필요가 있다. Donor로부터 acceptor에 에너지의 전달 효과는 여기된 donor 중 acceptor에 에너지를 이동시키는 것의 비율이며,

$$E = \frac{k_T}{1/\tau_D + k_T} \cdots\cdots ①$$

로 표현된다. k_T는 FRET의 속도 상수, τ_D는 donor의 형광 수명이다. k_T는,

$$k_T = \frac{Q_D \kappa^2}{\tau_D r^6}\left(\frac{9{,}000(\ln 10)}{128\pi^5 N n^4}\right) J$$

이다.

(Q_D : donor의 양자 수율, κ^2 : 배열 인자, τ_D : donor 혼자만의 형광 수명, r : donor와 acceptor 사이의 거리, N : Avogadro 수, n : 굴절률, J : donor 형광스펙트럼과 acceptor 흡수스펙트럼의 중첩 적분)

$$R_0^6 = Q_D \kappa^2 \left(\frac{9{,}000(\ln 10)}{128\pi^5 N n^4}\right) J$$

으로 두면, 식①은

$$E = \frac{R_0^6}{R_0^6 + r^6}$$

가 된다. R_0^6은 Förster 거리라고 불리며, donor와 acceptor가 이 거리에 있을 때, FRET의 효율은 50%가 된다. 이 식에서 알 수 있듯이, 거리가 멀어짐에 따라 급격하게(거리의 6승에 의존하여) FRET 효율은 감소한다. 상호작용을 조사하고 싶은 단백질에 2개의 형광색소를 융합하고 단백질의 상호작용을 두 색소 간 거리의 변화, 즉 FRET 효율의 변화로서 검출하는 것이 FRET에 의한 단백질간 상호작용 분석의 원리이다(그림 1). 또한 FRET의 물리화학적인 자세한 내용은 참고문헌 1을, donor와 acceptor의 화학양론 등의 포괄적 논의에 관해서는 참고문헌 2, 3을 참고한다.

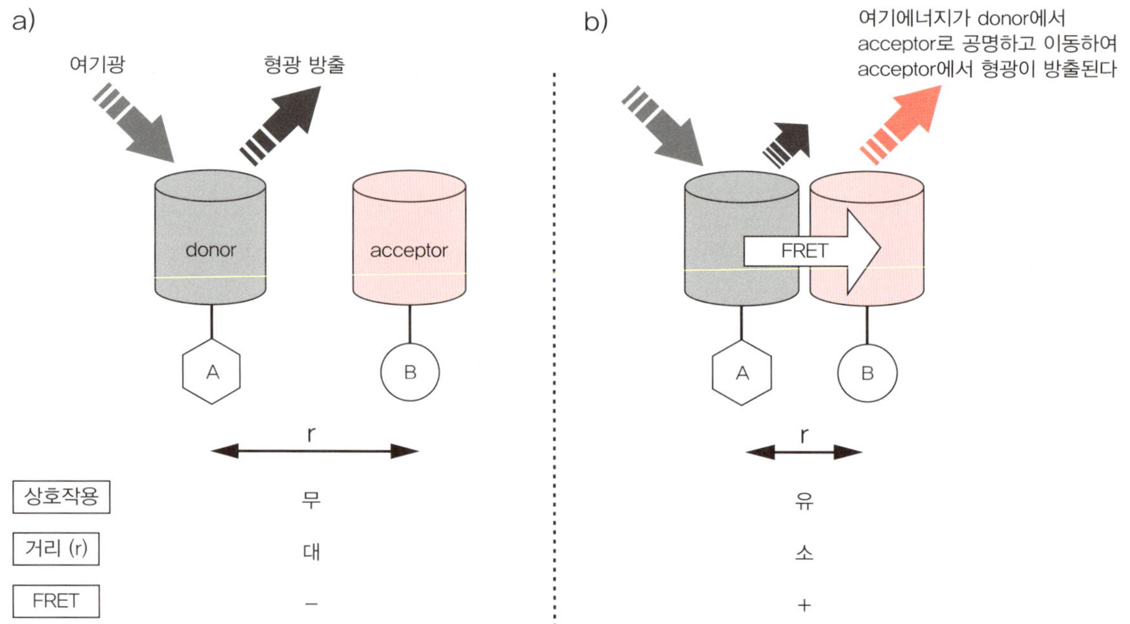

그림 1 FRET에 의한 단백질 상호작용 검출의 원리
단백질 A와 B가 상호작용하였을 때, donor와 acceptor의 거리가 작아지고, FRET가 생기게 된다(b). 그 결과, donor의 형광이 감소하고, (acceptor에 형광색소를 이용한 경우) acceptor의 형광이 커진다. 한편, 상호작용이 없을 때는 donor와 acceptor 간의 거리는 크고, FRET는 생기지 않는다(a).

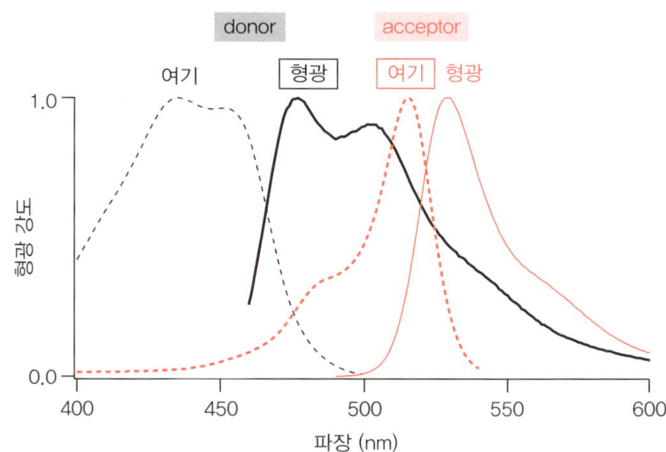

그림 2 FRET pair의 여기 · 형광스펙트럼의 예
Donor의 형광스펙트럼(흑색 실선)과 acceptor의 흡수스펙트럼(적색 점선, 그림에서는 여기스펙트럼을 나타내고 있다)은 중복될 필요가 있다.

3 형광단백질을 이용한 FRET

형광단백질을 donor 및 acceptor로 이용하는 경우, 형광단백질의 조합으로는 CFP[cyan 변이체, 여기피크(ex) : 435 nm, 형광피크(em) : 475 nm]와 YFP(노란색 변이체 ex : 514 nm, em : 527 nm)의 조합이 많이 사용되지만, 그 외에 GFP(ex : 488nm, em : 507nm)와 YFP의 조합, GFP 및 RFP(mCherry, ex : 587 nm, em : 610 nm)의 조합, Cyan(Micy ex : 470 nm, em : 496 nm)와 Orange(mKO ex : 548 nm, em : 559 nm) 등 많은 조합이 사용된다. 최근 FRET에 최적화된 형광 단백질 조합 CyPet, YPet도 개발되어 그 감도는 증가하고 있다.

한편, 형광단백질을 기능단백질과 융합시키는 경우, 서로의 기능을 저해할 가능성을 고려할 필요가 있다. 상호의 저해를 피하기 위해 양자 사이에는 유연한 긴 linker를 사용하면 좋다. 이를 위한 벡터로 pBS Coupler를 제작하고 있다[4].

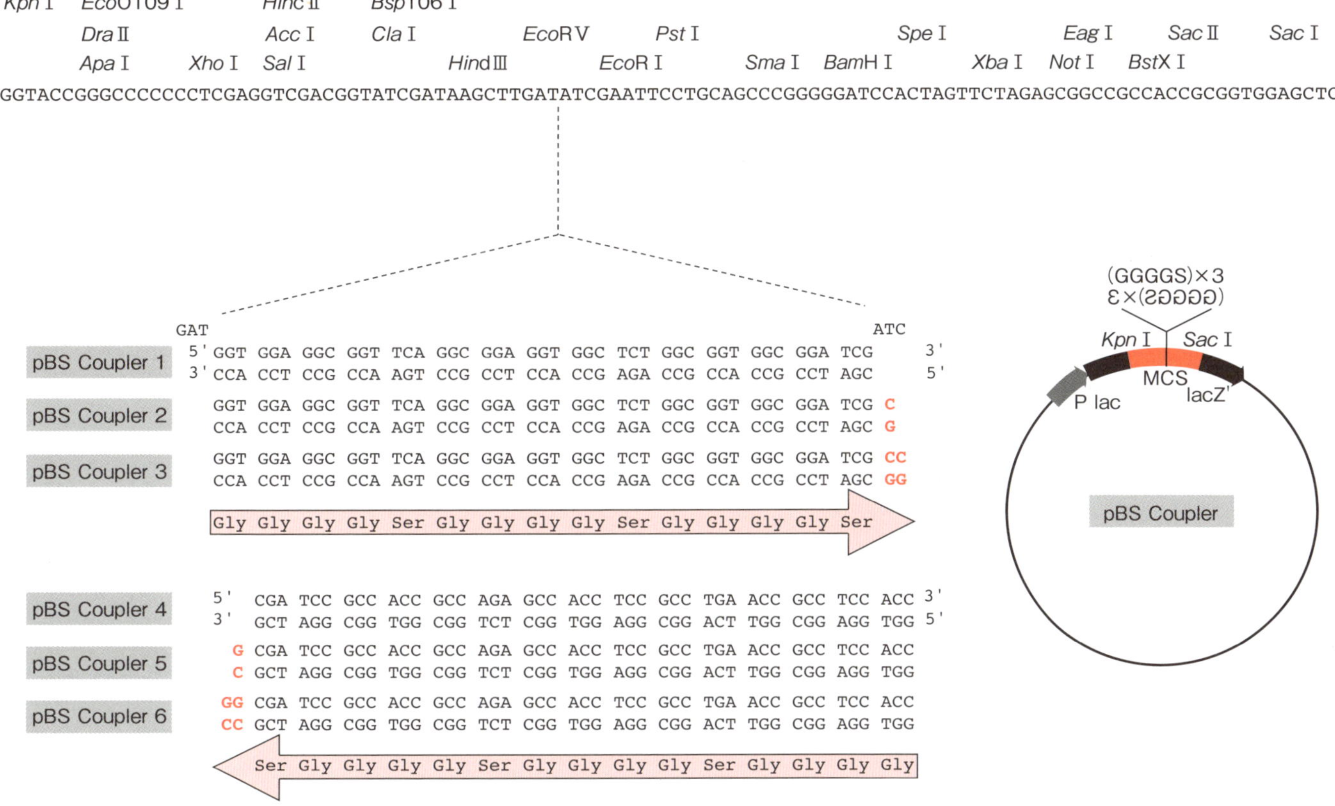

그림 3 융합단백질 제작용 벡터 pBS Coupler의 모식도
왼쪽 arm(*Kpn* I, *Hind* III)과 오른쪽 arm(*Eco*R I, *Sac* I)에 각각 cDNA를 서브클로닝함으로써 간편하게 유연한 linker를 가진 융합단백질을 제작할 수 있다.

이 벡터는 많은 제한효소 사이트를 멀티클로닝 사이트에 있는 pBlueScript을 바탕으로 그 *Eco*RV 사이트에 긴 유연한[(Gly−Gly−Gly−Gly−Ser)$_3$] linker가 삽입된 구조를 가진다(**그림 3**). Linker의 양쪽에 기능단백질과 형광단백질을 각각 서브클로닝하면 간편하게 융합단백질을 제작할 수 있다. 길고 유연한 linker(pBS Coupler)와 2합체 형성 경향이 있는 형광단백질(CyPet, YPet)을 이용하면, 형광단백질은 비교적 자유롭게 움직일 수 있기 때문에, 기능단백질이 인접하면 CyPet, YPet 2합체를 형성하는(FRET가 발생) 것이 예상된다. 단백질 상호작용 검출의 간소화가 기대된다.

준비물

- 상호작용을 조사하고 싶은 단백질의 cDNA
- 형광단백질 한 쌍 조합의 cDNA
- 발현 vector
- 글라스 보텀 디쉬
- Phenol−red 불포함 배지
- 현미경상 incubator : MI−IBC(Olympus사) 등
- 도립형광현미경[k]
- 광학필터
  CFP−YFP 사이의 FRET 경우의 예 : 여기필터−440AF21, 형광필터 : 480DF30

[k] 공초점현미경 관찰은 탈색을 일으키기 쉬우므로 처음의 검토는 광각의 형광현미경을 이용하여 하는 것이 좋다.

및 535DF25, dichroic mirror : 455DRLP(Omega Optical사)

- Filter exchanger(Sutter Instrument사, Lamda 10-2 등)
- CCD 카메라
- 영상 획득 소프트웨어
- 분석 소프트웨어(ImageJ 등)

Protocol

FRET 측정에는 형광 강도를 지표로 하는 방법과 형광 수명을 지표로 하는 방법이 있다. 형광 수명을 측정하는 방법은 정량적이지만, 형광 강도를 측정하는 방법이 간편하고 특별한 장치를 필요로 하지 않기 때문에, 그 방법을 나타낸다. 또한 아래에서는 FRET를 통한 YFP의 형광이미지를 FRET 상으로 한다.

1) 역동적인 단백질 상호작용의 검출

이번에는 CaMKI와 calmodulin(CaM)을 예로 CFP, YFP을 이용한 상호작용 분석에 대한 프로토콜을 나타낸다.

❶ CaMKI 및 CaM을 pBS Courler4에 각각 서브클로닝한다. 또한 CFP 및 YFP를 CaMKI, CaM을 서브클로닝한 pBS Coupler4에 각각 클로닝한다. 형광단백질은 기능단백질이 상호작용할 때 물리적으로 상호작용할 수 있는 말단에 부가한다.

❷ ❶에서 제작한 융합단백질 cDNA를 발현벡터 pcDNA3에 서브클로닝한다.

❸ 세포에 transfection한다. Acceptor의 양이 많아지도록 플라스미드의 양을 조정한다.

❹ Transfection 이틀 후[①] 페놀레드는 형광을 발하기 때문에 배지를 페놀레드 미포함 배지로 교환한다(HBSS, DMEM/F12 등).

❺ Glass bottom dish를 현미경에 세팅한다. 장시간의 관찰이 필요할 때에는 현미경상 incubator를 이용한다.

❻ GFP용 필터 세트를 이용하여 관찰할 세포를 선택한다. 너무 밝지 않고 너무 어둡지 않은 것을 선택한다. 한 시야에 밝은 세포, 어두운 세포, 그 중간의 밝기의 세포가 있으면 좋다.

❼ 영상 획득 소프트웨어를 이용하여 여기필터를 440 nm, 획득하는 형광필터를 530 nm 및 480 nm으로 설정한다. Dichroic mirror는 455DRLP로 한다.

❽ Time lapse imaging 개시 후 얼마 동안은, FRET/CFP 비율이 안정되지 않을 경우가 있으므로, 비율이 일정하게 되는 것을 기다린다(imaging 간격은 바꾸지 않는다).

① 형광단백질의 성숙 등을 고려하고, 이미징은 transfection 다음날이 아닌 이틀 후에 하는 편이 안정된 결과를 얻는 경우가 많다. YFP의 성숙은 비교적 빠르지만, CFP의 성숙은 느리다.

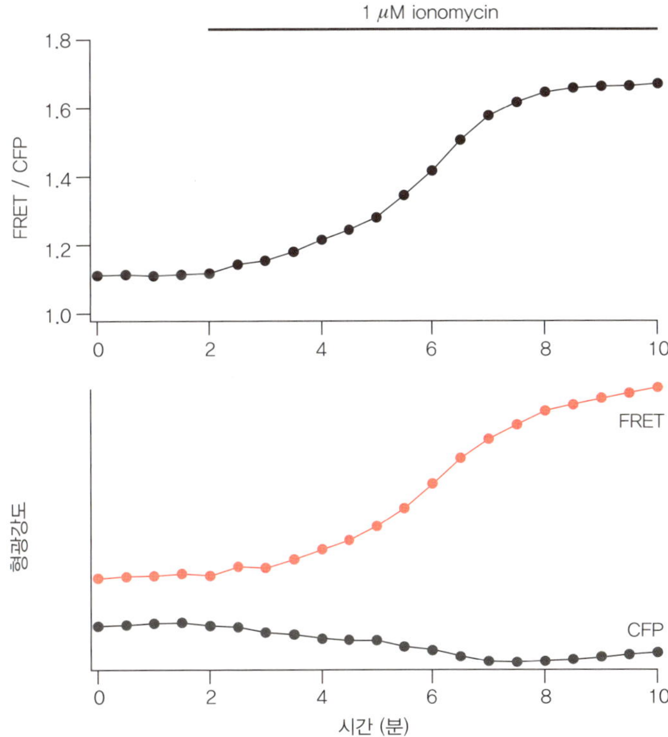

그림 4 CaMKI와 CaM의 상호작용의 FRET에 의한 검출
Ionomycin에 의한 세포내 칼슘이온 농도 상승에 수반하여, CaMKI와 CaM이 상호작용하고, FRET/CFP가 커지고 (FRET 형광의 증가와 CFP 형광의 감소) 있다.

⑨ 상호작용을 변화시키는 자극을 가한다(이번에는 1 μM ionomycin).

⬇

⑩ 이미지 처리 소프트웨어를 사용하여 FRET 이미지/CFP 이미지의 형광 강도의 비율을 계산하고 자극에 따라 비율이 변화하고 있는지 확인한다[ⓜ]. CFP 이미지의 형광 강도와 FRET 이미지의 형광 강도를 plot하고 비율의 변화에 따라 CFP와 FRET 형광 강도가 반대의 변화가 있는지 확인한다(그림 4).

ⓜ CFP 영상과 FRET 영상의 비율을 계산할 때, 각각의 영상에서 백그라운드(셔터를 닫고 있을 때의 영상)를 뺀다. 형광이 어두울 때에는 이 작업이 특히 필요한 것이다.

4장 단백질 상호작용의 분석

2) Acceptor 광표백법

정상 상태에서, 2개의 기능단백질이 상호작용하고 있는지 알아내려면 acceptor 광표백(photo bleaching)법을 사용한다. 이 방법의 원리는, acceptor의 발색단을 파괴(강한 빛 조사에 의한 표백)함으로써, acceptor가 에너지를 받을 수 없도록 하고 FRET이 발생했는지 여부를 조사하는 것이다. 만약 FRET이 발생한다면(FRET 때문에 잃은 에너지를 회복할 수 있으므로), CFP의 형광 강도가 상승하고, FRET가 발생하지 않으면 CFP의 형광은 변화하지 않는다.

FRET 효율의 평가는,

$$E = \frac{F_D - F_{DA}}{F_D} \cdots\cdots ②$$

식에 의해 실시한다. F_D는 acceptor가 근방에 없을 때의 donor 형광 강도, F_{DA}는 FRET가 발생하는 경우의 donor 형광 강도이다.

❶ Construction, transfection 등에 대해서는 1)과 동일하게 실시한다.

❷ 표백 전의 CFP 이미지를 얻는다.

❸ ND 필터를 분리한 다음, 530 nm의 빛을 세포에 쬐어 표백한다(필터 : 525AF45, dichroic mirror : 560DCLP, Omega Optical사).

❹ YFP의 표백 정도를 YFP 직접 자극에 의한 YFP 형광에 의해 확인한다. YFP의 형광이 강하게 관찰될 때는, 표백을 계속한다. YFP 표백에는 xenon lamp를 이용한 경우 약 1분 정도 걸린다.

❺ 표백 후 CFP 이미지를 얻는다.

❻ 표백 전후에서 CFP 형광 강도를 식②에 대입하여 FRET 효율을 산출한다ⓝ.

ⓝ YFP에 530 nm 부근의 강한 빛을 쐬면, 480 nm 부근에서 형광을 발하는 분자가 간혹 생성된다. False positive가 될 수 있으므로 FRET 효율이 약할 때는 주의가 필요하다.

Troubleshooting

문제점	가능성 있는 원인	해결을 위한 조치
● 자극 전에 비율이 안정되지 않는다.	• 표백되었을 가능성	➲ 여기광 강도를 낮춘다.
● 시그널을 검출할 수 없다.	• 단백질이 상호작용하여도 donor와 acceptor가 접근할 수 없다.	➲ 형광단백질의 융합방법을 N-말단과 C-말단 양쪽을 시도해본다.

참고문헌

1) Lakovicz, J. R. : Principles of Fluorescence Spectroscopy 3rd edition, KLUWER ACADEMIC / PLENUM PUBLISHERS, 2006

2) Miyawaki, A. : Annu. Rev. Biochem., 80 : 357-373, 2011

3) 宮脇敦史 : 「蛍光イメージング革命」第4章, 秀潤社, 2010

4) Shimozono, S. & Miyawaki, A. : Methods in Cell Biol., 85 : 381-393, 2008

제5장

단백질 변형의 분석

I 인산화

단백질 인산화는, 단백질인산화효소(protein kinase)가 ATP(드물게 GTP)에서 인산기를 단백질로 전이하는 번역후 변형 반응이다(그림 1). 동물세포에서는 주로 serine, threonine, tyrosine 잔기의 수산기가 인산화되지만, 식물과 박테리아는 tyrosine 대신 histidine 잔기의 인산화가 중요한 반응이다. Protein kinase는 매우 큰 유전자군을 형성하고(http://kinase.com 참고), 발생 · 분화 · 증식 및 물질대사 등 다양한 세포 기능 제어에 관한 많은 단백질(전체 단백질의 약 30%)이 인산화된다. 단백질은 인산화 변형을 받음으로써, 고차구조, 생리활성, 안정성, 세포내 분포, 다른 단백질과의 상호작용 등이 역동적으로 변화하고 그 결과 다양한 생리작용의 조절이 이루어진다. 또 인산화 변형은 가역적인 반응이며, 단백질인산가수분해효소(protein phosphatase)에 의해 인산기가 유리된다. 따라서 세포 내의 인산화 변형은 kinase와 phosphatase의 균형에 의해서 조절되는 동적 평형 상태에 있다. 본 항에서는 동물세포 기능 제어에 관한 serine, threonine, tyrosine의 인산화 변형을 중심으로, 그 분석법을 소개한다.

인산화의 분석법 개요를 그림 2의 flowchart에 나타낸다. 우선 단백질이 인산화되어 있는지 아닌지 검토한다. 주요 단백질에서 인산화 부위까지 이미 식별되는 것이라면, 시판되고 있는 인산화 부위 특이적 항체를 이용한 Western blotting으로 쉽게 인산을 검출할 수 있다. 그러나 새로운 단백질의 인산화 변형의 가능성을 검토하는 경우에는 ① 인산화 부위의 추측 프로그램(PhosphoSitePlus 등)으로 검토, ② 인산화된 serine / threonine / tyrosine에 대한 항체를 이용한 Western blotting, ③ 전기영동 gel에서의 이동성 분석, ④ 인산화 아미노산을 인식하는 probe(Phos−tag 등)를 이용한 분석, 그리고 최근 많이 사용되지 않게 되었지만, ⑤ 세포내 단백질의 [^{32}P] 표지 등의 방법을 조합하여 표적단백질이 인산화 변형을 받고 있는지 아닌지 여부를 결정한다.

인산화 변형이 확인되면, 다음으로 인산화 부위를 동정한다. 그러기 위해서는 ① 내재성 단백질과 높게 발현시킨 단백질의 인산화 부위의 질량분석기에 의한 직접적인 분석과, ② 추측된 부위의 치환 변이체 등을 이용한 시험관내 인산화 반응과 세포에서 발현계를 이용한 분석, 그리고 ③ 인산화 부위 특이적 항체에 의한 검증 등을 조합

그림 1 인산화 반응

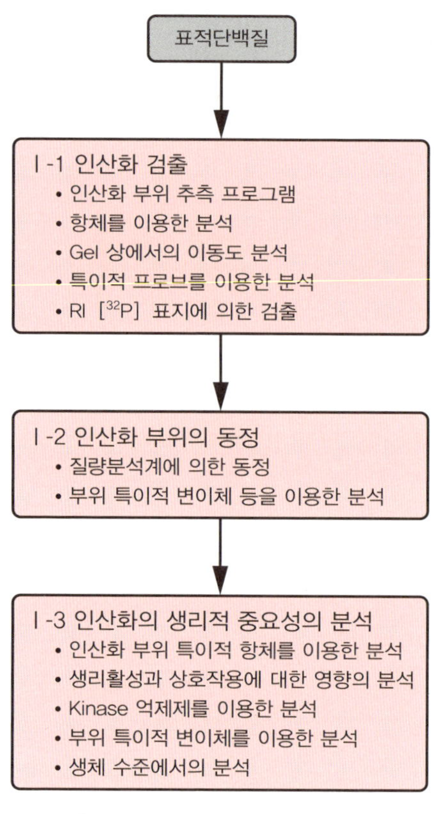

그림 2 인산화 변형의 분석 과정

한 실험을 한다.

마지막으로 인산화의 생리적 중요성을 밝히기 위해 ① 인산화 부위 특이적 항체에 의한 인산화의 거동 추적, ② 인산화에 의한 단백질의 생리활성과 상호작용에 미치는 영향의 분석, ③ kinase 억제제를 이용한 인산화의 중요성과 원인 kinase 추정, ④ 부위 특이적 아미노산 치환 변이체(인산화되지 않는 변이체 및 인산화를 모방하는 변이체)를 이용한 세포 생물학적 분석, 더 가능하다면 부위 특이적 아미노산 치환 변이체를 유전자삽입(knock-in)한 마우스를 이용한 생체 수준에서 분석한다. 인산화의 분석법은 일반화되고 있지만, 특별한 기기와 시설이 필요한 경우도 있으므로, 각 연구실에서 실행 가능한 방법부터 순차적으로 실험에 착수한다.

Ⅰ-1 인산화의 검출

1 인산화 부위 유추 프로그램의 검토

표적단백질의 아미노산 서열 정보를 먼저 구입해 인터넷상에서 공개되어 있는 소프트웨어를 이용하여 인산화 변형의 가능성과 인산화 부위를 예측해보자. 자주 이용되고 있는 다음의 사이트를 통해 인산화 부위 전후의 배열에서 인산화를 담당하는 kinase 추측도 가능하며, 실험 계획의 입안에 매우 유용한 정보를 얻을 수 있다.

- PhosphoSitePlus(https://www.phosphosite.org/)
- NetPhos 3.1 Server(http://www.cbs.dtu.dk/services/NetPhos/)
- Phospho.ELM(http://phospho.elm.eu.org/)

2 항체를 이용한 인산화 검출법

인산화 부위를 인식하는 항체로서, 인산화된 serine/threonine 잔기나 tyrosine 잔기를 널리 인식하는 항체와, 인산화 아미노산의 전후의 아미노산 배열도 포함한 특정한 인산화 부위를 인식하는 항체가 많이 시판되고 있다. 항인산화 thyrosine 항체는 특이성이 높으므로, 그 항체를 이용한 Western blotting으로 주요 분자의 검출이 가능하다. 인산화 serine/threonine을 인식하는 항체에는 아직 절대적인 것이 없어서 다른 방법을 조합하여 검출하는 것이 여전히 필요하다. 그러나 인산화 serine/threonine 부위 특이적 항체에는 우수한 것이 많아, 주요 인산화 단백질의 분석은 이들을 이용하는 것만으로 거의 만족스러운 결과를 얻을 수 있다. 문헌 등에서 입증된 항체를 확인하고, 다음의 회사에서 구입한다. 카탈로그나 특집 잡지는 유용한 정보를 제공해 준다. 아래에서는 실제 실험 예로서, 항인산화 tyrosine 항체를 이용한 Western blotting법을 소개한다.

인산화 항체를 제조하고 있는 주요 회사

Cell Signalling Technology(CST)
Millipore(UPSTATE)
Santa Cruz Biotechnology
Invitrogen(Biosource, Zymed)
Merck(CALBIOCHEM)
Sigma (2011년 9월 현재)

항인산화 tyrosine 항체를 이용한 Western blotting

준비물

1) 기구 · 기계

- SDS-PAGE용 장치 세트(2장 I 참고)
- Blotting 장치(2장 II 참고)
- Platform식 rotator

2) 시약 · 시료

- 분석하는 단백질(세포용해물, 면역침강물)
- SDS-PAGE용 시약
- Blotting용 시약
- Nitrocellulose membrane
- 블로킹 solution
- Washing solution(Tween-TBS)
- 항인산화 tyrosine 항체(4G10 : Millipore)
- Horseradish peroxidase(HRP)-conjugated 항마우스 IgG
- Chemiluminescence detection kit(ECL : Thermo Fisher Scientific)

3) 시약의 조제

블로킹 solution[o][p]

		(최종 농도)
1 M Tris-HCl(pH 7.4)	10 mL	(10 mM)
NaCl	8.765 g	(0.15 M)
Tween-20	1 g	(0.1%)
Bovine serum albumin	10 g	(1%)
10% NaN_3	5 mL	(0.05%)

DW를 첨가하여 total 1,000mL이 되게 한다.
4°C 보관, 1개월 사용 가능

Tween-TBS

1 M Tris-HCl(pH 7.4)	10 mL	(10 mM)
NaCl	8.765 g	(0.15 M)
Tween-20	1 g	(0.1%)

DW를 첨가하여 total 1,000 mL가 되게 한다.
실온 보관, 1주일 사용 가능

ⓞ 항인산화 티로신 항체의 반응을 저해하는 인산과, 또한 항체와 비특이적으로 반응하는 카세인을 포함한 skim milk를 블로킹 solution이나 washing solution에 써서는 안 된다.

ⓟ 인산화 항체 전용의 블로킹 solution인 Blocking One-P가 Nacalai Tesue사에서 판매되고 있다.

Protocol

❶ 샘플을 SDS-PAGE로 분리하고, nitrocellulose membrane으로의 transfer를 일반적인 Western blotting법(2장 Ⅱ)에 따라 실시한다.

❷ Transfer한 membrane을 블로킹 solution에 담가, 실온에서 1시간 진탕한다[q].

❸ 블로킹 처리한 membrane을 항인산화 티로신 항체 4G10(블로킹 solution[r]으로 5,000~10,000배로 희석)과 실온에서 1~2시간 반응시킨다.

⬇

❹ 항체 용액을 회수하고[s], membrane을 Tween-TBS로 5분간(3회) 세척한다.

⬇

❺ Membrane을 HRP-conjugated 항마우스 IgG(NaN_3[t]를 포함하지 않는 Tween-TBS에서 5,000배로 희석[u])와 실온에서 30분간 반응시킨다.

⬇

❻ Tween-TBS로 15분간(1회), 이어 5분간(3회) 세척한다.

⬇

❼ 일반적인 방법과 마찬가지로 chemiluminescence에 의한 검출을 한다(2장 Ⅱ).

ⓠ 4°C에서 overnight으로 정치해도 상관없다.

ⓡ Tween-TBS로 희석해도 문제없지만, 재사용하는 경우에는 NaN_3를 0.05% 농도 넣어 4°C에 보관한다.

ⓢ 4°C에 보관하고 10회 이상 재사용할 수 있다.

ⓣ NaN_3는 peroxidase 반응을 억제한다.

ⓤ 2차 항체는 재사용할 수 없다.

실험사례

그림 3 참고

3 간접적인 인산화 검출법

A) Gel에서의 이동도 분석

인산화 단백질의 물리화학적 성질을 이용하여 인산화를 추정할 수 있다. 하나는 인산화된 단백

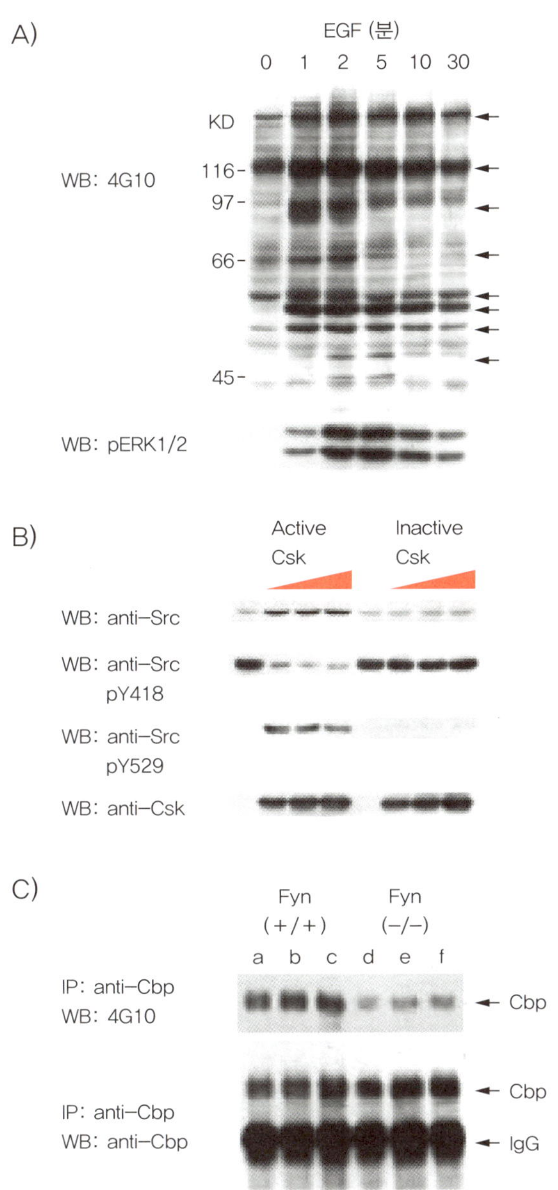

그림 3 인산화 특이적 항체를 이용한 분석 사례

A) 위의 패널 : PC12 세포를 일정 시간 EGF(상피세포성장인자)로 자극한 후, 항인산화 티로신 항체(4G10)를 이용한 Western blotting으로 세포내 단백질의 티로신 인산화의 변화를 검출하였다. 화살표로 나타낸 단백질의 티로신 인산화가 EGF 자극에 의해 높아지는 것이 관찰되고 있다.
아래 패널 : 같은 샘플을 항인산화 MAP kinase(ERK1/2) 항체(Cell Signaling Technology사 #9101)를 이용한 Western blotting으로 분석하였다. EGF 자극에 의해 ERK1/2이 활성화되는 것이 확인되고 있다.

B) 암유전자 Src의 활성제어 부위(529번째 잔기인 티로신; Y529)는 Csk라는 다른 종류의 tyrosine kinase에 의해서 특이적으로 인산화된다. 그 Csk가 결손된 세포에, Csk를 강제 발현시켜 Src의 tyrosine 인산화 상태의 변화를 관찰하였다. 활성형 Csk(active Csk) 및 불활성형 Csk(inactive Csk)를 발현한 세포를 용해하고, 항 Src 항체, 항인산화 티로신418(pY418) 항체, 항인산화 티로신529(pY529) 항체, 항 Csk 항체를 이용한 Western blotting을 실시하였다. 활성 있는 Csk를 발현시킴으로써, Src의 Y529 인산화가 증가하고 Src가 불활성화하고 여기에 더불어, Src의 활성화 지표인 Y418의 인산화가 감소하는 것을 알 수 있다. 또 불활성형이 됨으로써 Src 단백질이 안정화되어 양이 증가하는 것도 관찰되고 있다.

C) 야생형(a, b, c) 및 Fyn이라는 tyrosine kinase를 결손한 마우스(d, e, f)의 뇌조직을 용해하고, Cbp라고 하는 막단백질을 면역침강법(**3장 Ⅲ** 참고)으로 분리하였다. 그 면역침강물을 항 Cbp 항체 및 항인산화 티로신 항체를 이용한 Western blotting으로 분석하였다. 이 결과로부터, Fyn knockout mouse에서는 Cbp의 인산화가 저하된 것으로 나타나고, Fyn이 Cbp의 인산화 조절에 관여하는 것을 알 수 있다. (C는 참고문헌 9을 인용)

질은 SDS-PAGE와 2차원전기영동법에서 이동도가 변화하는 성질을 이용한 방법이다. 인산화됨으로써 전하가 변화하거나 SDS의 결합량이 변화하고 이동도가 비인산화형보다 지연되거나 밴드가 번진 형태로 되는 경우가 있다. 그러나 SDS-PAGE로 분리를 잘하기 위해서는 bis-acrylamide 함량을 줄이는 등 분리 조건을 약간 바꿀 필요가 있다. 표적단백질에 대한 항체가 있는 경우에는 일반적인 Western blotting으로 이동도의 변화가 있는지를 먼저 분석한다. 이어서 그 샘플을 적당한 phosphatase로 처리하여 처리 전후의 이동도를 비교하여 이동도의 변화가 인산화에 의한 것임을 증명한다. 그 phosphatase 처리에는 유전자 공학에서 자주 이용되는 BAP(Bacterial Alkaline Phosphatase)와 CIAP(Calf Intestine Alkaline Phosphatase) 등의 알칼리 phosphatase가 기능적이지만, serine/threonine과 tyrosine을 구별하기 위해서는 각각 serine/threonine에 특이적인 phosphatase(protein phosphatase 1 등)와 tyrosine에 특이적인 phosphatase(LAR protein tyrosine phosphoase 등)을 이용할 수도 있다[6](이들 효소는 New England BioLabs사 등에서 구입 가능하다). 면역침강법(**3장 Ⅲ** 참고)으로 분리한 단백질을 이용하면 보다 명확한 실험 결과를 얻을 것이다(그림 4).

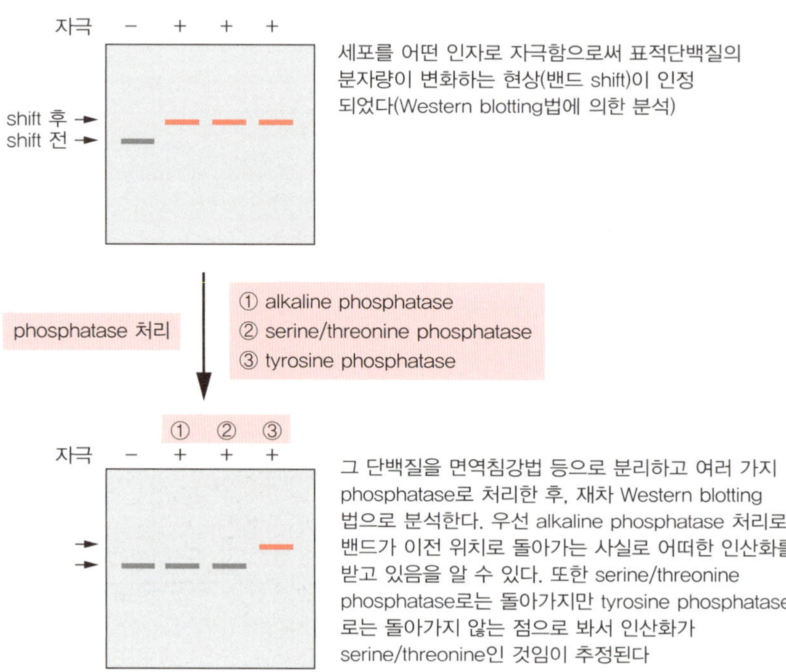

그림 4 효소를 이용한 인산화 단백질의 분석

B) 특이적 probe를 이용한 분석

히로시마대학의 Koike 교수 등에 의해, 인산 monoester 음이온(R−OPO_3^{2-} : R = 단백질, 펩티드 등)을 중성 pH에서 특이적으로 포착하는 기능성 분자 phos−tag(Phos−tag®)가 개발되어(**그림 5**)[10),11)], 이를 이용한 획기적인 분석 기술(Phos−tag 기술)이 단백질의 인산화 변형 분석에 응용되고 있다.

Phos−tag는 모든 인산화된 serine/threonine/tyrosine 잔기를 인식하기 때문에, 인산화 아미노산의 종류를 직접 구별할 수 없지만, 전반적인 인산화 단백질의 검출, 분리 · 정제, 동정 등 다양하게 응용 가능한 강력한 probe로 주목받고 있다. 또한 phos−tag에 포착된 인산화 단백질은 중성 pH의 phosphate buffer 등의 온화한 조건에서 유리되기 때문에 안정된 상태에서 효율적으로 단백질을 회수할 수 있는 것도 큰 특징이다. 단백질의 인산화 변형 분석을 위해 다음의 유도체를 이용한 기술이 개발되었다.

1) Phos−tag® Biotin

Phos−tag에 biotin을 첨가한 것. Western blot법 및 표면 plasmon 공명에 의한 인산화 단백질의 검출이나 분리에 이용한다.

2) Phos−tag® Acrylamide

Phos−tag와 결합한 인산화 단백질의 전하의 변화를 이용하여 SDS−PAGE gel이나 chromatography에서 인산화를 검출한다.

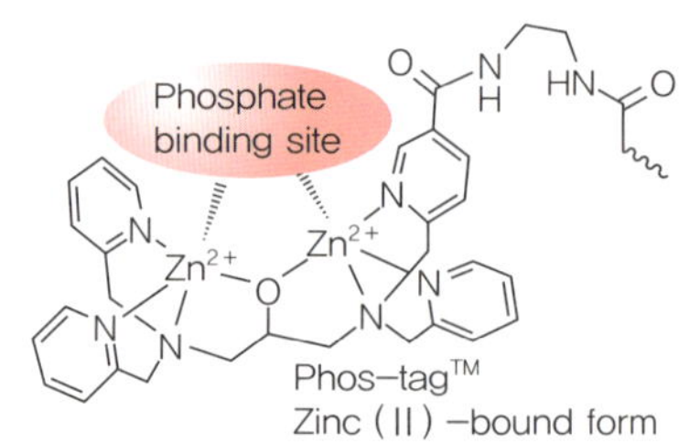

그림 5 Phos−tag에 의한 인산기의 인식 기전
(Phos−tag.com에서)

3) Phos−tag® Agarose

Phos−tag에 공유결합한 agarose beads. 인산화 단백질의 농축, 분리, 정제에 이용한다.

인산화 항체를 이용한 이런 분석방법과, 또한 질량분석법을 조합함으로써 보다 효율적인 인산화 단백질의 포괄적인 분석이 가능하게 되었다. Phos−tag

기술의 자세한 내용은 Phos-tag consortium의 홈페이지를 참고하기 바란다(http://www.phos-tag.com/).

4 방사성 동위원소(RI) [^{32}P] 표지에 의한 인산화 검출법

A) [^{32}P] 정인산을 이용한 세포 표지

지금까지 소개한 non-RI 실험이 현재 주류를 이루고 있지만, 보다 고감도로 단백질의 인산화를 검출하기 위해서는 [^{32}P]정인산(orthophosphoric acid)을 이용하여 세포를 표지하고 표적단백질에 [^{32}P]의 결합을 검출하는 방법이 필요한 경우가 있다. 또한 인산화 아미노산의 동정과 인산화 부위의 결정에도 표지된 단백질이 유용한 경우도 많다. 방사선 피폭과 오염 가능성이나 법적 규제가 있다는 점에서 기피되는 실험이지만 그 유용성은 아직까지 많다고 생각된다. 특히 단백질 한 분자에 몇 분자의 인산기가 결합하고 있는가(stoichiometry)가 인산화의 의의를 생각하는데 중요할 수 있는데, 이러한 정량적 분석에는 이 표지법이 최적이다. 또한 pulse-chase label(일정 시간 표지한 후 표지 시약을 제외한 배지로 바꾸어 배양하여 표적단백질의 표지가 빠져 나가는 속도를 측정하는 방법)함으로써 인산화의 turnover속도 등의 분석도 가능하다. 여기에서는 RI의 취급법에 대해 자세하게 설명할 수는 없지만, 소속기관의 "방사성 동위원소 취급 규정" 등을 잘 읽고, RI의 기본적인 성질을 이해한 후 실험에 임해야한다. 또한 세포를 표지할 때의 RI 취급 방법에 관해서는 참고문헌 1,2에 자세하게 설명되어 있으므로 참고한다.

준비물

1) 기구 · 기계

- 일반 세포배양용 기구
- 차폐판 등 RI 실험용 설비(그림 6)
- CO_2 incubator(1~2시간 정도의 짧은 표지의 경우에는 특별히 필요 없다.)
- 미량 고속 냉각원심분리기(15,000 rpm)
- Screw cap식 eppendorf tube(1.5 mL)

2) 시약 · 시료

- 배양세포(부착, 부유세포 모두 가능)
- 인산 불포함 배양액(인산 불포함 Dulbecco Modified Eagle Medium)
- 생리 식염수로 투석한 혈청(Calf serum, Fetal calf serum 등)
- [^{32}P] 정인산(약 400~800 mCi/mL $H_3{}^{32}PO_4$ in 0.02N HCl)
- 세척 buffer
- 세포용해 buffer(SDS 용해 buffer, TNE buffer, RIPA buffer)

3) 시약의 조제

세척 buffer		(최종 농도)
1 M Tris-HCl(pH 7.4)ⓥ	1 mL	(10 mM)
Sucrose	8.56 g	(0.25 M)

DW를 첨가하여 total 100 mL가 되게 한다.
4°C 보관. 1개월 사용 가능

ⓥ 탈인산화를 더 억제하기 위해서 10 mM phosphate buffer(pH 7.4)도 자주 이용되고 있다.

SDS 용해 buffer

DW	85 mL	
1 M Tris-HCl(pH 7.4)[v]	5 mL	(50 mM)
10%SDS	5 mL	(0.5%)
1 M DTT(필요 시 조제)	0.1 mL	(1 mM)

DW를 첨가하여 total 100 mL가 되게 한다.
4°C 보관. 1개월 사용 가능

TNE buffer

DW	85 mL	
1 M Tris-HCl(pH 7.4)[v]	2 mL	(20 mM)
5 M NaCl	3 mL	(150 mM)
0.5 M EDTA	0.4 mL	(2 mM)
Nonidet P-40	1 g	(1%)
1 M NaF[w]	5 mL	(50 mM)
10 mg/mL aprotinin(필요 시 조제)	0.1 mL	(10 μg/mL)
10 mg/mL leupeptin(필요 시 조제)	0.1 mL	(10 μg/mL)
1 M Na_3VO_4[w](필요 시 조제)	0.1 mL	(1 mM)
0.2 M Phenylmethylsulfunyl fluoride (in ethanol, 필요 시 조제)	0.5 mL	(1 mM)
14.4 M 2-mercaptoethanol[x](option)	35.5 μL	(5 mM)

DW를 첨가하여 total 100 mL가 되게 한다.
필요시 조제로 첨가할 시약을 제외한 혼합액을 4°C 보관.
1개월 사용 가능

RIPA buffer

DW	85 mL	
1 M Tris-HCl(pH 7.4)[v]	2 mL	(20 mM)
5 M NaCl	3 mL	(150 mM)
0.5 M EDTA	0.4 mL	(2 mM)
Nonidet P-40	1 g	(1%)
Na deoxycholate	0.1 g	(0.1%)
10% SDS	1 mL	(0.1%)
1 M NaF	5 mL	(50 mM)
10 mg/mL aprotinin(필요 시 조제)	0.1 mL	(10 μg/mL)
10 mg/mL leupeptin(필요 시 조제)	0.1 mL	(10 μg/mL)
1 M Na_3VO_4(필요 시 조제)	0.1 mL	(1 mM)
0.2 M Phenylmethylsulfunyl fluoride (in ethanol, 필요 시 조제)	0.5 mL	(1 mM)
14.4 M 2-mercaptoethanol(option)	35.5 μL	(5 mM)

DW를 첨가하여 total 100 mL가 되게 한다.
필요시 조제로 첨가할 시약을 제외한 혼합액을 4°C 보관.
1개월 사용 가능

ⓦ NaF는 serine/threonine 탈인산화효소, Na_3VO_4는 tyrosine 탈인산화효소 억제제로 작용하다. 후자의 억제제로 50 μM Na_2MoO_4를 더 추가하기도 한다.

ⓧ 2-mercaptoethanol은 표적단백질의 안정화에 필요한 경우에 첨가하다.

Protocol

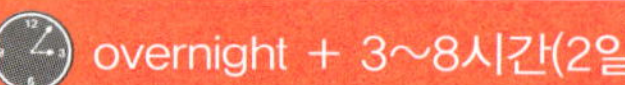
overnight + 3~8시간(2일)

동위원소를 이용하는 실험에서는 **그림 6**과 같은 준비가 필요하다.

❶ 표지 세포를 적당한 배양접시(60 mm dish 등)에서 overnight 배양한다[y].

❷ 배지를 aspirator 등으로 주의 깊게 제거하고(부유 세포의 경우는 원심분리로 세포를 모아 상층액을 제거), 미리 37°C로 예열한 인산 불포함 배지(필요에 따라 투석한 혈청[z]을 포함한 것)를 추가하여(증식 배지와 동량 정도) 가볍게

ⓨ 세포배양에 관해서는 참고문헌 3 등을 참고한다. 세포는 새로운 증식배지에서 배양하고 70~80% confluent 정도일 때 표지한다. 생장기에 있는 세포가 인산의 흡수효율이 높다.

ⓩ 혈청을 투석튜브(분자량 3,500)에 넣고, 냉장실(4°C)에서 생리식염수(0.9% NaCl)로 overnight 투석한 후, 여과멸균한다.

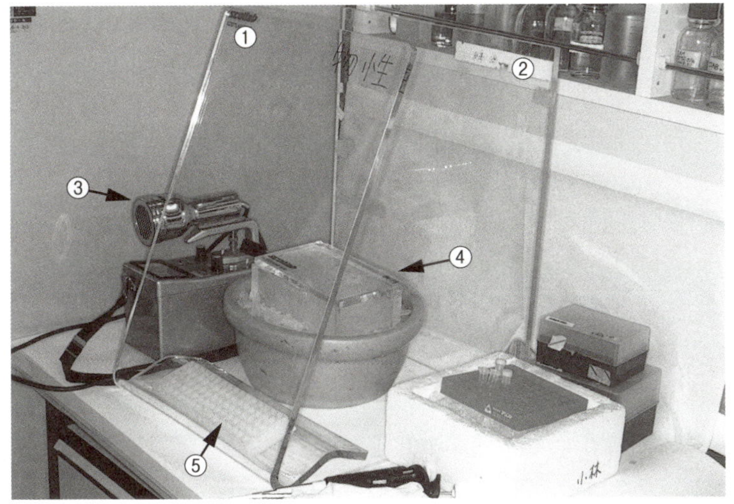

그림 6 동위원소 실험에 필요한 기구

① 차폐판(shielding, 2 cm 정도의 두께가 바람직)
② 차폐판(건너편에 사람이 있는 경우 필요)
③ 가이거 뮐러 측정기
④ 아크릴 차폐함
⑤ 튜브 rack

이외에, 플라스틱 장갑과 방사성동위원소 폐기물을 넣는 아크릴 박스를 손이 닿는 곳에 준비해 둔다.

세포를 린스한다(부유 세포의 경우 세포를 충분히 현탁시킨다). 다시 배지를 제거하고 새로운 인산 불포함 배지(37°C)를 60 mm dish에 3 mL 추가한다.

⬇

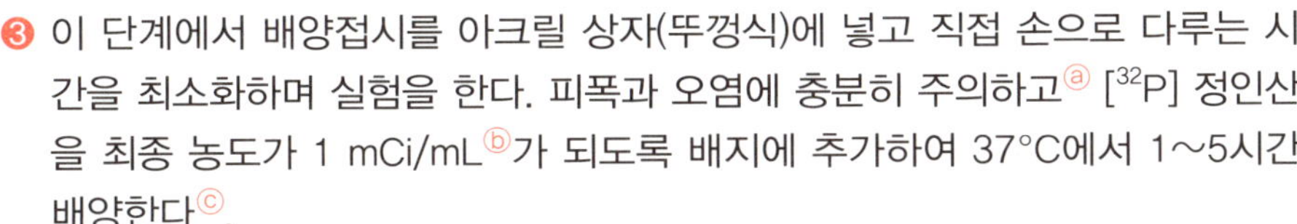

❸ 이 단계에서 배양접시를 아크릴 상자(뚜껑식)에 넣고 직접 손으로 다루는 시간을 최소화하며 실험을 한다. 피폭과 오염에 충분히 주의하고[ⓐ] [^{32}P] 정인산을 최종 농도가 1 mCi/mL[ⓑ]가 되도록 배지에 추가하여 37°C에서 1~5시간 배양한다[ⓒ].

⬇

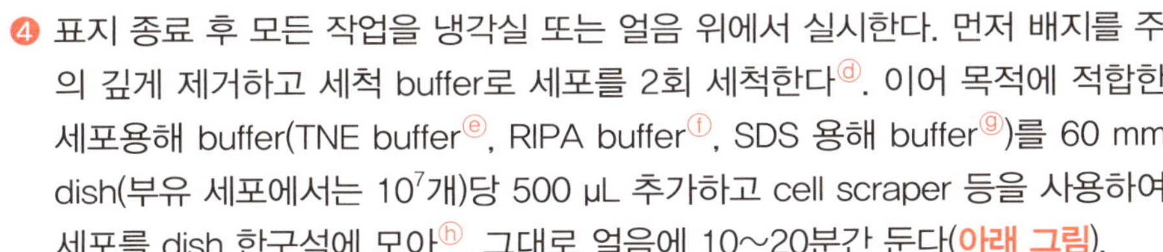

❹ 표지 종료 후 모든 작업을 냉각실 또는 얼음 위에서 실시한다. 먼저 배지를 주의 깊게 제거하고 세척 buffer로 세포를 2회 세척한다[ⓓ]. 이어 목적에 적합한 세포용해 buffer(TNE buffer[ⓔ], RIPA buffer[ⓕ], SDS 용해 buffer[ⓖ])를 60 mm dish(부유 세포에서는 10^7개)당 500 μL 추가하고 cell scraper 등을 사용하여 세포를 dish 한구석에 모아[ⓗ], 그대로 얼음에 10~20분간 둔다(**아래 그림**).

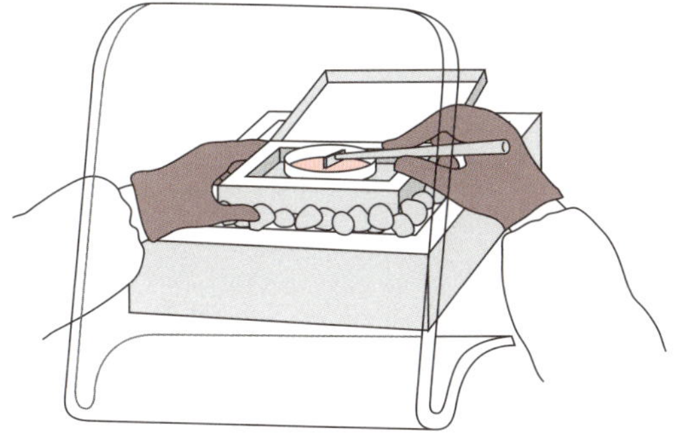

Cell scraper를 이용한 세포의 회수

ⓐ 적절히 차폐하며 실험하고 가이거 뮐러 측정기로 자주 오염 검사를 한다(측정기는 항상 켜둔다). 장갑이 오염되면 바로 새것으로 교환한다. 에어로졸의 흡입에 의한 오염을 막기 위해 Pipetman의 팁도 플러그가 붙은 것을 쓰는 게 좋다. 또 손의 피폭을 막기 위한 보호대 달린 Pipetman도 시판되고 있다.

ⓑ 목적으로 하는 단백질에 따라 양을 조절할 필요가 있으며 0.1~2 mCi/mL의 범위에서 사용한다.

ⓒ 일반적으로 1~2시간에 충분한 표지가 이루어진다고 한다. 그러나 정상상태(steady state)에서 인산화를 보고 싶은 경우나 표적단백질의 발현량이 극히 적은 경우 등에서는, 세포에 따라 가능하다면 overnight 표지할 수도 있다(CO_2 incubator를 사용한다).

ⓓ 표지배지는 꽤 높은 농도의 ^{32}P를 포함하므로, 배양접시를 직접 손으로 다루지 않으며, 아크릴 상자 안에서 세척 과정을 처리한다. 다음의 세척 과정에서도 가능한 한 빠르게 처리하며, 배양접시를 아크릴 상자에 고정하고 조작하다.

ⓔ TNE buffer는 단백질을 생리활성을 유지한 상태로 회수하는 경우에 사용하지만, 세포골격단백질, 핵단백질 등은 TNE buffer로 가용화할 수 없다.

ⓕ RIPA(Radio Immuno Precipitaion Assay) buffer는 대부분의 단백질을 가용화할 수 있고 백그라운드를 낮출 수 있지만, 생리활성을 소실시키거나 기능적인 복합체를 파괴하는 경우가 있다. 또한 핵단백질도 가용화되어 용액의 점성을 높일 수 있다. 이 경우에는 원심분리 시간을 연장하거나, 고정화된 *Staphylococcus aureus* 균종(Pansorbin cell)을 넣고 원심분리하여 점성의 DNA을 흡착 침전시킨다.

ⓖ SDS 용해 buffer는 모든 단백질을 가용화하며 변성되어도 무방한 경우에 사용한다.

ⓗ 2회의 세척으로 ^{32}P 농도는 꽤 내려가지만, 여전히 높다고 인식하고, 취급하는 경우에는 최대한 빠르게 또는 배양접시를 아크릴 상자 너머에 고정하고 거리를 두며 조작한다.

⑤ 가용화 한 샘플을 screw cap식의 eppendorf tube에 옮겨 15,000 rpm으로 30분간 원심분리한다. 상층액(세포용해물)을 새 튜브에 옮겨 인산화 검출 과정에 사용한다.

B) 인산화 단백질의 검출(면역침강법)

세포 중의 전체 단백질의 인산화 상태를 분석하기 위해서는, 표지한 샘플을 1차원 SDS-PAGE와 2차원전기영동법으로 직접 분리하여 [^{32}P] 인산을 포함한 단백질을 autoradiography 등으로 검출한다. 또한 목적하는 단백질에 대한 항체가 얻어진 경우에는 면역침강법(**3장 Ⅲ**)으로 분리함으로써 특이적인 인산화 상태를 검출할 수 있다. 여기에서는 면역침강법으로 분리한 표적 단백질을 1차원 SDS-PAGE로 분리한 후 인산화를 검출하는 방법을 소개한다.

준비물

1) 기구 · 기계

- 미량 고속 냉각 원심분리기(15,000 rpm)
- Rotator(eppendorf tube용)
- Vortex mixer
- SDS-PAGE용 장치 세트(**2장 Ⅰ** 참고)
- Gel 드라이어
- X선 필름 현상용 설비(BAS 시리즈 등의 imaging analyzer가 있으면 편리)

2) 시약 · 시료류

- [^{32}P] 인산으로 표지한 세포용해물
- 표적단백질에 대한 항체
- Protein G(또는 A)-Sepharose 4 Fast Flow(GE Healthcare)
- TNE buffer
- RIPA buffer
- SDS-PAGE용 시약(**2장 Ⅰ** 참고)
- Gel 염색액(CBB), 탈색제(**2장 Ⅰ** 참고)
- Gel 건조용 여과지(Whatman 3MM 등)
- 투명한 셀로판지
- X선 필름

Protocol

 7시간 + α(1일)

모든 과정은 얼음 속이나 저온실(4°C)에서 진행한다.

❶ 비특이적으로 면역침강물에 혼입하는 물질을 제거하기 위하여, 세포용해물(100~500 μL)ⓘ에 Protein G-Sepharose(20 μL)를 첨가하고 1시간 정도 rotator로 교반한다.

ⓘ TNE buffer 또는 RIPA buffer로 준비한 세포용해물을 면역침강법에 이용하지만, 항체에 따라서는 SDS를 포함한 RIPA buffer에서 반응성이 낮아질 수 있으므로 주의한다. 샘플의 단백질량을 적당량 확보해야 하지만(100~500 μg), 높은 수준의 동위원소를 포함한 샘플의 단백질 정량이 싫은 경우에는 세포수를 정확히 맞추고 용해 buffer의 회수를 정확하게 하면 격차는 상당히 줄어든다.

⬇

❷ 원심분리(5,000rpm, 1분)하여 Protein G–Sepharose를 침강시키고 상층액을 새로운 튜브에 옮긴다ⓙ.

⬇

❸ 적당량(~1 μg)의 항체ⓚ와 Protein G–Sepharose을 20 μL 첨가하여 vortex하고 rotator를 이용하여 1~2시간 반응시킨다.

⬇

❹ 원심분리 후(5,000 rpm, 1분) 상층액을 깨끗이 제거하고ⓛ 용해 buffer(0.5 mL)를 첨가하여 vortex한 후 다시 원심분리하여 상층액을 제거한다. 이 과정을 5회 반복한다ⓜ.

⬇

❺ 마지막 원심분리에서 상층액을 완전히 제거하고 SDS–PAGE로 분석하는 경우에는 동량의 2× SDS–샘플 buffer를 가하고 2분간 끓인다. 원심분리한 상층액(15,000 rpm, 5분)을 전기영동용 샘플로 사용한다.

⬇

❻ 일반적인 방법에 따라 1차원 SDS–PAGE(**2장 I** 참고)를 수행한다ⓝ.

⬇

❼ 전기영동 종료 후 gel을 CBB 염색 및 탈색하고 여과지(아래)와 셀로판지(위) 사이에 끼워 gel dryer로 건조시킨다ⓞ.

⬇

❽ 적당한 위치(gel 외부의 여분 여과지 위)에 동위원소를 함유하는 잉크 등으로 표시하고, X선 촬영용 카세트에 넣어 X선 필름에 감광시킨다ⓟ. X선 필름을 현상하고 인산화 단백질을 검출한다(**아래 그림**).

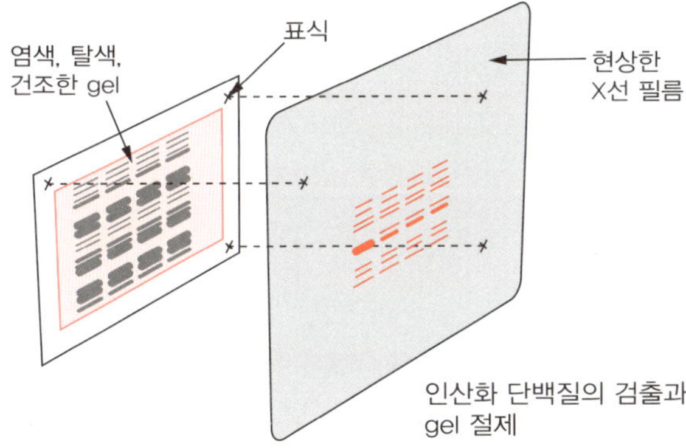

ⓙ 이후의 세척 과정에서 뚜껑을 자주 개폐하게 되므로, 스크루캡식이 아닌 것이 편리하다. Protein G–Sepharose의 침전은 흰색으로 용량도 작아서 튜브에 따라서는 보기 어려운 경우도 있으므로, 되도록 투명도가 높고 각진 바닥 형태의 튜브를 사용하는 것을 추천한다.

ⓚ 추가하는 항체의 양은 표적단백질의 발현량과 항체의 질을 고려하여 적당량 정해진다.

ⓛ Protein G–Sepharose를 빨아들이지 않도록 주의해야 하며, 되도록 끝이 가는 tip을 사용하던지, 27게이지의 바늘을 끼운 1 mL 주사기로 빨아들여 상층액을 제거하면 좋다.

ⓜ RIPA buffer의 계통에서 면역침강한 단백질의 생리활성(효소활성)을 보고 싶은 경우에는, 마지막 2회를 TNE buffer로 세척하여 활성에 영향을 주는 SDS나 DOC 등의 물질을 제거하고, 추가로 생리활성 측정용 buffer로 2회 정도 세척하면 좋다.

ⓝ 세포 내의 전체 단백질의 인산화반응을 검출하는 경우에는 세포용해물을 직접 SDS–sample buffer로 처리하고 이 SDS–PAGE 단계로 실험을 시작한다. 다만 방사성은 면역침강물보다 훨씬 강하므로 동일 gel상에서 분석하는 경우는 lane의 간격을 띄운다. X선 필름 등으로 검출하는 경우, 시그널이 흐려지는 경우가 있다.

ⓞ Gel을 DW로 씻어 탈색제를 제거하며, 미리 거름종이와 셀로판을 DW로 적셔두면 사용하기 편리하다.

ⓟ 감광 시간 등의 조건은 방사성의 강도에 의해서 조절할 필요가 있는데, 충분한 강도가 있어 샤프한 밴드를 얻고 싶을 때는 증감스크린(intensifying screen) 없이 실온에 방치한다. 어쨌든 감도를 올리고 싶은 경우에는 증감스크린을 이용하여 –70°C의 냉동고에 카세트를 넣는다. 또 BAS 시리즈(Fuji사) 등의 image analyzer가 있으면 한층 더 고감도의 검출이 가능하다. 우선 BAS 시리즈 등의 image analyzer로 결과나 방사성을 체크하고, 쓸 만한 것만 X선 필름에 감광하여 데이터로 사용하기도 한다.

I–2 인산화 부위의 확인

1 질량분석계에 의한 확인

지금까지는 [^{32}P] 표지된 단백질의 peptide mapping과 아미노산 서열분석기를 이용한 방법이 이용되어 왔지만, 과정이 복잡하거나, 고순도의 단백질이 다량으로 필요하기 때문에 최근에는 그다지 현실적인 방법이 못되고 있다. 그동안 정밀도 · 정확도가 현저하게 발전한 질량분석계의 확인법이 우선적으로 선택되고 있다. 구체적인 방법은 **5장 V**에 소개되어 있으므로 참고 바란다.

2 부위 특이적 변이체 등을 이용한 분석

생명과학의 진전에 따라 주요 단백질의 분석이 진행되어, 남은 것의 대부분이 마이너 성분이기 때문에 내재성 단백질의 인산화 변형을 직접 분석하기 어려운 경우가 많다. 그것들의 인산화 부위를 확인하기 위해서는 다음의 단계를 밟는 것이 일반적이다.

❶ 첫째, 서열 정보를 토대로 추측 소프트웨어를 이용하여 인산화 부위를 추정한다(I–1 인산화의 검출).

❷ 강제 발현계로 표적단백질을 과량 발현시키고 질량분석계 등을 이용하여 직접 인산화 부위를 추정한다.

❸ 대장균 등으로 발현한 단백질을 고도로 정제하고(상권 참고) 예상되는 담당 kinase로 시험관 내에서 인산화시킨 것의 인산화 부위를 확인한다. 이 실험은 담당 kinase가 표적단백질을 직접 인산화함을 나타내는 필요조건이 된다.

❹ 추정된 인산화 부위를 인산화되지 않는 다른 아미노산(Ala, Gly, Phe 등)으로 치환한 부위특이적 변이체를 세포에 발현시켜 그 변이체의 인산화 유무를 검증한다.

❺ 인산화 부위에 대한 특이적 항체(다음 항목 참고)를 제작하여 내재성 단백질의 인산화를 검출한다.

I–3 인산화의 생리적 중요성 분석

1 인산화 부위 특이적 항체의 제작

인산화의 생리적 중요성을 확인하기 위해서는 인산화 부위 특이적인 항체를 이용한 분석이 매우 효과적이다. 세포 상태의 변화(증식과 분화)에 따른 표적단백질 인산화의 변화를 Western blotting으로 쉽게 검출할 수 있으며, 또 세포염색으로 세포내 인산화의 변화 및 그에 따른 거동의 관찰도 가능해진다. 주요 단백질의 부위 특이적 항체는 시판되고 있지만, 새로운 단백질의 인산화를 분석하기 위해서는 독자적으로 인산화 부위 특이적 항체를 제조할 필요가 있다. 따라서 본 항목에서는 합성 인산화 펩티드를 항원으로 하는 인산화 부위 특이적 항체를 제작하는 방법을 간략하게 설명한다.

A) 인산화 펩티드의 디자인과 합성

항체가 인식하는 epitope가 일반적으로 아미노산 5 또는 6 잔기이기 때문에, 인산화 부위를 포함하지 않는 부분에 대한 항체의 생산을 억제하기 위해 인산화 아미노산을 끼고 전후 5잔기 정도의 인산화 펩티드 합성이 권장된다. 또한 짧은 펩티드에 대한 면역원성을 높이기 위해서는 담체단백질(carrier protein)과 결합시킬 필요가 있다. 담체단백질로는 분자량이 크고 항원성이 높고, 또한 실험에 이용하는 생물에는 저장되지 않는 등의 장점이 있는 Scale shell hemocyanin (KLH) 등이 자주 이용된다. 또한 이러한 담체단백질과의 결합을 위해 펩타이드 말단에 cysteine 잔기 등의 크로스 링커에 대한 반응성이 높은 잔기를 도입할 필요가 있다.

인산 펩티드의 합성은, 국내외의 여러 회사가 의뢰 합성하고 있다. 각자 예산이나 납기일 감안하여 의뢰 기관을 검토한다. 항체의 정제 column을 제작하기 위해서도 사용하므로, 양적으로는 10~20 mg 정도는 필요하다. 항체 제작을 위해서는 100%의 순도가 요구되지 않지만, 경험상 순도가 높은 것이 좋은 결과를 얻을 수 있다. 다만 비싸게 된다. 또 negative control로 비인산화형 펩티드도 준비할 필요가 있다. 대장균에서 발현한 재조합 단백질도 네거티브 컨트롤로 사용할 수 있다.

예) Src tyrosine kinase의 인산화 부위 특이적 항체 제작에 이용한 tyrosine 인산화 펩티드

N–말단–$S_1T_2E_3P_4Q_5$ (pY_6) $Q_7P_8G_9E_{10}N_{11}C_{12}$–C–말단

B) 인산화 펩티드–담체단백질에 결합

합성 인산화 펩티드를 담체단백질에 결합시키기 위해서는 MBS(m–maleimidobenzoyl–N–hydroxysuccinimide ester) 유도체 등의 cross–linker 시약을 이용한다. 최근에는 이미 활성화된 담체단백질이 판매되고 있으므로(Imject Maleimide–Activated mcKLH and Kit, Thermo Fisher Scientific사 등) 펩티드의 결합 반응으로 실험을 시작할 수도 있다. 게다가, 예산이 허락하면 항체 제작 작업 모두 외부에 위탁할 수 있다. 그러나 세세한 항체역가나 특이성 확인이 필요한 경우도 있으므로, 동물 사육시설이 있는 연구소에서는 자체 제작하는 것을 권하고 싶다.

준비물

1) 기구 · 기계

- Sephadex G–25 column(Bio–Rad사 cono–column 등 : 내경 10 mm×높이 50 cm)
- Fraction collector
- Stirrer
- Rotator

2) 시약

- Hemocyanin(구멍삿갓조개 hemocyanin : KLH, Sigma–Aldrich사 H8283 등)
- Sulfo–MBS(m–maleimidobenzoyl–N–hydroxysulfosuccinimide ester) : Thermo Fisher Scientific사(Pierce) 22312 등, MBS도 사용 가능
- 10 mM sodium phosphate buffer(pH 7.2)
- 50 mM sodium phosphate buffer(pH 6.0)
- 0.2 M disodium phosphate 용액
- Bradford 단백질 정량 시약
- 합성 인산 펩티드

3) 시약의 조제

KLH 용액		(최종 농도)
KLH	20 mg	(200 μM)
10 mM sodium phosphate buffer(pH 7.2)	1 mL	

필요 시 조제

Sulfo-MBS 용액		
Sulfo-MBS	8.32 mg	(2 mM)
10 mM sodium phosphate buffer(pH 7.2)	100 μL	

필요 시 조제. KLH의 10배 되는 분량(molar ratio)이 필요

Protocol

6시간 + α (토끼 면역 시간)

❶ 탈염용 Sephadex G-25 column을 50 mM 인산나트륨 buffer(pH 6.0)로 평형화시킨다. 효율적인 탈염이 가능하다면 시판의 spin column(Zeba Desalt Spin Column, Thermo Fisher Scientific사) 등으로도 가능하다.

❷ KLH 용액의 조제(20 mg/1mL). KLH는 녹기 어려우므로(lot에 따라 용해성이 다른 경우도 있다) stirrer bar를 사용할 수 있는 플라스틱 시험관 등으로 잘 교반한다. 용해되지 않은 찌꺼기는 원심분리(10,000 rpm×5분)로 제거한다.

❸ Sulfo-MBS 용액의 조제(100 μL). MBS의 경우는 DMSO에 용해(최종 농도 10 mM)시켜 사용한다.

❹ KLH 용액에 Sulfo-MBS 용액을 직접 떨어뜨리고 실온에서 30분간 교반한다. 4°C의 경우 2시간 반응시킨다. 반응 중에 백탁할 수 있지만 문제없다.

❺ 반응액을 가볍게 원심분리(10,000 rpm×5분)하여 상층액을 Sephadex G-25 column에 흘려 50 mM 인산나트륨 buffer(pH 6.0)로 용출한다. 0.5~1.0 mL씩 회수하고 각 fraction의 일부(10 μL 정도)를 사용하여 Bradford 법으로 단백질 농도를 측정한다.

❻ MBS화된 KLH(KLH-MB)를 포함한 fraction을 모아서 eppendorf tube에 개당 100 μg 정도의 단백질이 포함되도록 소분한다. 사용하지 않는 것은 -80°C에 보관한다.

❼ KLH-MB(100 μg) 용액에 1/2 양의 0.2 M 인산나트륨을 첨가하여 pH를 7.4 부근으로 조정한다[9].

⑨ 이미 활성화된 담체단백질을 확보한다면 이 단계에서 실험을 시작할 수 있다.

❽ 합성 인산화 펩티드 1 mg을 0.5 mL 정도의 증류수 또는 10 mM 인산나트륨 buffer(pH 7.2)에 녹인다. 녹기 어려운 경우에는 일단 소량의 DMSO 등의 용제에 용해시킨 후 수용액으로 만든다. 약간 용량이 증가하여도 문제없기 때문에 완전히 용해시킨다.

⑨ KLH-MB 용액과 합성 인산화 펩티드 용액을 혼합하고 rotator를 이용하여 실온에서 3시간 교반한다. 아르곤 가스 등을 불어넣어 산화를 방지함으로써 효율을 높일 수 있다. 또한 이 단계에서도 백탁하는 경우가 있지만, 면역원성에는 전혀 문제가 없으므로 그대로 면역에 사용한다.

⑩ 반응액을 eppendorf tube에 10등분(약 100 μg 펩티드/tube)하여 −80°C에 보관한다.

⑪ 토끼에 면역하여 polyclonal antibody를 제작하는 경우에는 한 마리당 tube 한 개 분량을 첫 회 면역에 사용한다. Adjuvant로는 TiterMaxR® Gold Adjuvant (Sigma-Aldrich) 등이 있다. 두 번째 이후는 한 마리당 tube의 반을 사용한다. 또한 면역 방법 및 항체의 제조 방법 등에 대해서는 **3장 I**(항체 제작의 기초)을 참고하기 바란다.

⑫ 유감스럽지만 얻어진 항혈청이 그대로 인산화 부위 특이적 항체로 이용될 가능성은 높지 않다(의외로 잘되는 경우도 있지만). 따라서 인산화 부위 특이적 항체를 항혈청에서 정제한다. 그 때문에, 인산화 펩티드 및 그 컨트롤을 공유 결합시킨 레진(SulfoLink Immobilization Kits and Coupling resin, Thermo Fisher Scientific사 등)을 사용한 affinity 정제를 실시한다. 그 방법에 대해서도 **3장 II**를 참고한다.

C) 인산화 부위 특이적 항체를 이용한 분석

얻어진 인산화 부위를 이용하여 세포 반응 과정에서 표적단백질의 인산화 변형의 중요성을 확인할 수 있다. 예를 들어, Erk1/2은 성장인자 자극에 의해 활성화하는 MEK kinase에 의해 특정 threonine과 tyrosine(Thr202/Tyr204)이 인산화되지만, 그 인산화 부위를 특이적으로 인식하는 항체를 이용한 Western blotting에서 Erk1/2의 활성화를 쉽게 모니터링할 수 있다. 또한 이러한 부위 특이적 항체가 면역조직염색에도 사용할 경우에는 인산화에 의한 세포내 분포 변화 등도 밝힐 수 있고, 생리 기능의 이해에 중요한 정보를 얻을 수 있다(**2장**, **3장** 참고).

2 생리활성 및 상호작용에의 영향 분석

인산화 변형의 중요성을 밝히기 위해서는 인산화에 의해 표적단백질의 효소활성 등의 생리활성이 어떻게 변화하는지, 또는 다른 인자와의 상호작용이 어떻게 되는지 등을 검토한다. 표적단백질의 재조합이 충분한 양으로 조제된다면 담당 kinase에 의한 인산화 전후에 그 생리활성을 시험관 내에서 분석하고 결합인자와의 상호작용의 재구성 시스템을 이용하여 상호작용의 변화를 검증한다.

예를 들면, Src kinase가 Csk kinase에 의해 인산화 변형을 받는 의의를 검토하기 위해 필자는 다음과 같은 실험을 하고 있다(그림 3B 참고). 우선 고순도의 Src와 Csk를 곤충세포 발현계 등으로 준비하였다. 이어 Src의 양을 일정하게(50 ng)하고 Csk의 양을 단계적으로 변화시키며(0~20 ng) ATP(50 μM) 및 Mg(10 mM)와 10분간 반응시켰다. 그 반응액을 SDS-PAGE로 분리하여 활성화형 Src의 인산화 부위를 인식하는 항체(anti-Src pY418)와 불활성형 Src의 인산화 부위를 인식하는 항체(anti-Src pY529)를 이용하여 Western blotting하였다. 그 결과 Csk의 양에 의존하여

pY529의 신호가 증가하였고, 그에 반비례해서 pY418의 신호가 감소하는 것이 관찰되었다. 이 결과는 Csk에 의한 Y529의 인산화에 의해서 Src의 활성화가 억제되는 것을 나타낸다. Kinase 신호법에 관해서는 여러 가지의 분석 kit가 Sigma-Aldrich사 등 대형 회사에서 시판되고 있으므로, 그것들의 다운로드 가능한 protocol을 참고한다(Cosmo Bio사 : 인산화 시그널 handbook 등).

3 Kinase 억제제를 이용한 분석

인산화의 의의 규명과 담당 kinase를 추정하는 데 이용되는 가장 간편한 방법이 kinase 억제제를 이용한 분석이다. 많은 kinase가 암 등의 여러 인간 질병과 관련되기 때문에 각각의 kinase에 대한 특이적인 약제의 개발이 활발하게 진행되어왔고, 일부는 이미 임상 응용되고 있다. 담당 kinase가 예상되고 이에 대한 억제제가 이미 존재하면 억제제를 이용한 세포수준에서의 분석으로 그 인산화의 의의를 추측할 수 있다. 그러나 어디까지나 약리학적인 분석이며, 다른 생화학 및 분자생물학적 분석 등과 함께 검증이 필요하다. 또한 주요한 kinase에 대한 억제제를 모은 library도 시판되고(Enzo Life Sciences사 등) 있으므로 가늠해보기 위한 실험으로 그것을 이용하는 것도 의의가 있을 것이다. 또한 phosphatase 억제제를 사용하여 반대의 효과를 관찰할 수 있다. Kinase 억제제의 활용에 관해서는 참고문헌 12를 참고하기 바란다. 표 1에 주요 kinase 억제제 목록을 참고로 제시한다.

4 부위 특이적 변이체를 이용한 분석

억제제의 검증 결과 및 *in vitro* 실험에 근거하고, 또한 유전학적 방법에 의해 인산화의 중요성을 분석한다. 그러기 위해서는 부위 특이적 변이체를 발현시키는 세포주를 구축한다. 변이체로서 ① 인산화 부위를 인산화되지 않는 아미노산으로 치환(Ser/Thr을 Ala/Gly로, Tyr는 Phe로)하여 인산화되지 않게 된 변이체(우성 저해형), ② 인산화 부위를 산성 아미노산으로 치환(Ser/Thr/Tyr를 Glu/Asp로)하여 인산화 상태를 모방하는 변이체(구성적인 인산화형)가 많이 사용되고 있다. 그들의 발현에 의한 세포기능에 미치는 영향을 관찰함으로써 그 인산화의 중요성을 검증할 수 있다. 또한 담당 kinase를 확인할 수 있는 경우에는 그 kinase를 knockdown과 knockout된 세포를 이용한 분석도 중요한 정보를 제공한다. 그러나 kinase는 매우 큰 유전자군을 형성하고 있기 때문에, 기능의 중복 또는 상보성에 주의할 필요가 있다. 최종적으로 인산화 변형의 생리적 중요성을 확인하기 위해서는 표적단백질의 인산화 부위 변이체를 knock-in한 마우스 등을 이용한 생체수준의 분석이 요구되는 경우도 있다. 이상의 실험을 한정된 기간 내에 완벽하게 해내는 것은 어렵지만, 가능한 범위에서의 실험으로 어떻게 생리적 중요성을 명확하게 보일지는 연구자의 능력에 의존하는 것으로 보인다. 후반부의 유전자공학에 관한 실험은 참고문헌 13을 참고할 것을 추천한다.

참고문헌

1) 東京大学医科学研究所制癌研究部 編：「新細胞工学実験プロトコール」, pp.399-414, 秀潤社, 1993

2) Coligan, J. E. et. al. eds. : Current Protocols in Protein Science, A. 2B.1-12, John Wiley & Sons, Inc., 1995

3) 畠中 寛, 淺野 朗：「AMBO マニュアル細胞研究法」, 宝酒造, 1993

4) Kamps, M. P. & Sefton, B. M. : Anal. Biochem., 176 : 22-27, 1989

5) Hunter, T. & Sefton, B. M. : Proc. Natl. Acad. Sci. USA, 77 : 1311-1315, 1980

6) Coligan, J. E. et al. eds. : "Detection of phosphorylation by enzymatic techniques" in Current Protocols in Protein Science, John Wiley & Sons, Inc., 1995

7) 竹縄忠臣, 伊藤俊樹 編：「改訂 タンパク質実験ハンドブック」, 羊土社, 2011

표 1　주요 kinase 억제제 목록

Kinase	억제제	IC50 (μM) [target]	판매원
Multi-kinases	sorafenib	0.006 [Raf-1], 0.022 [B-Raf], 0.058 [ELT-3], 0.068 [c-KIT]	S
Multi-kinases	pazopanib	0.01 [VEGRR], 0.084 [PDGFR], 0.074 [c-KIT]	S
AKT	Akt Inhibitor Ⅷ, Isozyme-Selective, Akti-1/2	0.058 [Akt1], 0.21 [Akt2], 2.1 [Akt3]	C
AMPK	compound C	0.1 [AMPK]	C
ATM	ATM kinase inhibitor	0.013 [ATM]	C
Aurora	Aurora kinase/ cdk inhibitor	0.011 [aurora-A], 0.015 [aurora-B]	C
Bcr-Abl/Src	dasatinib	0.0001 [Src Family]	S
Bcr-Abl/Kit	imatinib mesylate	0.014 [Bcr-abl]	S
BTK	LFM-A13	2.5 [BTK]	C
CAMKⅡ	KN-93	0.37 (Ki) [CAMKⅡ]	W
CDK	Alsterpaullone, 2-cyanoethyl	230 pM [Cdk1]	C
CDK	Cdk1/2 inhibitor Ⅲ	600 pM [Cdk1], 500 pM [Cdk2]	C
Chk	Chk2 inhibitor	0.008 [Chk2]	C
CK	D4476	0.2 [CK1]	C
DNA-PK	IC60211	0.43 [DNA-PK]	C
eEF2	TX-1918	0.44 [eEF2-K]	C
EGFR	AG1478	0.003 [EGFR]	C
EGFR	erlotinib	0.002 [EGFR]	S
EGFR	gefitinib	0.0004 [EGFR]	T
EGFR/Her2	lapatinib	0.003 [EGFR], 0.013 [Erb-B2]	S
Fyn	SU6656	0.17 [Fyn], 0.28 [Src]	C
GSK	1-Azakenpaullone	0.018 [GSK-3b]	C
HER2	AG825	0.35 [HER2], 19 [EGFR]	C
IGF-IR	AG1024	IGF-IR, IR	C
IKK	IKK-2 inhibitor Ⅵ	0.013 [IKK-2]	C
Jak	JAK Inhibitor Ⅰ	0.015 [JAK1], 0.001 [JAK2], 0.005 [JAK3], 0.001 [Tyk2]	C
JNK	JNK inhibitor Ⅷ	0.002 [JNK]	C
Lck	PP2	0.004 [Lck]	C
mTOR	temsirolimus	0.002 [mTOR]	S
mTOR	Torkinib	0.008 [mTOR]	W
MAPK	ERK inhibitor Ⅱ	0.51 [ERK1], 0.33 [ERK2]	C
MEK	U-0126	0.072 [MEK1], 0.058 [MEK2]	W
Met	SU11274	0.02 [Met]	C
MLCK	ML-7	0.3 [MLCK]	C
p38	SB202190	0.016 [p38b]	C
p38	SB239063	0.044 [p38a, b]	C
PDGFR	PDGF receptor tyrosine kinase inhibitor V	0.004 [PDGFR]	C
PI3K	LY-294002	1.4 [PI3K]	W
PI3K	Wortmannin	0.012 [PI3K]	C
PKA	H-89	0.135 [PKA]	L
PKC	Bisindolymaleimide Ⅰ, HCl	0.01 [PKC]	W
PKC	Go7874	0.004 [PKC]	C
PKG	KT5823	0.23 [PKG]	A
Raf	RAF1 kinase inhib-itor Ⅰ	0.009 [Raf]	C
ROCK	H-1152	0.002 [ROCK]	C
ROCK	Y-27632	0.14 [ROCK]	C
Src	PP1, PP2	1.5 nM [v-src]	C
TGF-βRⅠ	TGF-βRⅠ kinase inhibitor Ⅱ	0.023 [TGF-βRⅠ]	C
TrkA	TrkA inhibitor	0.006 [TrkA]	C
VEGFR	VEGF recptor 2 kinase inhibitor Ⅰ	0.07 [VEGFR2]	C

몇 개의 억제제는 항암제로서 사용되고 있다.
[판매원 약어] A：Alexis, C：Calbiochem(Merck), L：LKT Laborartories, S：Selleck Chemicals, T：Tocris Bioscience, W：Wako

8) 小田吉哉, 長野光司 編：「創薬・タンパク質研究のためのプロテオミクス解析」, 羊土社, 2010
9) Shima, T. et al.：Proc. Natl. Acad. Sci. USA, 100：14897-14902, 2003
10) Kinoshita, E. et al.：Dalton Trans., 21：1189-1193, 2004
11) Kinoshita, E. et al.：Mol. Cell. Proteomics, 5：749-757, 2006
12) 秋山 徹, 河府和義 編：「阻害剤活用ハンドブック」, 羊土社, 2006
13) 田村隆明 編：「無敵のバイオテクニカルシリーズ 改訂第3版 遺伝子工学実験ノート 上・下巻」, 羊土社, 2009

II 유비퀴틴화 · 단백질 분해

유비퀴틴 변형계(ubiquitin modification system)는 E1(유비퀴틴 활성화효소), E2(유비퀴틴 접합효소), E3(유비퀴틴 연결효소)의 3종 효소군의 작용에 따라 표적단백질(기질)에 유비퀴틴을 부가하는 시스템이다(**그림 1**). 유비퀴틴이 1개 부가된 모노유비퀴틴화(monoubiquitination)에 의해서 단백질의 기능이 제어되는 경우도 있지만, 유비퀴틴 변형계가 다른 번역후 변형계와는 다른 특징은, 표적단백질에 결합한 유비퀴틴에 추가적인 유비퀴틴이 차례로 결합하여 염주 모양으로 결합된 유비퀴틴의 중합체인 폴리유비퀴틴 사슬(poly ubiquitin chain)을 부가함으로써 단백질의 기능을 제어하는 점이다.

유비퀴틴 간의 결합은 유비퀴틴의 7개의 lysine 잔기(K6, K11, K27, K29, K33, K48, K63) 및 N−말단의 methionine 잔기에 유비퀴틴의 C−말단 glycine이 결합하여 형성되므로, 세포 내에는 단순히 생각해서 적어도 8종류의 폴리유비퀴틴 사슬이 존재하게 된다(실제로는, 각각의 혼합형, 분리형 등이 있으며, 그 종류는 더욱 많다). 유비퀴틴 발견의 배경[r]에서 유비퀴틴화라고 하면 "단백질 분해"라고 이해되는 독자들도 많다고 생각되지만, 폴리유비퀴틴화된 표적단백질은 그 부가된 폴리유비퀴틴 사슬의 결합 양식에 따라 다양한 생리기능을 발휘하는 것으로 밝혀지고 있다. 전형적으로, K48 체인은 proteasome 분해, K63 체인은 신호전달과 DNA 복원에 관여하고 있다. 또한 저자의 연구실에서 확인한 유비퀴틴 N−말단의 methionine을 통한 폴리유비퀴틴 사슬은 NF−κB의 활성화에 관여하고 있다.

ⓡ 2004년, 유비키틴−매개 단백질분해의 발견자들(A. Hershko, A. Ciechanover, I. Rose)에게 노벨화학상이 수여되었다.

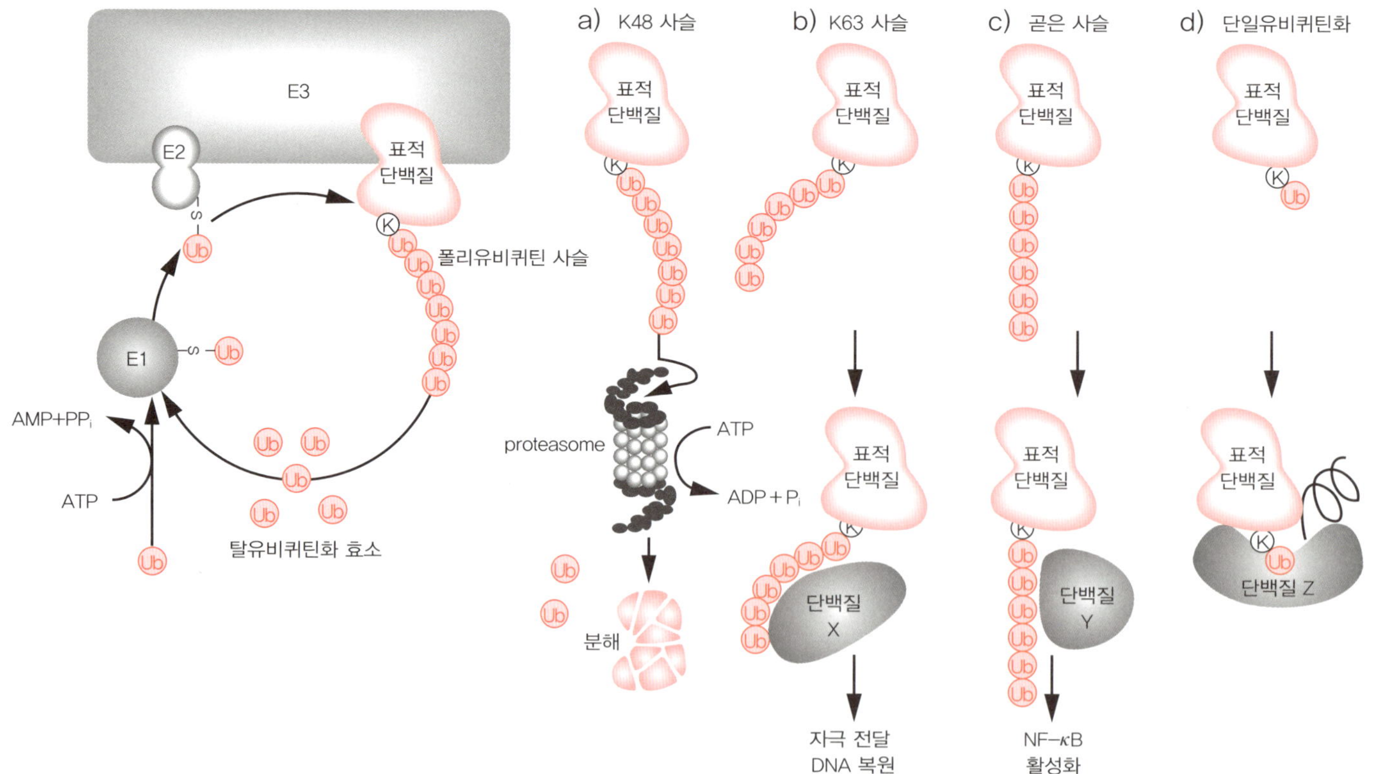

그림 1 유비퀴틴 시스템 개요와 대표적 폴리유비퀴틴 사슬의 종류

한편, 지금까지 기질을 인식하는 E3 유비퀴틴 연결효소는 인간에게서 수백 종류 존재한다고 추정되고 있지만, 유비퀴틴 연결효소 중에서 그 표적단백질이 확인된 것은 사실 아주 약간에 불과하다. 이 항목에서는 목적하는 단백질이 유비퀴틴 변형을 받는지, 만약 그렇다면 그것은 어떤 변형인지, 또 그 유비퀴틴화된 단백질은 어떤 운명을 걸을지 등의 의문을 해결하기 위한 가장 기본적이고 중요한 실험방법의 몇 가지를 소개한다.

II-1 유비퀴틴화 단백질의 검출

표적단백질이 유비퀴틴화 되는지 여부를 조사할 때, 그 단백질에 대한 항체를 얻을 수 있는 경우에는 면역침강법으로 그 단백질을 분리함으로써, 보다 특이적으로 유비퀴틴화 상태를 평가할 수 있다. 세포의 용해(lysis)에 있어서는 표적단백질의 성질에 따라 적절한 용해 조건을 검토할 필요가 있지만, 공동침강하는 다른 단백질의 유비퀴틴화를 검출할 가능성을 배제하기 위해서는 hot lysis법이 바람직하다.

준비물

1) 기구 · 기계

- 세포 배양 장치 세트
- 회전식 rotator
- SDS–PAGE용 장치 세트(**2장 I** 참고)
- Western blotting용 장치 세트(**2장 II** 참고)

2) 시약 · 시료류

- 배양세포
- Phosphate buffered saline(PBS)
- Hot lysis buffer(또는 Triton X–100 용해 buffer)
- 표적단백질에 대한 항체
- Protein A Sepharose beads(GE Heathcare사)
- 희석 buffer, beads 세척 buffer
- 항유비퀴틴 항체 : P4D1(Santa Cruz사)[s]
- 4× SDS–PAGE 샘플 buffer
- 블로킹 buffer

[s] 폴리유비퀴틴 사슬의 linkage–specific (K11, K48, K63) 항체도 구입 가능하다 (Millipore사, Cell Signaling사).

3) 시약의 조제

Hot lysis buffer		(최종 농도)
10% SDS	1 mL	(1%)
2 M Tris–HCl pH 7.5	0.25 mL	(50 mM)
5 M NaCl	0.3 mL	(150 mM)
2 M EDTA	0.025 mL	(5 mM)
DW	8.45 mL	
total	10 mL	

4°C에 보관. 사용하기 직전에 2 mM PMSF[t], 10 mM N–ethylmaleimide (NEM), protease inhibitor coktail(Roche사)을 첨가한다.

[t] PMSF의 반감기는 30분이므로 사용하기 직전에 첨가해야 한다.

Triton X-100 lysis buffer		
2 M Tris-HCl pH 7.5	1.25 mL	(50 mM)
5 M NaCl	1.5 mL	(150 mM)
2 M EDTA	0.125 mL	(5 mM)
10%(v/v) Triton X-100	2.5 mL	(0.5%)
DW	44.6 mL	
total	50 mL	

4°C에 보관.
사용하기 직전에 2 mM PMSF, 10 mM NEM을 첨가한다.

희석 buffer, beads 세척 buffer		
10% Triton X-100	5 mL	(1%)
2 M Tris-HCl, pH 7.5	1.25 mL	(50 mM)
5 M NaCl	1.5 mL	(150 mM)
DW	42.3 mL	
total	50 mL	

4× SDS-PAGE 샘플 buffer ⓤ	
2 M Tris-HCl, pH 6.8	2.5 mL
DTT	1.544 g
SDS	2 g
Glycerol	7.9 mL
Bromophenol blue	100 mg

total 25 mL가 되도록 DW를 가한다.
1 mL 정도로 나눠 보관하면 좋다(실온에서 8개월간 보관 가능).

ⓤ SDS와 함께 환원제(DTT)를 넣고 가열하여 단백질의 S-S 결합을 절단하면, 대부분의 단백질은 한 가닥의 SDS-단백질 복합체가 된다.

블로킹 buffer(membrane 1장당)	
Skim milk	2.5 g
1× PBS	50 mL
Tween-20	0.05 mL

필요할 때 조제하는 것이 바람직하다.

Protocol

1) 세포의 용해

a) Hot lysis법

❶ 세포를 회수하여 얼음에 냉각된 1 mL PBS로 세척한다.

❷ Pellet의 양에 따라 Hot lysis buffer로 세포를 용해한다.

❸ 90°C에서 15분간 샘플을 가열한다.

❹ 25 G needle과 1 mL 주사기를 사용하여 용해물을 homogenize한다(15회).

❺ 실온, 14,000 rpm으로 10분간 원심분리한다.

❻ 상층액을 새로운 1.5 mL 튜브에 옮긴다.

❼ 용해물에 9배의 희석 buffer를 첨가한다.

⬇

❽ 면역침강법을 진행한다.

b) 일반적인 용해법(Triton X-100 용해 buffer를 이용한 방법)

❶ 0.5~1 mL의 냉각된 용해 buffer를 추가한다. 잘 피펫팅하고, 얼음 위에서 적어도 20분 동안 배양한다.

⬇

❷ Cysteine(최종 농도 0.1%)을 더해 NEM을 블로킹한다(아래 원포인트 어드바이스 참고).

⬇

❸ 14,000×g, 4°C에서 15분간 원심분리한다.

⬇

❹ 상층액을 새로운 1.5 mL 튜브에 옮긴다.

⬇

❺ 면역침강법을 진행한다.

2) 면역침강, SDS-PAGE, Western blotting

❶ 준비한 용해물에 표적단백질에 대한 항체를 첨가하고 얼음 위에 2시간 정치한다.

⬇

❷ Protein A Sepharose beads를 첨가하고[v], 회전식 rotator로 1시간 rotating 한다.

⬇

❸ Beads 세척 buffer로 beads를 5회 세척한다(1 mL beads 세척 buffer를 가하고 4,000×g, 4°C에서 30초간 원심분리하고[w] 상층액을 제거한다[x]).

⬇

❹ Beads를 50 mM Tris-HCl(pH 7.5)로 1회 세척한다.

⬇

❺ Beads와 동량 부피의 2× 샘플 buffer(4× SDS-PAGE 샘플 buffer를 2배 희석한 것)를 첨가하고, 잘 tapping한다.

⬇

❻ 14,000×g, 실온에서 2분간 원심분리한다.

⬇

❼ 샘플을 SDS-PAGE로 분리하고[y], PVDF membrane에 transfer하기까지는 일반적인 Western blotting법과 같이 실시한다.

⬇

[v] Beads를 옮길 때는, 넓은 입구의 tip을 사용하면 조작하기가 쉽다. 넓은 입구 tip을 사용하는 대신에 평소에 사용하는 tip의 끝을 잘라서 사용하여도 좋다.

[w] 강하게 원심분리하면 beads가 깨지므로 주의한다.

[x] 세척 시, beads를 빨아들이지 않도록 조심한다.

[y] Beads는 사용하지 않고 상층액만 사용한다. 일부 beads가 딸려 들어가도 걱정할 것은 없다.

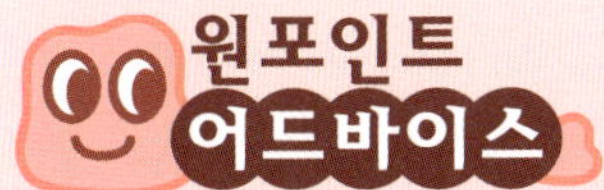

탈유비퀴틴화 반응은 에너지를 요구하지 않기 때문에, 용해 중에서도 진행된다. 그래서 다음과 같은 포인트가 중요하다.

1. 가능한 빨리 용해한다.
2. 탈유비퀴틴화 효소를 저해하는 시약(NEM, EDTA)을 첨가한다. (탈유비퀴틴화 효소는 cysteine protease 또는 metalloprotease이기 때문에, NEM의 경우라면 과잉 반응하지 않도록 시스테인으로 차단할 필요가 있다.)

⑧ Transfer한 membrane을 블로킹 buffer에 담그고, 실온에서 1~3시간 진탕한다.

↓

⑨ 블로킹 처리한 membrane을 항유비퀴틴 항체(P4D1, 2,000배로 희석)와 4°C에서 overnight 반응시킨다.

↓

⑩ Membrane을 beads 세척 buffer에서 5분(3회) 세척한다.

↓

⑪ Membrane을 HRP-conjugated 항마우스 IgG(10,000배로 희석)와 실온에서 90분간 반응시킨다.

↓

⑫ Beads 세척 buffer에서 5분간(3회) 세척한다.

↓

⑬ 발광 시약으로 발광시킨다(ECL, GE Healthcare사).

1차항체와의 반응을 overnight (4°C, 8시간 이상)로 실시하는 장점은 사용 항체의 양을 절약할 수 있다. 다만, 그때 비특이적인 결합을 억제하기 위해서, 블로킹을 엄격하게 할 필요가 있다. 저자의 연구실에서는, 블로킹 시간은 3시간을 기본으로 하며, 항체의 종류에 따라 최적화한다.

II-2 *in vitro* 폴리유비퀴틴 assay

표적단백질의 유비퀴틴화에 관여한다고 생각되는 유비퀴틴 접합효소(E2) 및 유비퀴틴 연결효소(E3)가 확인된 경우, 그 E3가 확실히 표적단백질을 유비퀴틴화하는 것을 확인하기 위해 *in vitro* 폴리유비퀴틴 assay를 실시한다.

준비물

1) 기구 · 기계

- Water bath
- SDS-PAGE용 장치 세트(2장 I 참고)

2) 시약 · 시료류

- 50 ng/μL E1ⓩ
- 50 ng/μL E2ⓩ
- 1 μg/μL E3ⓐ
- 10 μg/μL 표적단백질ⓐ
- 10× ATP & 재생시스템ⓑ
- 10× 유비퀴틴화 buffer
- 10 mg/mL 유비퀴틴
- 4× SDS-PAGE 샘플 buffer(II-1 참고)
- 표적단백질에 대한 항체
- 항유비퀴틴 항체(P4D1)(II-1 참고)

ⓩ E1와 E2는 업체로부터 구매하는 것이 가능하지만, 대량으로 소비하는 경우에는 자체적으로 정제하는 편이 경제적이다. 주로 E1은 baculovirus, E2는 대장균에서 발현한 것을 정제하여 이용하기도 한다[1]. 또 이들 효소는 불활성화하기 쉽기 때문에, 여러 번 동결 융해하지 않고 1회로 쓰도록 소분하여 사용하고, 취급에 주의하는 것이 중요하다.

ⓐ 저자의 연구실에서는 대장균 또는 baculovirus에서 발현한 것을 정제하고 이용한다[1].

ⓑ 유비퀴틴화 반응에서 소비된 ATP를 재생산하기 위한 것이다.

3) 시약의 조제

10× ATP & 재생시스템	
500 mM creatine 인산	2 μL
10× CPK(Calbiochem사, 5,000 U)를 1 mL의 10 mM Tris-HCl pH 8.0에 용해한 것	8 μL
total	10 μL
	(샘플 수에 따라)

10× 유비퀴틴화 buffer		(최종 농도)
2 M Tris-HCl pH 7.5	1 μL	(200 mM)
500 mM $MgCl_2$	1 μL	(50 mM)
100 mM DTT	1 μL	(10 mM)
100 mM ATP	0.5 μL	(5 mM)
DW	6.5 μL	
total	10 μL	
	(샘플 수에 따라)	

−20°C에서 1년간 보관 가능

Protocol

1) *in vitro* 폴리유비퀴틴화 반응

❶ 아래 표처럼, 시약을 1.5 mL 튜브에 섞는다.

50 ng/μL E1(100 ng)	2 μL
50 ng/μL E2(100 ng)	2 μL
1 μg/μL E3(마지막에 첨가한다)	1 μL
10× ATP & 재생시스템	2 μL
10× 유비퀴틴화 buffer	2 μL
10 mg/mL 유비퀴틴	1 μL
10 μg/μL 표적단백질	5 μL
D_2W	5 μL
total	20 μL

❷ 샘플을 37°C water bath로 60분간, incubation한다.

2) SDS-PAGE, Western blotting

❶ 4× SDS-PAGE 샘플 buffer를 7 μL 첨가하고, 반응을 정지시킨다.

⬇

❷ 95°C에서 5분간, 샘플을 가열한다.

❸ 샘플을 SDS-PAGE로 분리하고 II-1과 마찬가지로 Western blotting(표적단백질에 대한 항체를 사용)을 실시한다[ⓒ].

ⓒ 표적단백질이 유비퀴틴화되어 있는 경우는, 표적단백질 신호보다 고분자량 쪽에 추가적인 밴드가 검출될 수 있다. 또 항유비퀴틴 항체를 이용하여 검출해도 좋다.

II-3 폴리유비퀴틴 사슬의 종류 결정

여기에서는 E3 유비퀴틴 연결효소가 표적단백질에 어떤 타입의 폴리유비퀴틴 사슬을 부가할 것인지 검토하는 방법을 보여준다. 다음 protocol은 유비퀴틴의 변이체를 이용하여 실험을 진행한다. 주의해야 할 것은 이 실험에서 얻은 결과가 반드시 그대로 생리적 조건하에서의 반응에 맞지 않는다는 것이다. 특정 폴리유비퀴틴 사슬이 생리적 조건화에서도 형성되는 것을 나타내기 위해서는 폴리유비퀴틴화된 표적단백질을 세포로부터 분리한 후 유비퀴틴 사슬 특이적인 항체와 질량분석법을 이용하여 폴리유비퀴틴 사슬의 종류를 분석할 필요가 있다.

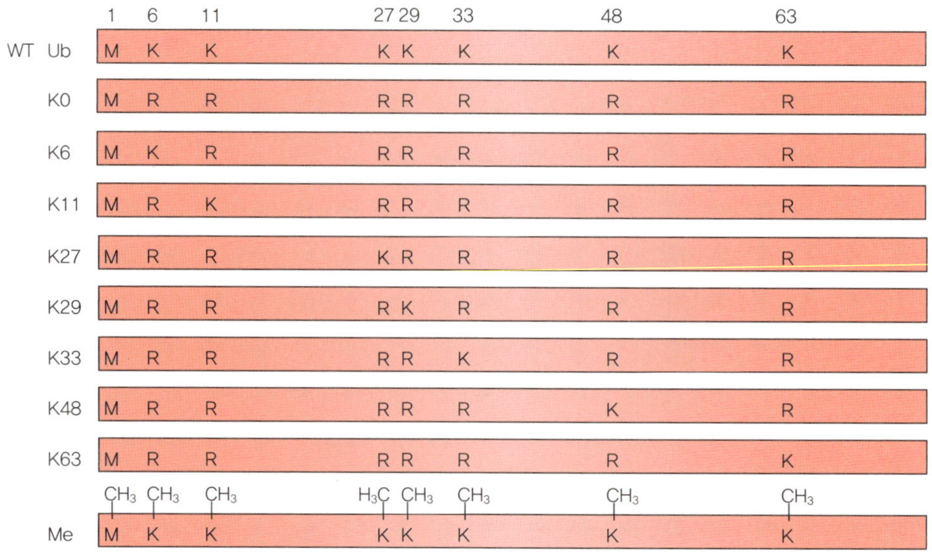

	1	6	11	27	29	33	48	63
WT Ub	M	K	K	K	K	K	K	K
K0	M	R	R	R	R	R	R	R
K6	M	K	R	R	R	R	R	R
K11	M	R	K	R	R	R	R	R
K27	M	R	R	K	R	R	R	R
K29	M	R	R	R	K	R	R	R
K33	M	R	R	R	R	K	R	R
K48	M	R	R	R	R	R	K	R
K63	M	R	R	R	R	R	R	K
	CH_3	CH_3	CH_3	H_3C	CH_3	CH_3	CH_3	CH_3
Me	M	K	K	K	K	K	K	K

그림 2　유비퀴틴 변이체의 모식도

K0는 유비퀴틴의 lysine(K)이 모두 arginine(R)으로 치환된 변이체를, Kn은 n번째 K 이외의 K가 모두 R로 치환된 변이체를 나타낸다. Me에서는 N-말단을 포함한 모든 NH_2기가 메틸화되어 있다.

준비물

1) 기구 · 기계

II-2와 동일

2) 시약 · 시료류

II-2에 추가하여 아래의 것을 준비한다.

- 10 mg/mL 유비퀴틴 변이체 : lysine-less(K0), K6, K11, K27, K29, K33, K48, K63 및 Me-Ub(그림 2)[d]
- 항유비퀴틴 항체 : P4D1(Santa Cruz사)

[d] 이외에도, 유비퀴틴 분자 내의 특정 lysine만 arginine로 치환된 돌연변이(K6R, K11R, K27R, K29R, K33R, K48R, K63R)도 이용 가능하다.

Protocol

1) 유비퀴틴 변이체를 이용한 *in vitro* 폴리유비퀴틴화 반응

1. 아래 표처럼, 시약을 1.5 mL 튜브에 섞는다.

50 ng/μL E1(100 ng)	2 μL
50 ng/μL E2(100 ng)	2 μL
1 μg/μL E3(마지막에 첨가한다)	1 μL
10× ATP & 재생시스템	2 μL
10× 유비퀴틴화 buffer	2 μL
10 mg/mL 유비퀴틴(야생형 또는 변이체)	1 μL
10 mg/mL 표적단백질	5 μL
D_2W	5 μL
total	20 μL

⬇

❷ 샘플을 37°C에서 60분간, incubation한다.

2) SDS-PAGE, Western blotting

❶ 4× SDS-PAGE 샘플 buffer를 7 μL 첨가하고 반응을 정지시킨다.

⬇

❷ 95°C에서 5분간, 샘플을 가열한다.

⬇

❸ 샘플을 SDS-PAGE에서 분리하고 Ⅱ-1과 마찬가지로 Western blotting(항유비퀴틴 항체 : P4D1을 사용)을 수행한다[e].

ⓔ 예를 들면, K48 유비퀴틴 변이체에서만 표적단백질의 폴리유비퀴틴화가 검출되었을 경우, 그 폴리유비퀴틴 사슬은 유비퀴틴의 48번째 lysine을 통한 것이라고 판단할 수 있다.

실험사례

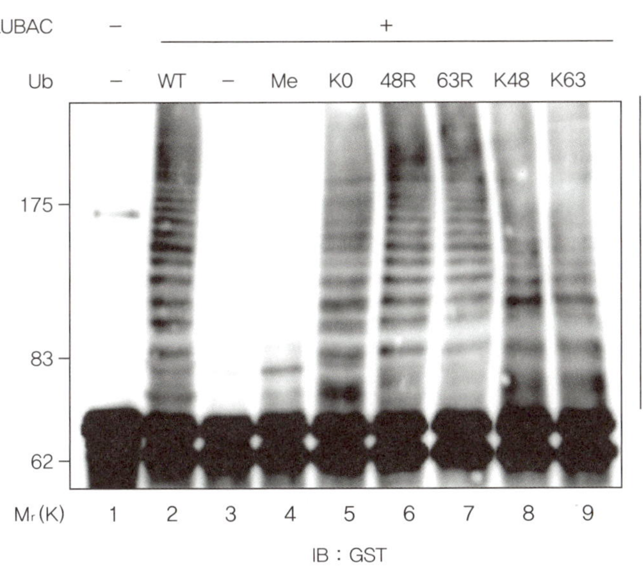

그림 3 유비퀴틴 변이체를 이용한 폴리유비퀴틴 사슬 유형 결정
유비퀴틴 변이체를 이용함으로써, LUBAC E3은 유비퀴틴 분자의 N-말단의 methionine을 통하여 선형의 폴리유비퀴틴 사슬을 형성한다는 사실이 밝혀졌다. (참고문헌 3 인용)

Ⅱ-4 단백질 분해

세포내 단백질 분해계는 크게 나누어, proteasome에 의한 분해계와 lysosome에 의한 분해계가 존재한다(유비퀴틴화된 단백질이 분해되는 것은 proteasome계이다). 대상으로 하는 단백질이 특정 자극에 계속해서 분해되는 것으로 밝혀진 경우, 다음의 protocol에 의해 그 단백질이 위의 계통 어디에서 분해되는지를 판단할 수 있다.

이 protocol은 각각의 분해계 억제제를 사용하며, 표적단백질의 분해에 관여하는 계열이 저해되면 그 단백질의 양은 증가할 것이다. 필자는 proteasome계 억제제로 lactacystin, epoximycin를, lysosome계 억제제로서는 E64D, pepstatin A를, 그리고 모두를 저해하는 것으로는 MG132를 사용하고 있다. 이외에도 다양한 억제제가 이용 가능하므로 상기의 억제제에 한정할 필요는 없다.

준비물

1) 기구 · 기계

- 세포 배양 장치 세트

- SDS-PAGE용 장치 세트(**2장** **I** 참고)
- Western blotting용 장치 세트(**2장** **II** 참고)

2) 시약 · 시료류

- 세포
- 억제제
  Lactacystin(Calbiochem사)
  E64D(Peptide Institutue, Inc.)
  Pepstatin A(Sigma사)
  MG132(Peptide Institutue, Inc.)
- Triton X-100 용해 buffer(**II-1** 참고)
- 4× SDS-PAGE 샘플 buffer(**II-1** 참고)
- 표적단백질에 대한 항체

Protocol

❶ 세포 회수 전에, 아래의 억제제 중 하나를 첨가하여[f], 4~24시간 배양한다.
5~20 μM Lactacystin
5~20 μM E64D
5~20 μM Pepstatin A
5~50 μM MG132

❷ 다음과 같이 세포를 회수하고 용해한다.
a. 배지를 흡입제거하고, 1 mL PBS로 세척한다.
b. 250 μL의 Triton X-100 용해 buffer를 첨가하고, 얼음 위에에 20분간 정치한다.
c. 세포추출액을 1.5 mL 튜브에 옮겨, 14,000×g, 4°C에서 15분간 원심분리한다. 상층액을 새로운 튜브에 옮긴다.
d. SDS-PAGE용 샘플을 조제한다.
e. 나머지 세포추출액은 액체질소로 동결 후, −80°C에 보관한다.

❸ SDS-PAGE, Western blotting(표적단백질에 대한 항체를 사용)을 수행한다.

ⓕ 처리 시간은 실험마다 다르다. 길게 처리하면 세포가 사멸될 수 있기 때문에 최대한 짧게 처리하는 것이 바람직하다. 프로테아좀 억제제의 처리는 최장 12시간 정도이다.

참고문헌

1) Kevin, L. et al. : Current Protocols in Cell Biology, Studies of the Ubiquitin Proteasome System, 15.9.1-15.9.85, 2006
2) 岩井一宏, 他 : 細胞工学, Vlo.29, No.12, 秀潤社, 2010
3) Tokunaga, F. et al. : Nat. Cell Biol., 11 : 123-132, 2009

III 아세틸화 · 메틸화

생체 내에서 단백질은 아세틸화(acetylation) · 메틸화(methylation) 등 다양한 번역후 변형을 받고 있다. 단백질의 아세틸화는 lysine(K) 잔기, 메틸화는 lysine 잔기와 arginine(R) 잔기에 일어나는 것으로 보고되고 있다. 단백질의 아세틸화 및 메틸화는 특히 histone에서 연구가 진행되고 있으며, nucleosome을 구성하는 단백질인 histone의 아세틸화 · 메틸화는 유전자의 발현 조절 및 고차원 chromatin 구조 형성에 기여하고 있다. 이 histone의 아세틸화 · 메틸화는 후성 유전학이라는 DNA 서열의 변화가 없는 유전자 기능의 제어에 있어서 중심적인 분자기구로 작용하고 있으며, 다양한 생명 현상과 질병에 중요하다는 것이 밝혀지고 있다. 아세틸기 공여체인 acetyl-CoA에서 histone의 아세틸화를 촉매하는 효소인 acetyltransferase(HAT)에 의해 lysine 잔기에 아세틸기가 도입된다(그림 1a). 또한 메틸기 공여체인 S-adenosyl-L-methionine(SAM)에서 histone의

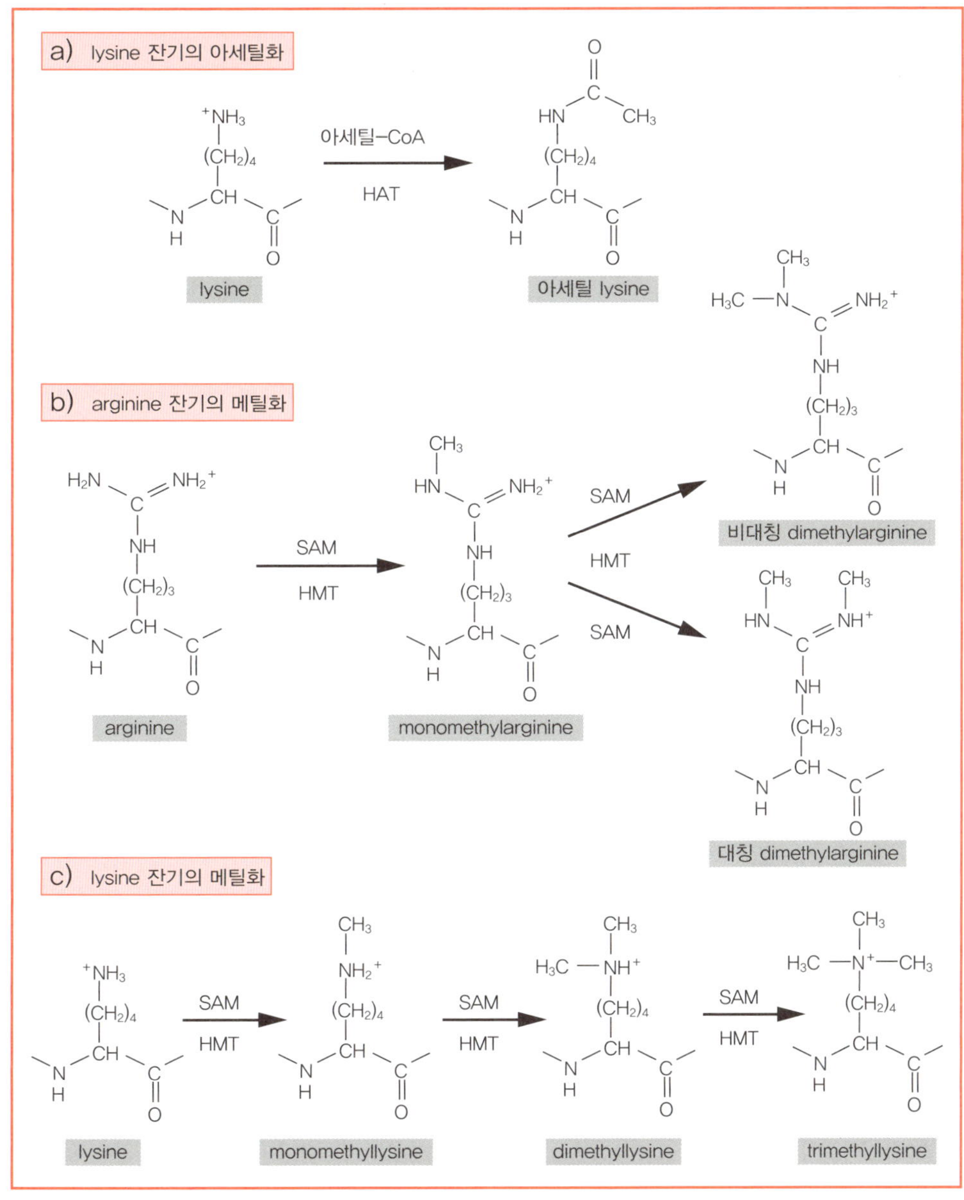

그림 1 아미노산 잔기의 아세틸화와 메틸화

메틸화를 촉매하는 효소인 methyltrasferase(HMT)에 의해 arginine 잔기(**그림 1b**)와 lysine 잔기(**그림 1c**)에 메틸기가 도입된다. Arginine 잔기의 메틸화에는 mono 메틸화, 대칭 dimethyl화가 존재하고, lysine 잔기의 메틸화에는 mono methyl, dimethyl화, trimethyl화가 존재한다. 아세틸화 · 메틸화를 분석하는 방법으로는 변형을 특이적으로 인식하는 항체를 이용한 Western blotting 분석, HAT 및 HMT 활성 측정, chromatin 면역침강법, 질량분석 등이 있다. 본 절에서는 genome에서 히스톤 변형 상태를 조사하는 데 효과적인 chromatin 면역침강법에 대해 소개한다.

III-1 원리

원리는 chromatin과 단백질을 연결(cross-link)하고, 초음파 파쇄 처리(제한효소 또는 MNase 등에 의한 변형법도 있다)에 의한 chromatin을 단편화하고 표적단백질에 대한 항체를 이용하여 DNA-단백질복합체를 면역침강(**3장 III** 참고)시킨다(**그림 2**). 면역침강된 DNA-단백질복합체를 탈 cross-link 및 protease 처리를 한 후, 거기에서 정제한 DNA를 정량 PCR을 이용함으로써 임의의 genome 영역에서의 histone의 아세틸화와 메틸화 상태를 조사할 수 있다. 또한 PCR 대신 tiling array 또는 차세대 서열분석기를 사용하여, genome wide한 histone의 변형 상태를 총체적으

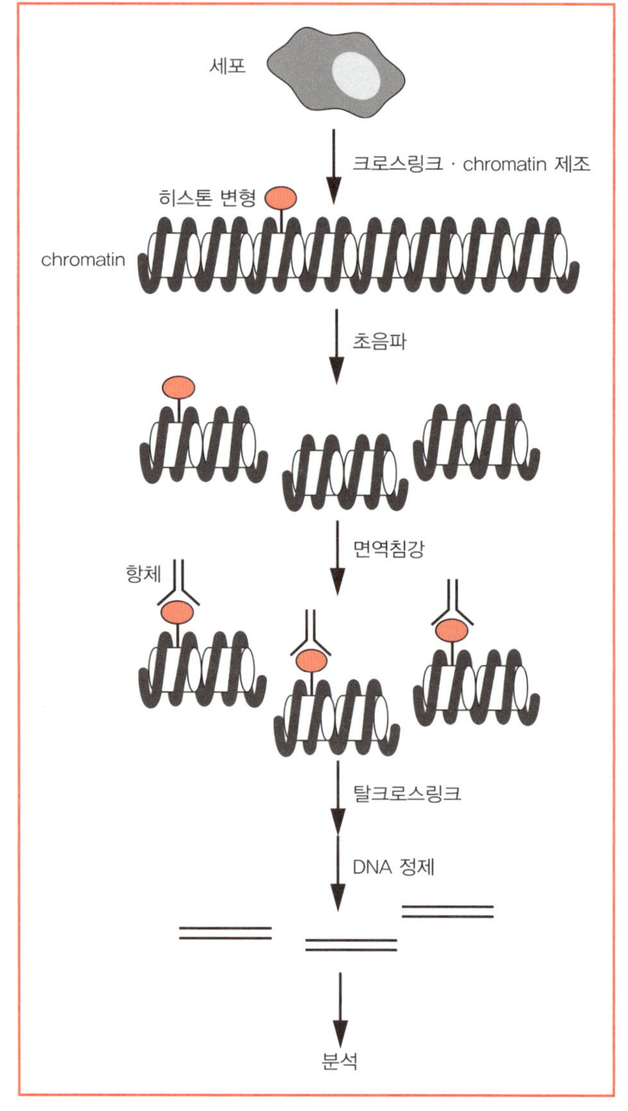

그림 2 Chromatin 면역침강법의 원리

로 분석할 수 있다. 여기에서는 DNA의 절단에 초음파 파쇄기를 이용하고, 침강시킨 DNA genome 영역의 분석을 위한 정량 PCR 방법을 소개한다.

III–2 Chromatin 면역침강법(ChIP)

준비물

1) Stock 시약

- 37% formaldehyde
- 1 M Tris–HCl(pH 8.0)
- 1.25 M glycine
- 5 M NaCl
- 2 M LiCl
- 1 M $NaHCO_3$
- 0.5 M EDTA(pH 8.0)
- 10% SDS
- 20% Triton X–100
- 10% deoxycholic산 나트륨
- 3 M NaOAc(pH 5.2)
- 에탄올
- 70% 에탄올
- 페놀 · 클로로포름 용액
- 10 mg/mL RNase A
- 10 mg/mL Proteinase K
- Protease 억제제 cocktail(Roche사, Nacalai Tesque사)
- 표적단백질에 대한 항체(히스톤변형 항체 등)[g]

2) 기기

- 자기 beads
  - ○ 마우스 단일클론항체용
    Dynabeads M–280 sheep anti–mouse IgG magnetic beads(Invitrogen사)
  - ○ 다클론항체용
    Dynabeads M–280 protein G magnetic beads(Invitrogen사)
    또는 ChIP–Grade Protein G Magnetic beads(Cell Signaling Technology사)
- 저흡착 eppendorf tube(Watson사)
- PCR 산물 정제 키트(Qiagen사 QIAquick PCR purification Kit 등)
- Real–Time PCR 키트(Applied Biosystems사, Takara사 SYBR Premix Ex Taq II Mix 등)
- 초음파 파쇄기(Branson사 Sonifier 250D, 코스모바이오사 Bioruptor UCD–300 등)
- 분광 광도계(Thermo Fisher Scientific사 Nanodrop 등)
- Rotator
- Real–Time PCR 장치(Applied Biosystems, Roche사 등과 타사의 기기로 가능)
- Cell scraper(Costar사 Cell Lifter 등)

ⓖ 필자들은 히스톤 H3K9 trimethyl에는 Active Motif사 Catalog No.39161, 히스톤 H3K27 trimethyl에는 Active Motif사 Catalog No.39155를 사용하여 실험을 성공적으로 진행하였다. 이들 이외에도 사용할 수 있는 항체는 여러 회사에서 판매되고 있으므로 각자 확인하고 사용하는 것을 권한다.

- Dounce형 homogenizer(Wheaton사 등)
- 마그네틱 스탠드(Invitrogen사 Dynal MPC-S 등)

3) Buffer의 조제

10× PBS

NaCl	80.0 g
KCl	2.0 g
$Na_2HPO_4 \cdot 12H_2O$	29.0 g
KH_2PO_4	2.0 g

DW에 녹여 1 L로 메스업한다. 실온에 보관

1× PBS

10× PBS를 10배 희석하여 사용한다.

1× TE

		(최종 농도)
1 M Tris-HCl(pH 8.0)	500 μL	(10 mM)
0.5 M EDTA(pH 8.0)	100 μL	(1 mM)

DW를 가하고, total 50 mL가 되게 한다. 실온에 보관

용출 buffer

1 M $NaHCO_3$	100 μL	(100 mM)
10% SDS	100 μL	(1%)

DW를 가하고, total 1 mL가 되게 한다. 사용 직전에 제작

＊ 아래의 buffer들에는 사용 시에 protease 억제제를 첨가한다. 농도는 설명서를 참고

세포용해 buffer

1 M Tris-HCl(pH 8.0)	5 mL	(10 mM)
5 M NaCl	1 mL	(10 mM)
10% NP-40	10 mL	(0.2%)

DW를 가하고, total 500 mL가 되게 한다. 4°C에서 보관

핵용해 buffer

1 M Tris-HCl(pH 8.0)	2.5 mL	(50 mM)
0.5 M EDTA	1 mL	(10 mM)
10% SDS	5 mL	(1%)

DW를 가하고, total 50 mL가 되게 한다. 실온에 보관

IP 희석 buffer

1 M Tris-HCl(pH 8.0)	0.835 mL	(16.7 mM)
5 M NaCl	1.67 mL	(167 mM)
0.5 M EDTA	0.12 mL	(1.2 mM)
10% SDS	0.05 mL	(0.01%)
20% Triton X-100	2.75 mL	(1.1%)

DW를 가하고, total 50 mL가 되게 한다. 4°C에 보관

저염 buffer

1 M Tris-HCl(pH 8.0)	1 mL	(20 mM)
5 M NaCl	1.5 mL	(150 mM)
0.5 M EDTA	0.2 mL	(2 mM)
10% SDS	0.5 mL	(0.1%)
20% Triton X-100	2.5 mL	(1%)

DW를 가하고, total 50 mL가 되게 한다. 4°C에 보관

고염 buffer

1 M Tris-HCl(pH 8.0)	1 mL	(20 mM)
5 M NaCl	5 mL	(500 mM)
0.5 M EDTA	0.2 mL	(2 mM)
10% SDS	0.5 mL	(0.1%)
20% Triton X-100	2.5 mL	(1%)

DW를 가하고, total 50 mL가 되게 한다. 4°C에 보관

LiCl buffer

1 M Tris-HCl(pH 8.0)	1 mL	(20 mM)
2 M LiCl	6.25 mL	(250 mM)
0.5 M EDTA	0.2 mL	(2 mM)
10% NP-40	5 mL	(1%)
10% sodium deoxycholic acid	5 mL	(1%)

DW를 가하고, total 50 mL가 되게 한다. 4°C에 보관

Protocol

여기서는 마우스 ES 세포를 이용한 chromatin 면역침강법에 대한 protocol을 소개한다.

1) 배양세포의 준비

1～3×10^7의 세포를 준비한다[h].

ⓗ 세포 계산용으로 여분으로 세포를 준비하여 측정하고, 사용할 dish의 세포 수를 어림잡으면 좋다.

2) 세포의 cross-linking 및 chromatin의 절단 1.5~2시간

❶ 배지 10 mL에 대해 270 μL의 37% formaldehyde를 최종 농도 1%가 되도록 직접 첨가한다.

❷ 실온에서 10분간 진탕한다.

❸ 배지 10 mL에 대해 1 mL의 1.25 M glycine을 첨가한다.

❹ 실온에서 5분간 진탕한다.

❺ 5 mL의 PBS로 2회 세척한다.

❻ Dish에 3 mL의 PBS를 넣고 cell scraper를 이용하여 15 mL 튜브에 세포를 회수한다.

❼ 1,000×g로 5분간 원심분리한다.

❽ 상층액을 흡입제거하고, 1~3×10^7 세포당 1mL가 되게 세포용해 buffer를 침전물에 넣고 현탁한다.

❾ 얼음 위에서 20분간 정치한다.

❿ 현탁액을 1 mL용 Dounce형 homogenizer에 옮기고, 얼음 위에서 세포를 파쇄한다(20~40왕복)ⓘ.

⓫ 용액을 eppendorf tube에 옮기고 2,500×g에서 4°C, 10분간 원심분리한다.

⓬ 침전물을 회수하고 1×10^7 세포당 핵용해 buffer 350 μL를 첨가한다.

⓭ 얼음 위에서 10분간 정치한다.

⓮ 초음파 파쇄기로 DNA를 단편화하는데, 이때 DNA 단편의 크기가 300~1,000 bp가 되게 초음파 조건을 정한다. 초음파 처리는 열의 발생을 수반하므로, 반드시 얼음 위에서 초음파 처리를 실시한다(그림 3)ⓘ.

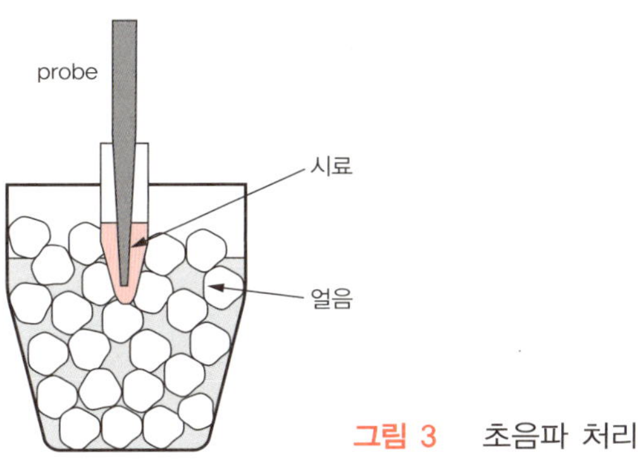

그림 3 초음파 처리

ⓘ 이 스텝은 생략할 수 있지만 필자의 경험으로 Dounce형 homogenizer를 이용하여 세포를 파쇄하면 백그라운드가 낮아지므로 이 스텝을 추가한다.

ⓘ 사용하는 세포, 포름알데히드 고정 조건이나, 초음파 파쇄장치에 따라 얻어지는 결과가 다르므로, 각자 조건들을 검토하기를 권한다. 참고로, 필자는 Branson Sonifire cell disruptor Model W185를 사용하여, 조건은 강도 "4"(30~40 Watt 출력), on 20 sec, off 40 sec, 6~8 cycles에서 처리하고 있다. 샘플에는 계면활성제가 있어서 거품이 일기 쉽기 때문에 공기가 들어가도록 흔들지 않도록 유의할 것. Probe의 끝을 eppendorf tube의 바닥에서 2~3 mm의 위치에서 작동하면 거품이 적게 생긴다. 샘플에 거품이 생기는 경우에는 원심분리한다.

⑮ 13,000 rpm에서 4°C, 10분간 원심분리한다.

↓

⑯ 상층액을 새 eppendorf tube에 옮긴다[k].

ⓚ 이 단계에서 −80°C로 보관 가능하다.

3) Chromatin(DNA) 절단의 확인 및 정량 8~9시간

❶ 마지막 단계의 상층액에서 50 μL를 나누고, 여기에 150 μL의 DW와 8 μL의 5 M NaCl을 첨가한다.

↓

❷ 65°C에서 4시간 incubation한다.

↓

❸ RNase A(10 mg/mL) 1 μL를 첨가하여 37°C에서 30분간 처리한다.

↓

❹ Proteinase K(10 mg/mL) 10 μL를 첨가하여 55°C에서 1.5시간 처리한다.

↓

❺ Phenol · chloroform 용액 같은 양을 가해 vortex한다.

↓

❻ 실온에서 13,000 rpm으로 5분간 원심분리한다.

↓

❼ 1/10 양의 3 M NaOAc(pH 5.2)와 2.5배 양의 에탄올을 첨가하고, −20°C에서 1시간 정치한다.

↓

❽ 4°C에서 13,000 rpm으로 10분간 원심분리하고 상층액을 제거한다.

↓

❾ 1 mL의 70% 에탄올을 첨가한다.

↓

❿ 4°C에서 13,000 rpm, 5분간 원심분리한다.

↓

⓫ 상층액을 제거하고, 침전된 DNA를 건조시킨다.

↓

⓬ 50 μL의 1× TE로 DNA을 용해하고, 분광광도계를 이용하여 얻어진 DNA의 농도를 측정하여 정량한다.

↓

⓭ 1 μg의 DNA를 1.2% agarose gel로 전기영동하고, 초음파 파쇄에 의해 절단된 DNA의 크기를 확인한다.

4) 면역침강 3일

❶ 2)의 ⓰에서 조제한 샘플에서 한 샘플당 chromatin DNA 25 μg(앞서 정량한 DNA 양)을 면역침강에 사용한다. 이때에 침강시키지 않는, Input용 샘플도 제작하여 4°C에 보관해 둔다.

X μL chromatin DNA(25 μg)
50−X μL 핵용해 buffer

500 μL의 IP 희석 buffer를 가한다.

❷ 한 샘플당 항체 1～10 μg을 첨가한다. 사용하는 항체와 같은 면역동물 종의 컨트롤 IgG도 준비한다[ⓛ].

ⓛ 적정 농도를 모를 경우에는 우선 2 μg의 항체를 먼저 사용해 본다.

❸ 4°C에서 overnight 동안 rotator로 골고루 섞는다.

❹ 한 샘플당 40 μL의 magnetic beads를 첨가하고, 4°C에서 4시간 incubation 한다.

❺ 마그네틱 스탠드에 장착하고 상층액을 흡입 제거한다.

❻ 1 mL의 저염 buffer로 magnetic beads를 2회 세척한다.

❼ 1 mL의 고염 buffer로 magnetic beads를 세척한다.

❽ 1 mL의 LiCl buffer로 magnetic beads를 세척한다.

❾ 1 mL의 1× TE로 magnetic beads를 2회 세척한다.

❿ 마그네틱 스탠드에 장착하고 상층액을 제거한다.

⓫ Eppendrof tube에 200 μL의 용출 buffer와 8 μL의 5 M NaCl을 첨가한다. 또 분별한 Input 55 μL에 145 μL의 용출 buffer와 8 μL의 5 M NaCl을 추가하여 샘플과 마찬가지로 아래의 처리를 한다.

⓬ 65°C에서 overnight incubation한다.

⓭ 마그네틱 스탠드에 장착하고 상층액을 새 eppendorf tube에 옮긴다.

⓮ 상층액에 1 μL의 10 mg/mL RNase A를 첨가하고, 37°C에서 30분간 incubation한다.

⓯ 또한 4 μL의 0.5 M EDTA(pH 8.0), 2 μL의 1 M Tris–HCl(pH 8.0), 10 μL의 10 mg/mL Proteinase K를 첨가하고, 55°C에서 1.5시간 incubation한다.

⓰ PCR 산물 정제 kit를 사용하여 면역침강된 DNA을 정제한다.

5) 분석

제조한 DNA 2 μL를 이용하여 정량 PCR을 수행한다[ⓜ].

같이 제조한 Input(10% Input)을 이용하여 1% Input, 0.1% Input, 0.01% Input의 희석계열을 제작한다. 각 DNA 2 μL를 이용하여 정량 PCR을 실시하고, 10%～0.01% Input으로 검량선을 그어 면역침강된 DNA에 포함되는 표적게놈 영역의 비율을 정량한다. 다른 chromatin으로 독립된 3회의 반복실

ⓜ 필자는 chromatin 면역침강한 DNA의 정량에는 SYBR green을 이용한 intercalating법에 의한 정량 PCR를 이용한다. Intercalating법은 Taqman probe법처럼 probe를 준비할 필요가 없다. PCR 반응 후에는 아가로오스 전기영동으로 부산물의 생성 유무를 확인한다.

험을 실시하고, 데이터를 평가한다.

Chromatin 면역침강법은 histone 변형을 조사하는 표준적인 기술이 되고 있다. 하지만 침강의 특이성은 크게 항체에 의존하기 때문에, 좋은 항체 · 나쁜 항체의 확인이 중요하다. 그러므로 데이터를 평가할 때는 positive control(타겟이 존재하는 게놈 영역)과 negative control(타겟이 존재하지 않는 게놈 영역)을 넣는 것이 바람직하다. 항체에 대해서는, 참고문헌 등을 조사하고 특성이 분명한 항체를 사용한다.

실험사례

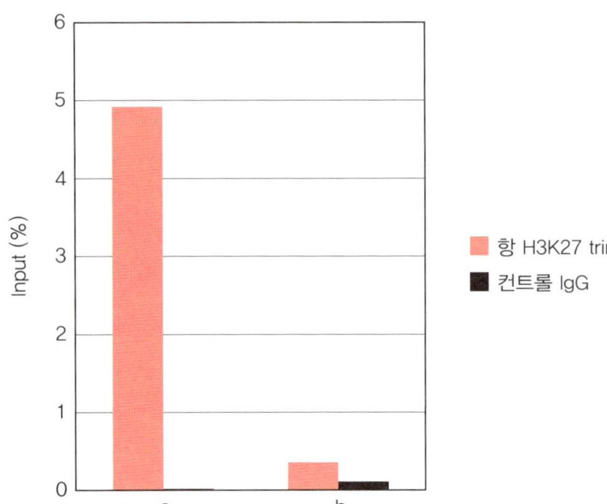

그림 4 항 H3K27 trimethyl 항체를 이용한 chromatin 면역침강

항 H3K27 trimethyl 항체를 이용하여 chromatin 면역침강한 예를 나타낸다. H3K27 trimethyl을 포함하는 유전자영역(a), H3K27 trimethyl이 없는 유전자영역(b)에서 H3K27 trimethyl의 존재량을 조사하였다.

Troubleshooting

문제점	가능성 있는 원인	해결을 위한 조치
● 절단을 확인하는 agarose gel 전기영동에서 DNA 단편이 상단에서 하단까지 smear 밴드로 나타난다.	• 탈크로스링크가 불충분하거나 proteinase K 처리가 불충분하다.	➲ 65°C의 배양 단계를 길게 하거나, Proteinase K의 양을 늘리거나 처리시간을 길게 한다. 이것으로 개선되지 않는 경우에는 초음파 파쇄 처리 조건을 재검토한다.
● PCR 산물을 확인할 수 없다.	• 사용하는 항체량이 적거나 항체가 chromatin 면역침강에 적합하지 않다.	➲ 사용하는 항체량을 늘린다. 사용하고 있는 항체의 epitope가 가려져 있을 가능성이 있으므로 다른 항체를 시도하여 본다.
	• 절단한 chromatin이 너무 짧다.	➲ 초음파 파쇄 처리한 DNA 단편의 길이를 agarose gel로 확인하고, 300~1,000 bp가 되도록 조건을 설정한다.

참고문헌

1) Kuo, M. H. & Allis, C. D. : Methods, 19 : 425-433, 1999
2) 林 陽子, 他 :「エピジェネティクス実験プロトコール」(牛島俊和, 眞貝洋一 編), pp.143-166, 羊土社, 2008

IV 당사슬 변형

복합당질에는 단백질에 당사슬이 공유결합한 당단백질(glycoprotein), 단백질에 glycosamino-glycan 사슬이 공유결합한 프로테오글리칸(proteoglycan), 지질에 당사슬이 공유결합한 당지질(glycolipid)이 있다. 당단백질 당사슬은, 단백질과의 결합 양식의 차이에 따라 *N*-연결형 당사슬과 *O*-연결형 당사슬로 크게 구별된다. 여기에서는 주로 당단백질의 *N*-연결형 당사슬의 검출법을 소개한다.

IV-1 렉틴을 이용한 분석

렉틴이란 효소나 항체를 제외한 당사슬 결합단백질의 총칭으로, 저렴하고 대량으로 조제할 수 있는 식물성 렉틴 및 그것들을 효소 또는 biotin으로 표지한 것이 시판되고 있다. 예를 들어 콘카나발린 A(ConA), 밀배아 렉틴(WGA), 아주까리종자 렉틴(RCA), *Ulex europaeus* 응집소(UEA-I), 렌즈콩 렉틴(LCA), 강낭콩 렉틴(E-PHA 및 L-PHA), 미국자리공 렉틴(PWM), 독말풀 렉틴(DBA), 땅콩 렉틴(PNA), 버섯 렉틴(ABA-I), *Bauhinia purpurea* 렉틴(BPA), 딱총나무 렉틴(SSA), 다릅나무 렉틴(MAM) 등이다. 그 외 동물성 렉틴에서는, 장수풍뎅이 렉틴(allo A)이 잘 사용된다.

N-연결형 당사슬은 고mannose형, 복합형, 혼성형으로 분류된다. **그림 1**은 복합형 당사슬의 일례이다. 　　에서 나타낸 부분 중, 비환원말단 GlcNAc β1→ (bisecting GlcNAc이라고도 불린다) 및 Fuc α1→을 제외한 구조를 코어구조라고 부르는데, 이 구조는 어떤 형태의 *N*-연결형 당사슬에서도 공통적이다. 2개 α-mannose 잔기의 앞으로 뻗은 부분을 곁사슬이라고 한다. **그림 1**의 예에서는 3개의 곁사슬이 있고 tri-antennae라고 부르며, 2가닥, 4가닥의 경우는 각각, bi-antennae, tetra-antennae라고 부른다.

ConA는 고mannose형 *N*-연결형 당사슬 또는 bi-antennae형 *N*-연결형 당사슬에 가장 강하게 결합한다. LCA도 mannose 특이적 렉틴이지만, ConA와 다른 *N*-연결형 당사슬의 비환원말단의 GlcNAc에 L-fucose가 결합된 경우에도 결합할 수 있다. RCA는 β-연결의 galactose에 특이적으로 결합한다. UEA-Ⅰ은 α-L-fucose 잔기에 결합한다. E-PHA 및 WGA는 bisecting GlcNAc를 인식한다. L-PHA 및 DBA는 C-2,6위치에 GlcNAc가 결합된 mannose를 인식한다. Allo A는 시알산을 가진 복합형, 혼성형 당사슬과 결합한다. PWM은 N-lactosamine의 반복구조를 가진 당사슬(type I polylactosamine 등)에 결합한다. WGA는 시알산 잔기도 인식한다. 또 시알산 잔기의 결합 양식까지 인식하는 렉틴으로서 α2→3결합을 인식하는 MAM, α2→6결합을 인식하는 SSA가 유용하다. *O*-연결형 당사슬 구조의 일례를 **그림 2**에 나타내었다. 이 구조에서 시알산이 제거된 구조를 가지는 당사슬에는 PNA 또는 BPA가 강하게 결합한다. ABA-I는 Sia-Gal-GalNAc에 가장 강한 친화성을 나타낸다.

그러므로 이들의 렉틴의 당사슬 결합 특이성을 이용해서 단백질에 당사슬이 부가되고 있는지, 또 어떤 당사슬을 갖는지를 추정할 수 있다. 렉틴을 이용한 결합시험에서 가장 간편한 것은, 당단백질 시료를 직접, 막에 dot blot한 것, 또는 SDS-PAGE 후, PVDF막 등에 electro-blotting한 것(**2장 Ⅰ, Ⅱ 참고**)을 이용하는 결합시험이다.

여기에서는, 렉틴에 의한 당사슬의 검출사례로, mannose/glucose 특이적 렉틴의 하나인 바나나렉틴(BanLec)을 사용한 blotting membrane에서의 염색과 세포의 형광염색을 소개한다.

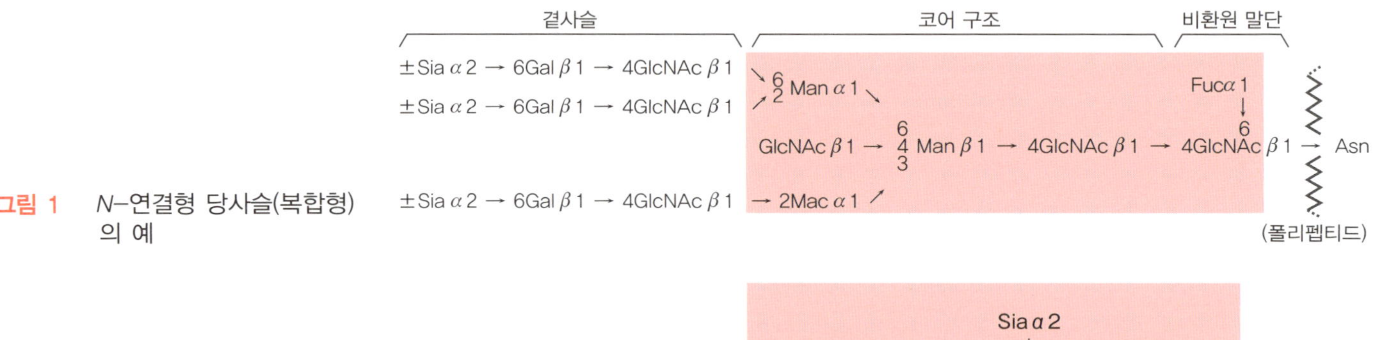

그림 1 *N*–연결형 당사슬(복합형)의 예

그림 2 *O*–연결형 당사슬의 예

1 Blotting membrane에서의 렉틴 염색

준비물

1) 시약

- 10× TBS
- TBS
- 블로킹 용액
- Biotin–렉틴 용액(biotin 표지)
- HRP–streptavidin 용액(horseradish peroxidase 표지)
- 세척액 : 0.1% Tween 20–TBS
- 착색 용액(필요 시 조제)
- 플라스틱 용기

2) 시약의 조제

10× TBS

Tris	12.11 g
NaCl	87.75 g

MilliQ W 800 mL를 넣고 용해시켜 염산으로 pH를 7.5에 맞춘 후, MilliQ W를 추가하여 1 L가 되게 한다.

TBS

10× TBS	10 mL
MilliQ W	90 mL
total	100 mL

블로킹 용액

TBS	10 mL
Bovine serum albumin	0.5 g
total	10 mL

Biotin–렉틴 용액(biotin 표지)

biotin–렉틴	50 μL
TBS	5 mL

HRP–streptavidin 용액

HRP–streptavidin(500 μg/mL)	10 μL
TBS	5 mL

세척액

Tween–20	500 μL
TBS	100 mL

발색액

4–chloro–1–naphthol	12 mg
차가운 메탄올	4 mL

필요할 때 이 용액에 TBS 20 mL, 30% 과산화수소수 8 μL를 혼합한다.

Protocol

 3.5시간

❶ SDS-PAGE에서 분리 후의 샘플을 PVDF membrane에 blotting한다[n].

❷ 1× TBS에서 린스한다.

❸ 블로킹 용액을 가해 진탕(실온, 1시간)하고, 블로킹 용액을 버린다.

❹ Biotin-렉틴[o] 용액을 첨가해 진탕(실온, 1시간)하고[p], biotin-렉틴 용액을 버린다.

❺ 막이 충분히 젖을 정도의 세척액 안에서, 5분간 진탕하여 세척한다(×5회).

❻ HRP-streptavidin[q] 용액을 가해 진탕(실온, 30분)하고, HRP-streptavidin 용액을 버린다.

❼ 막이 충분히 젖을 정도의 세척액 안에서, 5분간 진탕하여 세척한다(×5회).

❽ 막이 충분히 젖을 정도의 발색액을 첨가하고, 약 5분간 진탕한다[r].

ⓝ 직접 blotting하는 경우, dot blotting 장치(Bio-Rad사의 Bio-Dot 등)를 사용하여 실시한다.

ⓞ Funakoshi사, Cosmo Bio사 등에서 표지된 렉틴이 판매되고 있다. 실험사례(**그림 3**)에서 biotin-BanLec 5 μg/mL가 사용되었다.

ⓟ 렉틴 용액과 streptavidin 용액은 플라스틱 용기에서 진탕하는 대신에 poly bag sealer로 용액을 밀봉하여 진탕함으로써 소량으로 반응시킬 수 있다.

ⓠ GE Healthcare사, KPL사 등 여러 곳에서 판매되고 있다.

ⓡ 화학 발광을 이용하여 검출할 수 있다(**2장 II-2-3** 참고).

원포인트 어드바이스

Blotting membrane의 렉틴 염색에서는 특히 비특이적인 결합이 생길 수 있다. 특이적인 결합과 구분하기 위해서, 사용한 렉틴의 특이당을 함께 넣은 저해실험을 병행해야 한다(**그림 3** 아래). 또 특이성이 다른 렉틴을 몇 가지 조사하는 것으로, 어떠한 당사슬이 부가되고 있는지를 보다 정확하게 추정할 수 있다. 친화성 chromatography로 정제할 때의 렉틴의 선택, 심지어 질량분석 등으로 상세하게 당사슬 구조 분석(**5장 V** 참고)을 실시하는 데 있어서도 유용한 지식을 얻을 수 있다.

실험사례

그림 3에 실험 예를 나타낸다.

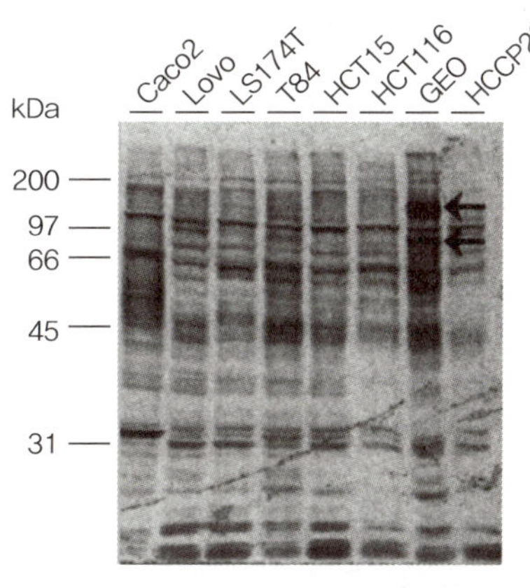

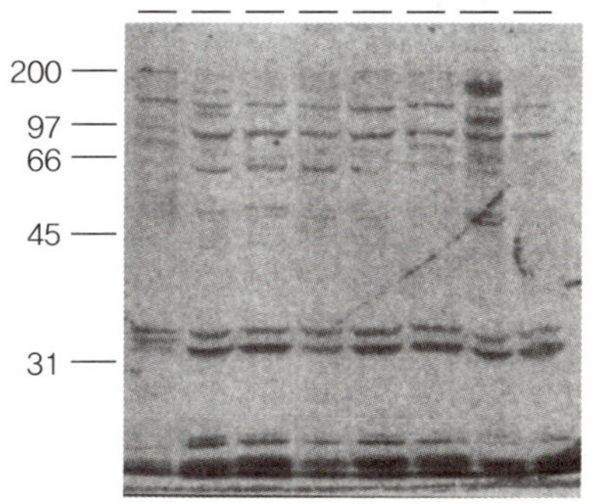

그림 3 바나나렉틴(BanLec)에 의한 당사슬의 검출(blotting membrane)
8종류의 대장암 유래 배양세포의 추출액을 전기영동한 후, PVDF membrane에 blotting하고, biotin-BanLec(2차시약 : HRP-streptavidin)에서 검출하였다. 모든 세포에서 BanLec 결합성 단백질의 존재가 확인되었다. 특히 GEO 세포에서는, 약 100과 120 kDa(화살표)의 당단백질과 강하게 반응한다는 사실을 알 수 있었다. 아래 그림은 methyl α-mannoside(200 mM)에 의한 저해 결과를 나타낸다.

2 형광 렉틴 염색

준비물

1) 기구 · 기계

- 커버글라스(circle 12mm ϕ) : autoclave 멸균한다.
- 슬라이드글라스
- 핀셋(2종류) : 커버글라스를 well에 넣으려면 끝이 납작한 핀셋, well에서 꺼내 슬라이드를 만들려면 끝이 가는 핀셋이 사용하기 쉽다(**오른쪽 그림**).

- Multiwell(4well Nunc, 24well Costar 등)
- 형광현미경

2) 시약

- Phosphate buffer(PBS, pH 7.2)
- 고정액(4% PFA/PBS)
- 염소 혈청(normal goat serum, NGS)
- 당 용액
- 렉틴(biotin-렉틴)
- 형광 표지 streptavidin(streptavidin-Alexa 488, Hilyte 488 등)
- 항표백제, 핵염색용 색소를 포함한 봉입제(vectashield, Vector Laboratories사 등)
- 투명 매니큐어

Protocol

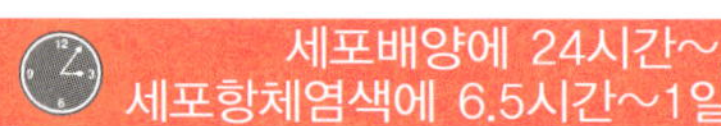
세포배양에 24시간~, 세포항체염색에 6.5시간~1일

❶ 4 well 플레이트에 커버글라스를 넣고, 세포를 커버글라스ⓢ에 심어 배양한다(37°C, 5% CO_2, overnight).

↓

❷ 배양액을 제거하고, PBS로 5분씩 3회 세척한다.

↓

❸ 4% PFA/PBS에서 고정한다(실온, 30분).

↓

❹ PBS로 5분씩 4회 세척한다.

↓

❺ 10% NGS/PBS에서, 블로킹한다(실온, 30분).

↓

❻ 저해하는 당 용액 또는 PBS에서 미리 incubation한다(실온, 15분).

↓

❼ 위의 용액을 제거하고, 렉틴용액(10 μg/mL의 2% NGS/PBS)을 당류존재, 또는 없는 조건에서 정치한다(실온, 2시간).

↓

❽ PBS로 5분씩 4회ⓣ 세척한다.

ⓢ Multiwell(4, 24well)에 살균된 커버글라스를 앞이 편편한 핀셋으로 1장씩 넣어 배양하면, 그대로 사용하여 염색 조건들에 따라 진행할 수 있다.

ⓣ 첫 회째의 세척에는 2% NGS/PBS를 쓴다.

⑨ 형광 표지 streptavidin으로 표지한다[u](실온에서 2시간 또는 4°C에서 over-night).

↓ (차광)

⑩ PBS로 5분씩 4회[t] 세척한다.

↓

⑪ 슬라이드글라스에 봉입제를 떨어뜨리고 그 위에 커버글라스를 핀셋으로 집어[v], 세포면을 밑으로 하여 덮는다.

↓

⑫ 여분액을 가볍게 닦아, 커버글라스 주위를 투명매니큐어로 봉한다.

↓

⑬ 형광현미경으로 관찰한다(그림 4).

ⓤ Multiwell 전체를 은박지로 덮어 차광한다.

ⓥ 테이프로 감은 얇은 것을 사용하면 다루기 쉽다.

실험사례

a)

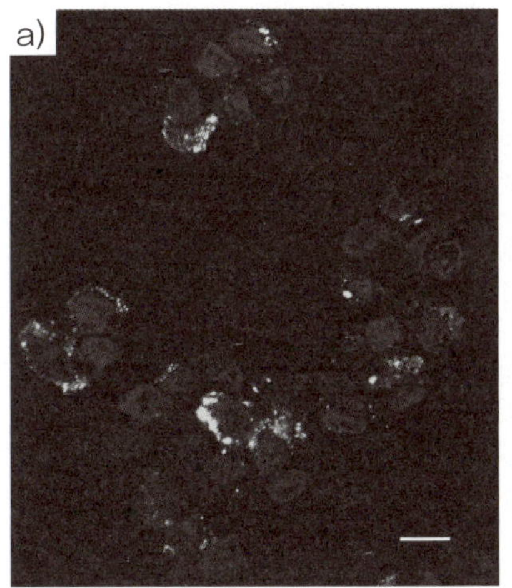

b)

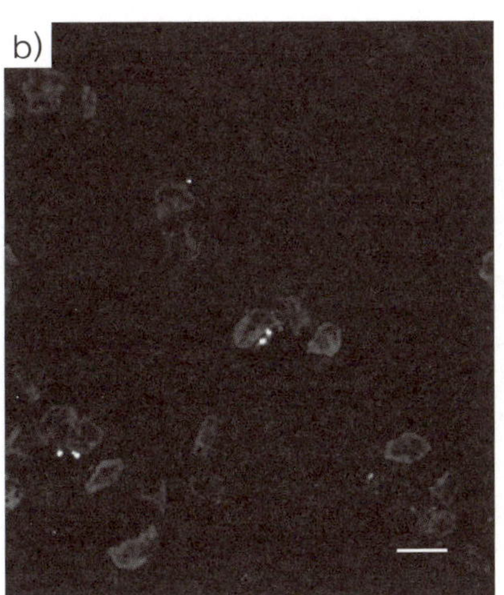

c)

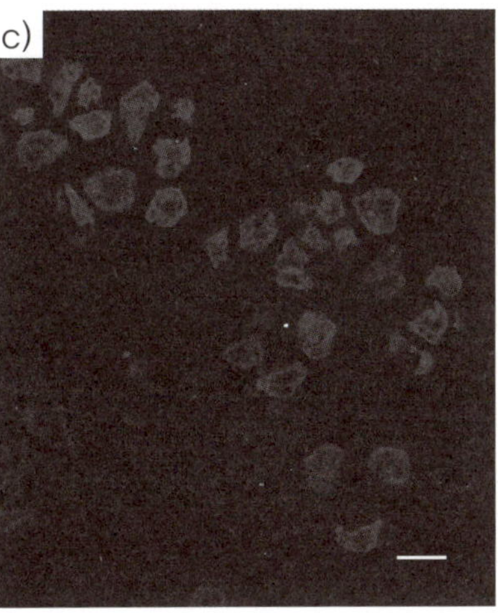

그림 4 암세포의 바나나렉틴(BanLec) 결합성 (권두 Color Graphics 10 참고)
인간의 대장암 유래세포 HCT15 표면의 당사슬을, biotin-BanLec(2차시약 : Alexa488-streptavidin)으로 검출하였다(a). Methyl α-mannoside 존재(b : 67 mM, c : 200 mM)하에서는 결합이 감소하므로, a에서 검출된 시그널이 BanLec과 당사슬과의 특이적인 결합에 의한 것임을 알 수 있다. BanLec : 초록, 핵 : 파랑, scale bar : 10 μm

IV-2 *N*-연결형 당사슬의 효소 소화

당사슬을 polypeptide 사슬에서 잘라내는 방법에는, 화학적 방법과 효소적 방법이 있다. 화학적 방법에는 조건에 따라 *N*-연결형과 *O*-연결형에 작용하는 hydrazine 분해, *O*-연결형 당사슬에 작용하는 β-제거와, 플루오르화 수소와 trifluoromethane sulfonic acid 처리가 있다. 여기에서는 효소를 이용하는 방법으로서, *N*-연결형 당사슬을 그대로의 형태로 유리시키는 효소로서 범용되고 있는 N-glycosidase F에 의한 당단백질의 당사슬 추출과, exoglycosidase에 의한 순차적인 소화를 소개한다.

순서

① 당단백질의 변성 ↗ ② N-glycosidase F 소화
↘ ③ sialidase 소화 → ④ β-galactosidase 소화

준비물

1) 기구

- 블록 heater
- SDS–PAGE용 장치세트(2장 I 참고)

2) 시약

- N–glycosidase F
  Peptide–N–glycosidase F, PNGase F, peptide–N^4– (acetyl–beta–glucos-aminyl) –asparagine amidase cloned from *Flavobacterium meningosepticum* and expressed in *E. coli*, *EC3.2.218*; *3.5.1.52*
- Sialidase(일명 : neuraminidase)
  Neuraminidase(Sialidase) from *Vibriocholerae* Acylneuraminylhydrolase, *EC3.2.1.18*
- β–Galactosidase
  β–Galactosidase from Jack Bean, EC3.2.1.23
- 단백질 변성용액(1% SDS, 1% β–mercaptoethanol)
- 비이온성 계면활성제(Nonidet P–40, Triton X–100 등)
- 10 mM phosphate buffer(pH 7.2)
- 50 mM acetate buffer(pH 5.5)(50 mM sodium acetate, 4 mM 염화칼슘)
- 50 mM 시트르산 buffer(pH 3.5)
- SDS–PAGE용 시약

※ 당사슬 절단효소를 판매하는 회사 :
Roche Diagnostics
Sigma–Aldrich
Takara Bio
New England Biolabs 등

※ 당사슬 절단효소에는 여러 종류가 있고, 절단하는 당사슬이나 소화 효율이 다르므로 목적에 맞는 효소를 선택한다. 또 적정 pH 및 적정 온도에도 주의한다.

Protocol

 3일간

1) 단백질 변성

❶ 단백질 시료(10 mg/mL) 20 μL에 단백질 변성용액 20 μL를 가한다.

❷ 95°C, 5분 가열

❸ 얼음통에서 식혀 스핀다운

❹ 2% Nonidet P–40을 50 μL 첨가한다[w].

❺ MilliQ W를 넣어 100 μL가 되게 한다.

2) N–glycosidase F 소화

❶ 변성시킨 단백질 시료 100 μL에 phosphate buffer를 100 μL 첨가한다[x].

❷ N–glycosidase F(2 unit)[y]를 첨가해 37°C, 2~24시간 정치한다.

ⓦ SDS의 5~10배되는 양의 비이온성 계면활성제를 첨가하여 효소가 SDS에 의해 불활성화되는 것을 막는다.

ⓧ SDS와 칼륨은 칼륨–SDS 복합체를 형성하고 침전하기 때문에 인산칼륨 buffer를 사용하지 않는다.

ⓨ N–glycosidase F는 식물에서 발견되는 환원말단에 fucose가 결합한 N–아세틸글루코사민에는 반응하기가 어렵다. 이 경우에는, N–glycosidase A를 사용한다.

3) Sialidase 소화

❶ 변성시킨 단백질 시료 100 μL에 acetate buffer를 100 μL 첨가한다[ⓩ].

⬇

❷ Sialidase(0.02 unit)를 넣어 37°C, 2~24시간 정치한다.

ⓩ Sialidase 소화만의 경우, sialic acid는 말단에 노출되어 있기 때문에 변성시키지 않아도 된다.

4) β-galactosidase 소화

❶ Sialidase 소화한 단백질 시료 100 μL를 투석 또는 ultrafiltration unit을 이용하여 구연산 100 μL로 치환한다[ⓐ].

⬇

❷ β-galactosidase(0.05 unit)를 넣어 37°C에서 2~24시간 정치한다.

ⓐ Ultrafiltration unit : Amicon Ultra-0.5, Ultracel-10 Membrane, 10 kDa(Millipore사) 등

5) 전기영동

소량의 0.1 M NaOH에서 pH를 중성부근에 맞춘다. SDS-PAGE용 buffer를 첨가하고, 95°C에서 5분간 가열변성하고 전기영동한다[ⓑ](**그림 5**).

ⓑ 당단백질이 전기영동으로 분리되는 경우, 아미노산 서열로 산출되는 분자량보다 당사슬이 부가된 만큼 크게 검출된다. 또 당사슬 변형은 불균일하기 때문에, gel상에 broad 밴드로 검출되는 경향이 있다. 또 황산화 당사슬이 부가한 경우는 영동이 불균일하여 smear 밴드로 자주 검출된다.

실험사례

a) *N*-연결형 당사슬 제거

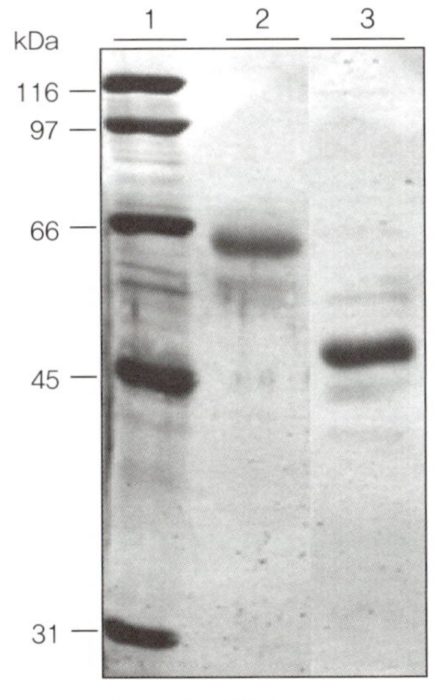

1: 분자량 마커
2: 변성만
3: N-glycosidase F 소화

b) Exoglycosidase 소화

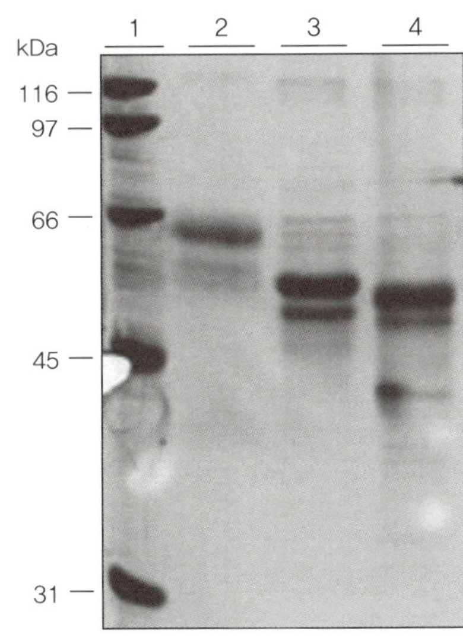

1: 분자량 마커
2: 변성만
3: sialidase 소화
4: 3 + galactosidase 소화

그림 5 Fetal bovine serum의 당단백질인 fetuin의 *N*-연결형 당사슬의 효소에 의한 소화

Fetuin은 분자량 48,000, 1분자 중에 *O*-연결형 당사슬 및 *N*-연결형 당사슬이 각 3개씩 있는 당단백질이다. Fetuin 당사슬을 각 효소로 소화하고, 전기영동한 후 CBB로 염색하였다. 변성만 > sialidase 소화 > sialidase 소화 + galactosidase 소화 > N-glycosidase F 소화의 순으로 분자 크기가 작아진다는 사실을 알 수 있다.

참고문헌

1) 大沢利昭 編 : 「レクチンと細胞生物学」, 講談社サイエンティフィク, 1985
2) Sharon, N. & Lis, H. 「 : レクチン第2版」(山本一夫, 小浪悠紀子 訳), シュプリンガーフェアラーク東京, 2006
3) Koshte, V. L. et al. : Biochem. J., 272 : 721-726, 1990
4) 三崎 旭, 他 : Trans Nutrient Res., 23 : 28-38, 2006
5) 日本生化学会 編 : 「新生化学実験講座 3 糖質 I 糖タンパク質 (上)」, 東京化学同人, 1990
6) Green, D. E. et al. : J. Biol. Chem., 263 : 18253-18268, 1988

V 질량분석에 의한 단백질 변형의 분석법

단백질 실험에서 질량분석의 이용법으로서, **2장 IV**에서는 단백질의 동정법을 소개했다. 이것에 의해 지금까지 알려지지 않은 단백질의 상호작용이 밝혀지고, 또 여러 조건하에서 거동이 변동하는 단백질이 동정되고 그 후의 연구가 크게 진전했다고 생각한다. 그러나 단백질 실험에서의 질량분석의 이용은 이에 그치지 않는다. 그 대표적인 것이 단백질 번역후 변형의 분석이다. 기존의 생화학적, 분자생물학적 방법을 이용해도 변형 작용기의 종류와 그 결합부위를 결정하는 것은 가능하다(**5장 I**~**IV**, **VI**). 이 경우, 일반적으로는 변형아미노산 특이적인 항체를 제공하고, 또는 부위 특이적 변이단백질을 복수로 제작하고 분석하는 것이기 때문에 꽤 오랜 시간이 필요하지만, 질량분석을 하면 신속히 결정할 수 있다. 그래서 필자에게도 번역후 변형을 분석해달라는 의뢰가 늘고 있으며, 또 총설집 등에서도 질량분석을 이용한 번역후 변형의 분석사례를 거론하는 경우가 많아졌다[1].

실제 질량분석에 의한 변형 분석에서는 변형의 종류마다 다양한 방법이 이용되기 때문에, 본서에서는 구체적인 프로토콜은 생략했다. 본격적으로 분석을 하고자 할 때는, 참고문헌으로 소개한 질량분석의 전문서[2)~5)]를 참고하면서 분석하기를 추천한다.

V-1 질량분석에 의한 단백질 변형분석의 기초 지식

질량분석에 의한 단백질 변형의 분석 원리는 다음과 같다(그림 1). 단백질을 구성하는 아미노산에 어떤 변형 작용기가 부가하면 그 분자량만큼 질량이 증가한다. 질량분석에서 그 변화량을 측정하고 변화한 분자량에서 어떤 변형을 받았는지 추정할 수 있다. 또 MS/MS 스펙트럼을 얻을 수 있다면, 그 변형부위도 결정할 수 있다. 인산화를 예로 설명하면, 1군데만 인산화된 단백질을 트립신 소화하여 펩티드 조각으로 되면, 인산화된 아미노산을 포함한 펩타티는 분자량이 80 Da(인산기 : HPO_3)만큼 커지게 된다. 아미노산 서열을 알고 있으면 펩티드 분자량의 이론치를 계산할 수 있으므로 이론치보다 80 Da 큰 피크가 나타나면 인산화되어 있을 가능성이 있다. 또한

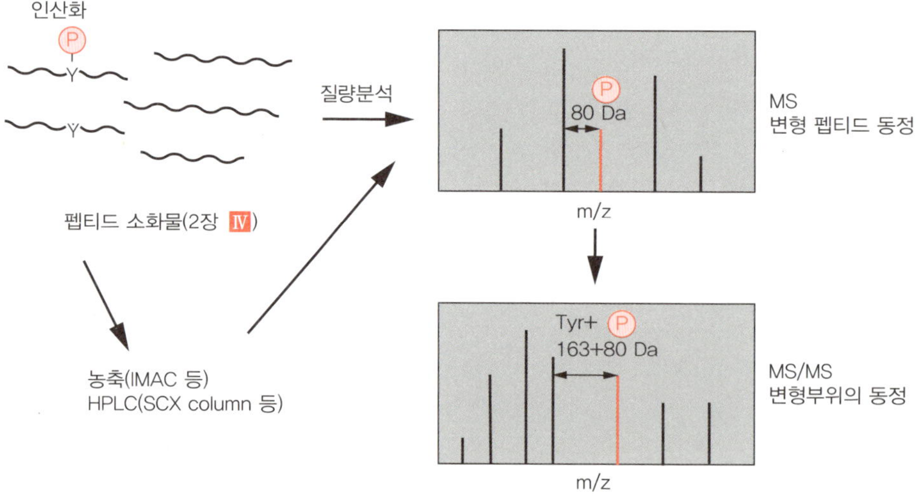

그림 1 질량분석에 의한 단백질 번역후 변형분석

질량분석(MS)에 의해, 펩티드의 1차구조의 서열에서 계산되는 이론치에다 부가되는 작용기(이 경우 인산기 : 80 Da)만큼 질량이 증가한 펩티드를 동정한다. 이어 이 펩티드의 MS/MS 분석을 실시함으로써 변형부위를 동정할 수 있다.

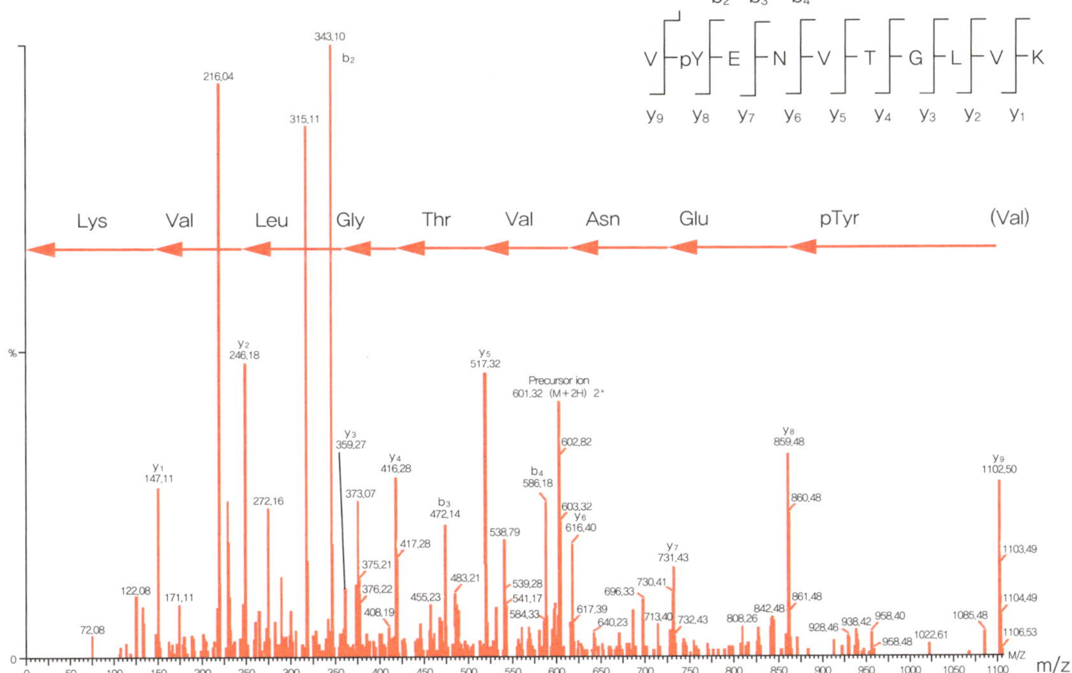

그림 2 Tyrosine 인산화 펩티드의 MS/MS 스펙트럼
y_9–ion과 y_8–ion의 질량차이(243.02 Da)에서, Tyr이 인산화된 사실을 알 수 있다.

표 1 대표적인 단백질 번역후 변형과 질량의 변화

변형의 종류		질량의 변화(Da)
2황화결합	Disulfide bond	−2.02
탈아미드화	Deamidation(Asn, Gln)	0.98
메틸화	Methylation	14.03
산화	Oxidation	16.00
포밀화	Formylation	28.01
아세틸화	Acetylation	42.04
인산화	Phosphorylation	79.98
황산화	Sulfation	80.06
미리스토일화	Myristoylation	210.36
팔미토일화	Palmitoylation	238.41

펩티드 MS/MS 스펙트럼에서, fragment ion의 질량차가 본래의 아미노산의 질량 + 80 Da의 단편을 확인하는 것에서 인산화 부위의 확인도 가능하다(그림 2). 다른 변형 작용기에 대해서도 기본적으로 같이 생각하면 된다. 표 1에 대표적인 변형 작용기의 질량 변화값을 정리했다. 여기에 나타낸 변형 작용기 이외에 관해서는, UniMod(http://www.unimod.org/)를 참고한다.

V-2 질량분석에 의한 주요 단백질 변형의 분석

단백질 번역후 변형은 다양하며 현재까지 수백 가지 이상이 알려져 있다. 여기에서는 질량분석을 이용한 변형의 분석 개요를 설명한다.

1 인산화

인산화를 받는 아미노산은 주로 Ser, Thr 그리고 Tyr이다. 인산화에 의해 단백질의 활성이 변

화하고, 또는 인산기에 다른 단백질이 상호작용하여 세포내 신호전달이 제어되고 있으며, 그 역할은 크다. 이미 언급했듯이 질량분석에서는 이들 아미노산에 80 Da의 인산기가 부과된 펩티드를 분석하면 좋지만, 실제 분석에서 문제가 되는 것은 세포 내에서의 낮은 존재량과 낮은 인산화 비율이다. 분석을 위한 단백질의 정제는 일반적으로 표적단백질의 항체에 의한 면역침강이나, 항인산화 Ser/Thr 항체 또는 항인산화 Tyr 항체를 고정한 column이 사용된다. 그러나 이렇게 정제 농축하더라도, 질량분석할 때까지 원하는 농도에 미치지 못하는 경우도 많다. 그래서 과잉 발현계와 *in vitro* 인산화로 표적단백질의 발현량과 인산화를 증가시켜 분석해도 좋다. 이것으로 얻은 데이터를 바탕으로 하여 내재성 단백질로 다시 분석하면 측정은 쉬워진다.

그 외에 유용한 방법으로, 소화 펩티드들 중에서 인산 펩티드만을 특수한 column으로 농축하여 측정하는 방법이 개발되었다. Fe^{3+}, Ga^{3+} 등의 IMAC(Immobilized metal ion affinity chromatography)와 TiO_2가 인산기와 친화성이 높은 점을 이용한 것으로, 이것을 담체에 고정한 것을 구입할 수 있다.

2 유비퀴틴

유비퀴틴은 76개의 아미노산으로 구성된 단백질이며 C-말단 Gly를 매개로 기질단백질의 특정 Lys에 결합한다. 유비퀴틴은 또 자신의 Lys에 대해서도 유비퀴틴이 결합하여 폴리유비퀴틴화를 만든다. 실제로 폴리유비퀴틴화 단백질의 SDS-PAGE를 실시하면 이동도가 다른 ladder형의 밴드로 나타난다. 이런 이유로 질량분석에 의한 유비퀴틴화의 분석은 어려울 것 같이 생각되지만, 유비퀴틴 자체도 단백질이기 때문 표적단백질의 효소 소화 시에 동시에 소화된다. C-말단의 서열을 보면 ··· Arg-Gly-Gly_{76}이고, 74번째 Arg의 C-말단 쪽에서 절단되므로 모든 유비퀴틴화는 Gly의 2개에 해당되는 질량증가(114.10)로 검출할 수 있다. 거꾸로, SDS-PAGE에서 고도로 분리, 정제된 단백질 밴드의 질량분석에서, 동시에 유비퀴틴도 동정되면 이 단백질은 유비퀴틴화하고 있다고 추정할 수 있다. 또한 Mascot의 Modification 목록에는 유비퀴틴화는 GlyGly(K)으로 등록되어 있다.

3 아세틸화 · 메틸화

Chromatin을 구성하는 histone에서는, Lys의 아세틸화나 Lys, Arg의 메틸화가 많이 관찰된다. 또한 최근에는, 히스톤 이외의 단백질에서도 이들의 변형이 단백질의 활성제어 및 안정성, 세포 내 분포 등 다양한 기능에 관여하는 것으로 알려진다. 질량분석에 의한 아세틸화나 메틸화의 분석은, 각각의 질량차이에 해당하는 42 Da, 14 Da의 질량 증가를 보면 된다. 이들의 변형에 대해서도 MS/MS에 의한 서열 분석을 함으로써, 비교적 쉽게 검출할 수 있다.

몇 가지 주의할 점이 있는데, 예컨대 메틸화가 3개인 경우(trimethyl화 등) 아세틸화와 구별하기 어렵다. 또 메틸화의 질량차이는 Gly과 Ala의 질량차이와 동일하기 때문에 아미노산 치환 가능성도 생각할 수 있다. 이들은 적절한 질량분석을 함으로써 증명은 가능하므로 참고문헌 2를 참고하여 분석하기 바란다.

4 당사슬 변형

진핵생물에서는 당사슬이 부가된 단백질이 많이 나타난다. 당사슬 변형에 의해 단백질에는 다양한 기능이 생기고 또한 암의 침윤, 전이 등 질병과의 관여가 시사되고 있어서 자세한 분석의 중요함이 커지고 있다. 일반적으로 당단백질의 당사슬로는 Asn에 결합하는 *N*-연결형 당사슬과

Ser 또는 Thr에 결합한 *O*-연결형 당사슬이 있다. 질량분석으로 당사슬 구조를 분석하려면, 일반적인 MS/MS 측정으로도 어느 정도의 구조는 예측할 수 있지만, 상세한 구조결정은 다단계의 tandem MS, 이른바 MS^n이 필요하다. 최근까지 당사슬 구조를 분석하려면, 분석의 첫 단계로 단백질로부터 당사슬을 분리하는 것이 일반적이었다. 또한 당펩티드로 이온화하고 MS/MS 측정을 실시할 때, CID(충돌 유도 해리)에 의한 분리가 수행될 때 당사슬이 쉽게 깨져버려 결합부위의 정보를 얻기가 어렵다. 최근 ETD(전자 이동 해리)라고 불리는 분리방법이 개발되어, 이온트랩형 질량분석계와 조합하여 사용할 수 있게 되었다. 이에 따르면 곁사슬을 유지한 채로 펩티드 주사슬만 분리할 수 있으므로, 결합부위 정보를 포함하여 당사슬과 펩티드를 통일된 방식으로 분석할 수 있다.

5 지질 변형

단백질의 지질에 의한 변형은 생체막에서 단백질의 결합양식과 분포에 밀접하게 관여한다. 최근에는 콜레스테롤, 스핑고지질 등으로 구성된 raft라고 불리는 막구조에, 지질변형을 받은 다양한 막단백질과 신호전달 분자가 집적되어 있는 것이 주목받고 있다[6]. 결합한 지질구조에 따라, ① 지방산 아실화형(myristoyl화, palmitoyl화 등), ② iloprenyl화형, ③ GPI(glucosylphosphatidylinositol) anchor형으로 크게 분류된다. 질량분석에 의한 분석에서는, ①과 ②의 경우 변형 작용기의 질량 값을 바탕으로 일반적인 MS/MS 측정과 데이터베이스 검색으로 비교적 쉽게 동정할 수 있다. GPI anchor형에 관해서는, MS/MS 측정에 의해 anchor 펩티드에 특징적으로 검출되는 이온 조각(m/z = 422.1과 447.1)을 스크리닝하고 동정하는 방법도 이용된다[7].

V-3 번역후 변형의 예측과 데이터베이스

Mascot으로 표적단백질을 식별할 때, MS/MS 스펙트럼이 많으면 Error tolerant search를 시도하면 좋다. 검색 시 설정한 조건에서는 서열에 일치하지 않았던 펩티드에서 새로운 변형을 발견할 수 있는 경우가 있다. 주의해야 하는 것은 단지 계산상 일치하라는 것이지 실제로는 없는 변형과 아미노산 치환도 많이 포함되어 있다는 것이다. 이것이라고 생각되더라도 반드시 MS/MS 스펙트럼으로 검토해야 한다. 또 표적단백질을 동정했을 때에는, NCBI나 UniProt(권말의 부록을 참고)에서 해당 단백질의 정보를 대략적으로 확인하길 바란다. 주요 생물종의 단백질에 대해서는 상세한 주석이 붙어 있어서 모르는 단백질도 구조 및 기능과 세포 내에서의 분포 등 다양한 정보를 얻을 수 있다. 그중에는 단백질의 변형 자리의 정보도 포함하므로, 질량분석에 의한 변형분석을 실시하는 데 있어서 참고가 된다.

실제로 질량분석한 목적의 변형 펩티드가 발견되지 않는 경우도 많다고 생각한다. 일반적으로 변형된 단백질의 세포내 비율이 낮은 것이 분석을 어렵게 하고 있다. 따라서 변형 펩티드에 특이적인 농축법을 시도하기도 하지만 그 전에 확인해야 할 것이 있다. 기본적인 것이지만, 변형되지 않은 상태에서 표적 펩티드로 동정되었는지, 표적으로 하는 변형을 가진 표준단백질을 조제하고 현재의 분석방법으로 확실하게 변형이 동정되었는지를 확인하는 것이다. 이들 결과가 애매한 상황에서는, 미량의 변형 펩티드의 분석 결과는 기대할 수 없다. 표적단백질이 변형된다면 확실히 동정할 수 있는 기술과 자신감을 익힌 후 분석을 하면, 지금까지 찾지 못했던 변형도 볼 수 있을 것이다.

참고문헌

1）小田吉哉, 長野光司 編：「創薬・タンパク質研究のためのプロテオミクス解析」, 羊土社, 2010
2）稲垣昌樹 編：「タンパク質の翻訳後修飾解析プロトコール」, 羊土社, 2006
3）小田吉哉, 夏目 徹 編：「できマス！プロテオミクス」, 中山書店, 2004
4）Richard, J. S.：Proteins and Proteomics, CSH Press, 2003
5）長谷俊治, 他 編：「タンパク質をみる－ 構造と挙動」, 化学同人, 2009
6）池ノ内順一, 他：実験医学, 28：1206-1257, 2010
7）Fujita, M. et al.：Cell, 139：352-365, 2009

VI 단백질 산화 변형의 분석

단백질은 다양한 번역후 변형을 받아 기능한다. 특히 단백질 인산화의 중요성은 널리 인식되어 신호전달에 있어서 역동적인 단백질 기능조절 등 중요한 역할을 담당한다는 것이 널리 알려져 있다(**본 장 I**을 참고). 최근, 과산화수소 등의 활성산소종(reactive oxygen species : ROS)이 생리적인 신호인자로서 작용하는 것이 주목을 받고 있는데, 이들 ROS는 표적단백질을 가역적으로 산화하는 것으로 신호 기능을 발휘하고 있다. ROS 신호 연구의 진전을 계기로, 오래전부터 알려진 단백질의 화학변형인「산화」의 중요성이 새삼 인식되게 되었다.

단백질의 가역적인 산화 변형 중에서, 이황화(S-S)결합의 형성이 잘 알려져 있다. 단백질의 표면에 존재하는 cysteine 잔기의 thiol기(-SH)는 산화되어 근접한 thiol기와 반응하고 S-S 결합을 형성한다. 분비단백질과 수용체 등 세포외부나 세포내 소포의 내강에 존재하는 단백질에서는 친숙한 화학변형이지만, 반응성을 자극하고 특정 단백질의 생물활성을 변화시키기 위해 S-S 결합 형성이 세포질에서 일어나며 신호전달 기능을 담당하는 것이 명백해지고 있다. S-S 결합은 세포내 환경에서 환원적으로 절단할 수 있고, 가역적인 제어가 가능하다는 점도 신호전달의「온」「오프」를 담당하는 데 중요한 의미를 가진다.

본 항에서는, S-S 결합 형성의 검출법(VI-1)과 세포내 S-S 결합 단백질의 완전한 탐색법(VI-2)에 대해서 소개한다. 또 이와 관련해서 ROS를 검출하기 위해서 이용되고 있는 probe(VI-3)에 대해 간단히 설명한다.

VI-1 이황화(S-S) 결합의 검출

1 S-S 결합의 특성

세포질은 일반적으로 환원적인 환경이며, cysteine 잔기의 thiol기는 유리 상태로 존재한다. ROS 신호 응답성으로 생긴 S-S 결합은 신속하게 환원적 절단을 받아 thiol기의 상태로 돌아간다. 한편, 생화학적인 분석 때문에 생세포를 용해한 경우나, 단백질을 정제한 경우 등, 세포외의 환경에서는 공기산화 등으로 비특이적인 S-S 결합이 형성되는 경우가 있다. 이러한 비생리적인 산화반응을 막기 위해서, 세포를 용해하여 추출한 단백질의 thiol기를 요오드아세트아미드(iodoacetamide : IAA)나 N-ethylmaleimide(NEM) 등과 공유결합으로 화학변형시키고 차단하는 것이 중요하다(그림 1). 또 S-S 결합은 환원적 환경에서는 쉽게 절단되기 때문에, 샘플제작이나 전기영동 때 2-mercaptoethanol 등의 환원제는 사용하지 않는다. 이처럼, 산화환원반응은 특정 효소가 존재하지 않아도 저절로 일어날 수 있는 화학반응임에 주의할 필요가 있다. 아래에, IAA를 이용한 비환원 SDS-PAGE(**2장 I-3** 참고)에 의한 S-S 결합의 분석을 설명한다.

2 비환원 SDS-PAGE에 의한 S-S 결합의 분석

준비물

1) 기구 · 기계 (2장 I, II 참고)

- 단백질 전기영동용 장치 세트
- 단백질 transfer 장치 세트
- Western blot 관련 장치 세트

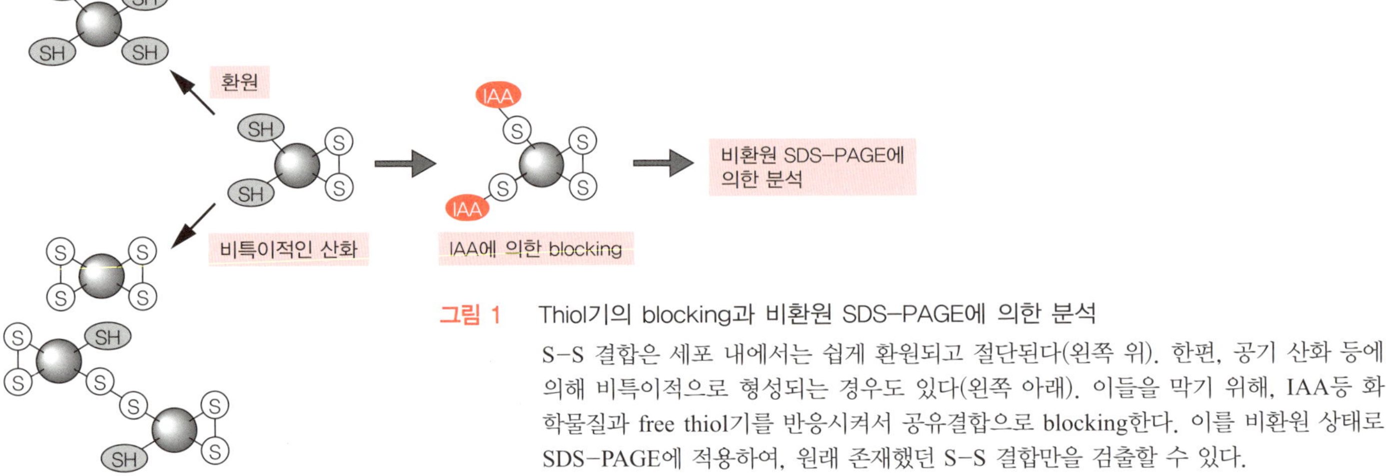

그림 1 Thiol기의 blocking과 비환원 SDS-PAGE에 의한 분석
S-S 결합은 세포 내에서는 쉽게 환원되고 절단된다(왼쪽 위). 한편, 공기 산화 등에 의해 비특이적으로 형성되는 경우도 있다(왼쪽 아래). 이들을 막기 위해, IAA등 화학물질과 free thiol기를 반응시켜서 공유결합으로 blocking한다. 이를 비환원 상태로 SDS-PAGE에 적용하여, 원래 존재했던 S-S 결합만을 검출할 수 있다.

2) 시약 · 시료류

- 단백질 전기영동용 시약
- 단백질 transfer 시약
- Western blot 관련 시약
- 세포용해 buffer
- IAA 용액(1 M의 stock으로 −20°C에 보관)[c]
- SDS 용액(10%의 stock으로 보관)
- SDS−PAGE용 샘플 buffer는 환원제(2−mercaptoethanol)를 제외한 것을 이용한다.

ⓒ IAA는 차광하에서 보관하고 반응하게 한다.

3) 시약의 조제

세포용해 buffer		(최종 농도)
1 M Tris−HCl(pH 7.5)	200 μL	(20 mM)
1 M NaCl	1,500 μL	(150 mM)
10% Triton X−100	50 μL	(0.5%)
0.5 M EDTA(pH 8.0)	40 μL	(2 mM)
PMSF(최종 농도 1 mM) 등의 protease 억제제		

MilliQ W를 가해 total 10 mL가 되게 한다.
필요할 때 조제하여 얼려둔다.

Protocol

❶ 세포용해 buffer에서 배양세포를 회수(15 cm dish 1개에 대해 2 mL 정도 사용)

❷ 신속하게 원심분리하고 상층액에 최종 농도 15 mM IAA, 1% SDS가 되도록 stock 용액을 가한다[d,e].

❸ 30분 실온에서 진탕(차광한다)

❹ 2−mercaptoethanol을 뺀 SDS−PAGE용 샘플 buffer를 첨가한다.

ⓓ *in vitro*의 상태에서 매우 민감하게 공기 산화되어 버리는 단백질의 경우에는 세포용해 buffer에 미리 IAA와 SDS를 넣어 두어도 좋다.

ⓔ IAA의 농도를 너무 높게 하면 전기영동이 흐트러지므로 주의한다.

⑤ 일반적인 SDS-PAGE용 gel로 전기영동하고, Western blotting 분석한다[f].

[f] 분자 간 S-S 결합은 큰 분자량 변화를 동반하기 때문에, 검출이 쉽다. 분자 내의 S-S 결합의 경우는 전기영동 속도가 빨라진다(밴드가 작은 분자량 쪽으로 shift). 단백질의 분자량이 커지면 shift된 밴드를 보기 어렵게 되므로 주의가 필요하다.

실험사례

실제 실험 예를 그림 2에 나타내었다[1]. 신경축삭돌기 형성이나 유도에 중요한 기능을 하는 CRMP2를 배양세포에 강제 발현시키고, 과산화수소로 처리해서 생긴 CRMP2끼리 S-S 결합으로 연결된 동형이합체(homodimer)를 검출하고 있다. 504번째 cysteine을 serine으로 치환한 돌연변이(C504S)의 경우에는 동형이합체가 형성되지 않음에 따라 Cys504에서 S-S 결합이 되어 있음을 알 수 있다.

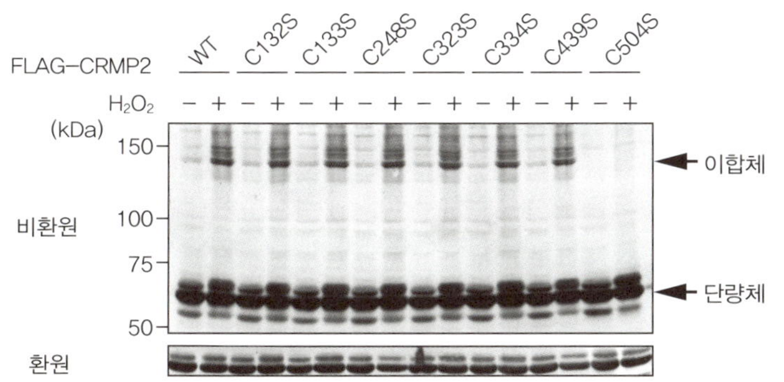

그림 2 비환원 SDS-PAGE에 의한 S-S 결합의 검출

COS7 세포에 FLAG 태그 부착한 CRMP2(야성형 WT 및 각종 Cys 변이체)를 강제 발현시켜, 과산화수소로 자극을 가한 후, 세포용해물을 비환원 SDS-PAGE(상단)와 일반적인 SDS-PAGE(하단) 및 Western blot으로 분석하였다. 과산화수소 자극 반응성에 의한 CRMP2의 동종이합체의 시그널을 검출할 수 있다. Cys504를 변이시킨 C504S 변이체에서는 이합체가 형성되지 않는다. (참고문헌 1 인용)

VI-2 세포내 S-S 결합단백질의 총체적 탐색

1 세포 내에서의 S-S 결합의 환원적 절단반응과 그 이용

VI-1에서는 특정 단백질이 S-S 결합을 만들고 있는지 조사하는 방법에 대해 설명했다. 본 항에서는 S-S 결합을 만드는 단백질을 전체적으로 탐색하는 방법을 설명한다. 세포질은 환원적인 환경이 유지되고 있어, ROS 등으로 형성된 S-S 결합은 신속하게 환원되고 절단된다. 이 S-S 결합의 환원반응은 thioredoxin(TRX) 등의 효소에 의해 촉매되고 있다(그림 3). TRX는 진화적으로 보존된 반응성이 높은 cysteine 페어(포유 동물세포에서는 Cys32와 Cys35)의 작용으로 단계적으로 표적단백질의 S-S 결합을 환원하고 S-S 결합을 자신에게 옮긴다. 이때, 두 번째로 반응하는 C-말단의 Cys35를 변이시킨 TRX 변이체(C35S)는 표적단백질과 반응중간체 상태로 비교적 안정적인 복합체를 만들 수 있다(그림 4). 즉, 이 TRX C35S 변이체를 "bait"로 이용하여 세포 내에 생리적으로 생긴 S-S 결합단백질을 생화학적으로 모을 수 있다. 아래에 그 구체적인 실험 프로토콜과 실제 실험결과에 대해서 설명한다.

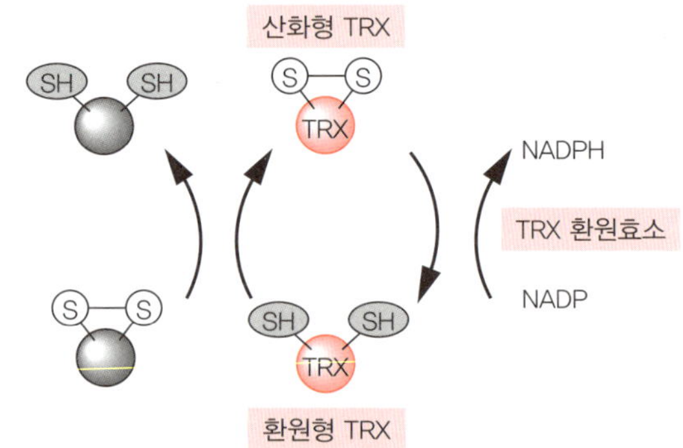

그림 3 TRX에 의한 세포내 S–S 결합의 환원적 절단
단백질에 생긴 S–S 결합은 TRX(환원형)의 활성 중심에 보존된 Cys32–Cys35의 cysteine 쌍으로 옮겨짐으로써 환원된다. 산화되고 S–S 결합을 가진 TRX(산화형)는 TRX 환원효소의 촉매반응으로 NADPH를 소비하고 티올기를 가지는 환원형으로 돌아간다.

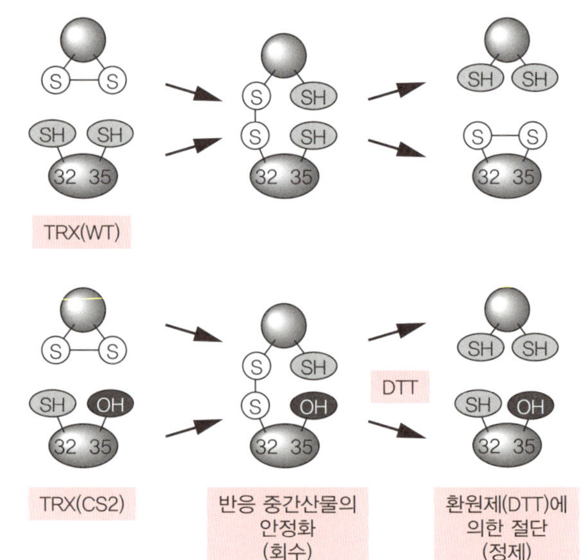

그림 4 TRX 변이체(C35S)를 이용한 S–S 단백질의 전체적인 탐색
위 : TRX는 활성중심인 Cys 쌍 중 Cys32에서 S–S 단백질과 복합체를 형성하고, Cys35와의 반응에 의해 S–S 결합을 환원 절단한다. 이 반응은 신속하게 생기기 때문에, 반응 중간산물은 일시적으로만 존재한다.
아래 : Cys35를 변이시킨 C35S 변이체에서는 반응 중간산물 상태로 안정화된다. 이 복합체를 면역침강 등으로 회수하고, DTT 등의 환원제를 처리함으로써 S–S 단백질을 TRX 변이체에서 절단하여 정제한다.

2 TRX 변이체를 이용한 S–S 결합단백질의 총체적 탐색

준비물

1) 기구 · 기계 (2장 I 참고)

- 단백질 전기영동용 장치 세트

2) 시약 · 시료류

- FLAG 태그 부착[g] TRX 변이체를 안정적으로 발현하는 배양세포[h]
- 항 FLAG M2 단일클론항체 agarose beads(Sigma–Aldrich사)
- 단백질 전기영동용 시약
- 은염색용 시약

3) 시약의 조제

- 세포용해 buffer(Ⅵ–1을 참고)
- DTT 용액(1 M stock으로 –20°C에 보관)

[g] 반드시 FLAG 태그를 쓸 필요는 없지만, FLAG 항체는 bead에 공유결합시킨 것이 시판되고 있으며, 매우 효율적으로 FLAG 태그 단백질을 면역침강할 수 있으므로 사용하기가 쉽다.

[h] 여기에서는 TRX 변이체를 안정적으로 발현하는 세포주를 제작, 이용하고 있는데, 일시적인 발현에서도 특정 기질 단백질을 검출하는 것은 가능하다. 다만 발현량이 매우 많아지므로, 전체적인 탐색에는 맞지 않는다.

Protocol

1. 세포용해 buffer에서 배양세포를 회수(15 cm dish 1장당 2 mL 정도 사용)

↓

❷ 신속하게 원심분리하여 용해되지 않는 것을 제외하고, 상층액에 항 FLAG 항체를 공유결합시킨 beads를 첨가해 rotator로 1~2시간 incubation한다.

↓

❸ 세포용해 buffer로 5회 세척한 뒤, 가능한 buffer를 제거한다. Beads와 동량의 세포용해 buffer에 최종 농도 5 mM이 되도록 DTT[ⓘ]를 첨가해 30분간 incubation한다.

ⓘ 이 반응 조건하에서는 DTT는 항체단백질 속의 S-S 결합을 절단하지 않는다. 그러나 반응이 진행되기 더 쉬운 조건이나, 반응성이 높은 환원제를 사용할 때에는 주의가 필요하다.

↓

❹ 원심분리하여 상층액을 회수하고, 필요에 따라서 5 mM DTT와의 incubation을 수차례 반복한다.

↓

❺ 상층액의 샘플 일부와 beads에 각각 SDS-PAGE용 샘플 buffer를 가하고, 일반의 SDS-PAGE에서 단백질을 분리한다. 은염색으로 단백질을 검출한다.

실험사례

실제 실험 예를 그림 5에 나타내었다[1]. 매우 많은 S-S 결합을 가진 후보 단백질을 얻었다. 이 중 하나로 Ⅵ-1의 실험 예로서 설명한 CRMP2가 동정되고 실제로 세포 내에서 S-S 결합 형성을 확인할 수 있었다. 컨트롤로 TRX에 보존된 N-말단의 Cys32를 변이시킨 변이체(Cys32/35S)에서도 비슷한 실험을 하고 있지만, 여기에서는 긍정적 신호가 거의 보이지 않는다. 노이즈가 거의 없는 조건하에서 많은 S-S 결합 단백질들이 포착될 수 있다고 생각된다.

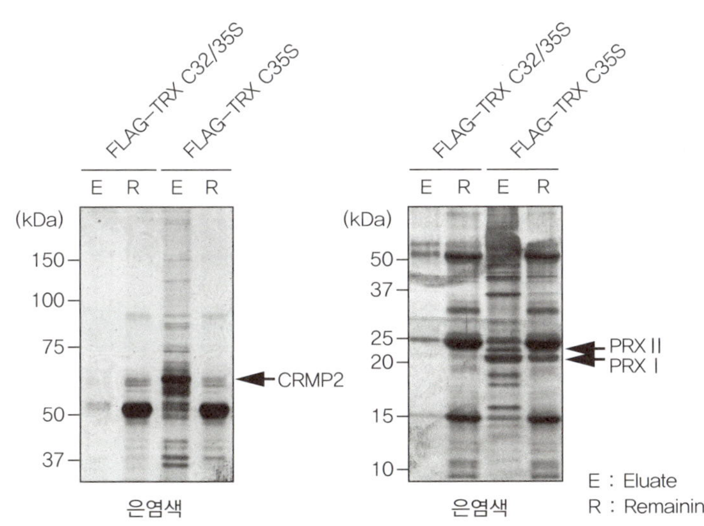

그림 5 TRX 변이체를 이용한 S-S 결합단백질의 전체적인 탐색

FLAG 태그 부착 TRX 변이체(C35S 및 네거티브 컨트롤의 C32/35S)를 안정적으로 발현하는 NIH3T3 세포용해물을 FLAG 항체에서 면역침강하고, 침전물을 DTT로 처리하였다. DTT 처리에서 용출되는 단백질(E)과 면역침강 beads에 잔류하는 단백질(R)을 SDS-PAGE와 은염색으로 분석하였다. S-S 결합을 형성하는 TRX의 기질로 알려진 PRX 외에, 그림 2에서 나타낸 CRMP2가 동정되었다. (참고문헌 1 인용)

Ⅵ-3 ROS 검출 probe를 이용한 분석

마지막으로, 신호인자로서 단백질 산화를 일으키는 ROS를 검출하기 위해 이용되고 있는 프로브에 대해서, 명칭이나 특징 등을 소개한다. ROS는 반응성이 매우 높기 때문에 수명이 짧고, 생성된 자리에서 포착·검출할 필요가 있다. 오래전부터 이용되는 ROS 검출 프로브로서 dichloro-dihydrofluorescein(DCFH)이 유명하다. DCFH는 다양한 ROS에 의해서 dichlorofluorescein(DCF)

로 산화되고 형광을 발한다. 배지 중에 첨가하여 형광 측정하는 간편함으로, 가장 빈번하게 이용되고 있는 ROS 프로브라고 할 수 있다. 한편, 특이성 없이 다양한 ROS에 반응하는 점이나, 여기광을 쬐는 것만으로 형광이 크게 증가하는 점 등, 취급 및 실험결과의 해석이 매우 어렵다. 이 때문에 특정 ROS에만 응답하는 저분자화합물계의 ROS 검출 프로브의 개발이 진행되고 있다. 최근에는 hydroxyl radical(•OH), hypochlorite(OCl^-) 등 ROS 종류에 특이적인 형광 프로브가 개발되고 있다[2].

한편, 형광단백질 GFP를 이용한 ROS 검출 프로브도 몇 가지 개발되어 이용된다. 그것들 중에서도, 과산화수소(H_2O_2) 특이적 프로브로서 기능하는 GFP−HyPer가 많이 사용되고 있다. GFP−HyPer에서는, H_2O_2에 반응하는 대장균 단백질 OxyR 센서 부분을 GFP에 융합함으로써 H_2O_2에 대해 특이성을 갖게 한다. 배양세포뿐 아니라, 제브라피시 개체 차원에서의 *in vivo* imaging에도 이용되어 세포이동을 자극하는 ROS의 역할 규명의 계기가 되었다[3]. 또 ROS를 직접 인식하는 것은 아니지만, 세포내 산화 환원상태를 반영하는 산화형, 환원형 글루타티온 균형에 반응하는 roGFP 등도 자주 이용되고 있다[4].

참고문헌

1) Morinaka, A. et al.：Science Signal., 4：ra26, 2011

2) 浦野泰照：「実験医学 増刊：病態解明に迫る活性酸素シグナルと酸化ストレス」(谷口直之 監), Vol.27, No.15：2467−2473, 羊土社, 2009

3) Belousov, V. V. et al.：Nat. Methods, 3：281−286, 2006

4) Hanson, G. T. et al.：J. Biol. Chem., 279：13044−13053, 2004

부록

1. 유용한 인터넷 사이트 소개

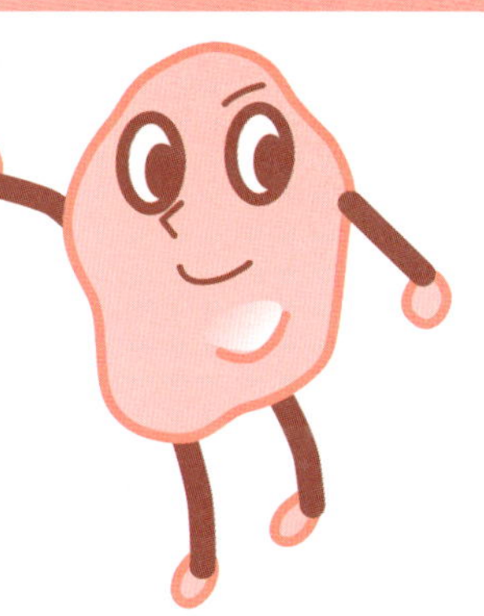

DNA 염기서열의 데이터베이스

- **DDBJ (국립유전학연구소 DDBJ)**

URL http://www.ddbj.nig.ac.jp/

- **GenBank (NCBI)**

URL http://www.ncbi.nim.nih.gov/

- **EMBL (EMBL-EBI)**

URL http://www.ebi.ac.uk/embl/

국제 염기서열 데이터베이스는 위의 세 기관이 대표적이다. 항상 데이터를 상호 교환하고 있기 때문에 등록 데이터는 세 기관에서 동일하지만 검색 화면과 분석 tool은 기관에 따라 다르다. 실험에서 결정된 염기서열을 논문에 게재하는 경우 이 중 하나에의 등록이 필수이다.

아미노산 서열의 데이터베이스

- **UniProt (SIB, EMBL-EBI and PIR)**

URL http://www.uniprot.org/

단백질의 아미노산 서열 데이터베이스. 실험적으로 기능과 특징이 알려진 단백질의 아미노산 서열을 전문가가 수집 정리한 데이터베이스 Uni-ProtKB/Swiss-Prot, 염기서열로 예측되는 번역산물의 데이터베이스 UniProtKB/TrEMBL 등 목적별로 여러 데이터베이스로 구성된다. 2002년에 Swiss-Prot, TrEMBL, PIR-PSD의 세 개의 아미노산 서열 데이터베이스가 통합되어 UniProt이 되었다.

단백질 1차구조 motif 데이터베이스

- **PROSITE (ExPASy)**

URL http://prosite.expasy.org/

단백질 기능 부위와 그 서열의 특징(패턴)을 수집한 데이터베이스.

- **Pfam (Wellcome Trust Sanger Institute)**

URL http://pfam.sanger.ac.uk/

단백질 패밀리의 데이터베이스.

- **InterPro (EMBL-EBI)**

URL http://www.ebi.ac.uk/intrepro/

단백질 패밀리, 도메인, 기능 부위에 대해 PROSITE와 Pfam 등 여러 데이터베이스의 정보를 정리한 통합 데이터베이스.

- **ProDom (Rhone-Alpes Bioinformatics Center 등)**

URL http://prodom.prabi.fr/

UniProt에서 포괄적으로 단백질 도메인 정보를 자동으로 추출한 데이터베이스.

- **PRINTS (University of Manchester)**

URL http://www.bioinf.manchester.ac.uk/dbbrowser/PRINTS/

단백질 'fingerprint'의 데이터베이스.

단백질 입체구조 데이터베이스

- **PCSB PDB (RCSB)**

URL http://www.pdb.org/

- **PDBe (EMBL-EBI)**

URL http://www.ebi.ac.uk/pdbe/

- **PDBj (오사카대학 단백질연구소)**

URL http://www.pdbj.org/

단백질 등 생체고분자의 입체구조 데이터베이스. 위의 세 기관에 의해 The Worldwide Protein Data Bank가 설립되고, 협력하여 PDB 데이터를 관리하고 있다. 등록 데이터는 세 기관에서 동일하지만, 각각 독자적인 검색 · 열람 · 분석 tool을 갖추고 있다.

단백질 입체구조 분류 데이터베이스

- **SCOP (University of Cambridge)**

URL http://scop.mrc-lmb.cam.ac.uk/scop/

단백질을 입체 구조상의 특징에 따라 분류한 데이터베이스.

- **CATH (University College London)**

URL http://www.cathdb.info/

단백질의 입체구조를 반자동으로 계층적으로 분류한 데이터베이스.

단백질 정보 데이터베이스

- **KEGG (교토대학 화학연구소)**

URL http://www.genome.jp/kegg/

대사경로도, 게놈, 유전자, 효소, 화합물, 당사슬, 의약품 등 다양한 정보를 포괄적으로 통합한 데이터베이스.

- **Enzyme (ExPASy)**

URL http://enzyme.expasy.org/

효소의 명칭, EC 번호, 반응식, 각 데이터베이스의 등록 번호 및 대사경로도의 데이터베이스.

- **DisProt (Indiana University-Purdue University Indianapolis)**

URL http://www.disprot.org/

일정한 구조를 가지지 않는 단백질의 데이터베이스.

- **ProTherm (큐슈공업대학)**

URL http://gibk26.bio.kyutech.ac.jp/jouhou/Protherm/Protherm.html

단백질의 야생형과 변이형의 열역학적 특성을 모은 데이터베이스.

- **STRING (NNF Center for Protein Research 등)**

URL http://string-db.org/

단백질 상호작용 데이터베이스.

- **JCGGDB (산업기술종합연구소)**

URL http://jcggdb.jp/

당단백질 등 당사슬 과학의 종합 데이터베이스.

- **LipidBank (일본지질생화학회)**

URL http://lipidbank.jp/

지질의 데이터베이스.

- **MassBank (일본질량분석학회)**

URL http://www.massbank.jp/

고분석능의 질량스펙트럼 데이터베이스. 일본질량분석학회의 공식 데이터베이스.

게놈 · 생물자원 데이터베이스

- **UCSC Genome Browser (UCSC)**

URL http://genome.ucsc.edu/

인간, 마우스 등 동물 게놈의 서열 및 annotation 정보.

- **Genomes OnLine Database (DOE-Joint Genome Institute)**

URL http://www.genomesonline.org/

게놈의 전체 서열이 해독된 생물의 일람.

- **National BioResource Project**

URL http://www.nbrp.jp/

일본의 생물자원의 수집 · 보존 · 제공하는 국가 프로젝트.

Homology Search

● BLAST (NCBI)

URL http://www.ncbi.nlm.nih.gov/blast/

국소적으로 높은 유사성을 갖는 서열을 검색하는 소프트웨어. UNIX, Mac OS, Windows에서 작동한다. NCBI, DDBJ, EMBL-EBI, GenomeNet 등의 홈페이지에서도 이용할 수 있다.

● FASTA (University of Virginia)

URL http://fasta.bioch.virginia.edu/

BLAST보다 시간은 더 걸리지만 보다 이론적으로 정확한 계산을 한다. 비교적 긴 영역에 걸쳐 낮은 상동성을 나타내는 서열의 검색에 적합하다. UNIX와 Mac OS에서 작동한다. DDBJ와 GenomeNet 등의 홈페이지에서도 이용할 수 있다.

● HMMER (Howard Hughes Medical Institute)

URL http://hmmer.org/

Hidden Markov model(HMM)에 의한 고감도 homology search 소프트웨어. UNIX 또는 Mac OS에서 실행한다.

Multiple Alignment

● ClustalW2 (EMBL-EBI)

URL http://www.ebi.ac.uk/Tools/msa/clustalw2/

Multiple alignment 소프트웨어의 대표적인 것. UNIX, Mac OS, Windows에서 작동. EMBL-EBI와 DDBJ, GenomeNet 등의 홈페이지에서도 이용할 수 있다.

● MAFFT (산업기술종합연구소 CBRC)

URL http://mafft.cbrc.jp/alignment/software/

고속이고 정밀도 높은 multiple alignment 소프트웨어. UNIX, Mac OS, Windows에서 작동. EMBL-EBI와 GenomeNet 등의 홈페이지에서도 이용할 수 있다.

PMF 및 MS/MS에 의한 단백질의 동정

● Mascot (Matrix Science사)

URL http://www.matrixscience.com/

질량분석 데이터의 분석 소프트웨어. Matrix Science사의 제품.

● ProteinProspector (UCSF Mass Spectrometry Facility)

URL http://prospector.ucsf.edu/

데이터베이스 검색을 위한 MS-Fit 또는 MS-Tag와 protease 분해산물의 질량을 계산하는 MS-Digest 등의 각종 tool을 사용할 수 있다.

● ExPASy Proteomics Tools (Swiss Institute of Bioinformatics)

URL http://www.expasy.org.tools/

아미노산 서열의 화학약품과 단백질분해효소에 의한 절단 후 조각의 서열과 질량을 예측한다. 펩티드 질량과 아미노산 서열에서의 예상과 실제 mass mapping 데이터를 비교하여 번역후 변형을 발견하는 FindMod 등 각종 tool을 사용할 수 있다. 질량분석뿐만 아니라 여러 가지 단백질 분석용 tool이 있다.

인터넷상의 단백질 서열 분석 tool

● InterProScan (EMBL-EBI)

URL http://www.ebi.ac.uk/interpro/search/sequence-search

단백질 패밀리, 도메인 구조, motif 등의 특징을 여러 데이터베이스 검색을 통해 효율적으로 예측.

● Compute pI/Mw tool (ExPASy)

URL http://web.expasy.org/compute_pi/

등전점을 예측.

● Jpred (University of Dundee)

URL http://www.compbio.dundee.ac.uk/jpred/

단백질의 2차구조를 예측.

● CRNPRED (PDBj)

URL http://www.pdbj.org/crnpred/

단백질의 2차구조, 묻힌 정도, 아미노산 잔기의 접촉 순서를 예측.

● SWISS-MODEL (ExPASy)

URL http://swissmodel.expasy.org/

입체구조가 이미 알려진 단백질과의 서열유사성에 근거한 입체구조 예측(Homology Modeling).

● SOSUI (나고야대학)

URL http://harrier.nagahama-i-bio.ac.jp/sosui/

막단백질의 막관통 영역을 예측.

● TMHMM (Technical University of Denmark)

URL http://www.cbs.dtu.dk/services/TMHMM/

막단백질의 막관통 영역을 예측.

● PSORT (동경대학 의과학연구소 HGC)

URL http://psort.hgc.jp/

단백질의 세포내 분포부위를 예측.

● GenomeNet (동경대학 화학연구소)

URL http://www.genome.jp/

BLAST, FASTA, CLUSTALW, MAFFT 등의 분석 tool과 데이터베이스 검색 tool인 DBGET을 이용할 수 있다.

분석 소프트웨어

● ImageJ (NIH)

URL https://imagej.nih.gov/ij/

밴드와 스팟을 정량하기 위한 소프트웨어. Mac, Windows, UNIX에서 실행.

● RasMol

URL http://www.rasmol.org/

PDB에 등록되어 있는 구조 데이터(.pdb 파일 형식)의 디스플레이 소프트웨어.

● PyMOL

URL http://www.pymol.org/

단백질 입체구조의 디스플레이와 분석을 위한 소프트웨어.

● MODELLER (UCSF)

URL http://salilab.org.modeller/

Homology modeling 소프트웨어.

● CCP4

URL http://www.ccp4.ac.uk/

생체고분자의 X선 결정구조의 분석데이터용 소프트웨어.

참고문헌 · 사전 · 검색 사이트

● PubMed (NCBI)

URL http://www.pubmed.gov/

의학 · 생물학 분야의 학술논문 데이터베이스.

● Life Science Dictionary Project

URL http://lsd-project.jp/ja/

생명과학 용어의 영어-일어, 일어-영어 사전과 영어교재 등을 제공.

● eProtS (PDBj)

URL http://www.pdbj.org/eprots/index_ja.cgi

생물학적으로 중요한 단백질의 구조와 기능을 알기 쉽게 설명. 일어판과 영어판이 있다.

● Integrated Database Project (문부과학성)

URL http://lifesciencedb.jp/
http://lifesciencedb.mext.go.jp/en/

생명과학계 데이터베이스의 카탈로그와 여러 데이터베이스 통합 검색 등 다양한 서비스를 제공.

● TOGO TV (DBCLS)

URL http://togotv.dbcls.jp/

생명과학 데이터베이스와 tool의 활용법을 동영상으로 설명. 단백질 분석을 위한 해설 동영상도 풍부.

2. 주요 시약의 분자량

시약	분자량	시약	분자량	시약	분자량
2-amino-2-methyl-1,4-propanediol	105.10	KH_2PO_4	136.09	NaSCN	81.07
		KI	166.00	$(NH_4)_2CO_4$	112.09
Bicine	163.17	MES	195.23	$(NH_4)_2SO_5$	148.14
$Ca(OH)_2$	74.09	$MgCl_2$	95.21	NH_4Cl	53.49
$CaCl_2$	110.98	$MgSO_4$	120.37	NH_4HCO_3	79.06
CH_3COOH-CH_3COONa	142.09	$MnCl_2$	125.84	PIPES	324.34
CHAPS	614.89	MOPS	209.26	PMSF	174.19
CNBr	105.92	Na_2CO_3	105.99	sodiumascorbate	198.11
$CuSO_4 \cdot 5H_2O$	222.69	$Na_2HPO_4 \cdot 12H_2O$	358.14	D-sorbitol	182.17
3,4-dimethylglutaric aci	160.20	Na_2MoO_4	205.92	sucrose (saccharose, 자당)	342.30
DTT	154.24	Na_3VO_4	183.91		
EDTA	292.25	NaCl	58.44	TES	229.25
$EDTA \cdot 2Na \cdot 2H_2O$	372.24	NaF	41.99	Tricine	179.17
EGTA	380.35	$NaH_2PO_4 \cdot 2H_2O$	156.01	Tris	121.14
D-glucitol	182.17	$NaHCO_3$	84.01	urea (요소)	60.06
glycine	75.07	$NaHPO_4$	118.97	환원형 glutathione	307.32
H_3PO_4 (오르토인산)	98.00	$NaHPO_4$-Na_2PO_4	259.92	guanidine hydrochloride	95.54
HEPES	238.30	NaI	149.89	thiamine hydrochloride	337.27
IPTG	238.30	$NaINaN_3$	65.01	malonic acid	104.06
KCl	74.55	NaOH	40.00	methanesulfonic acid	96.11

부록

3. 단백질 분자량 조견표

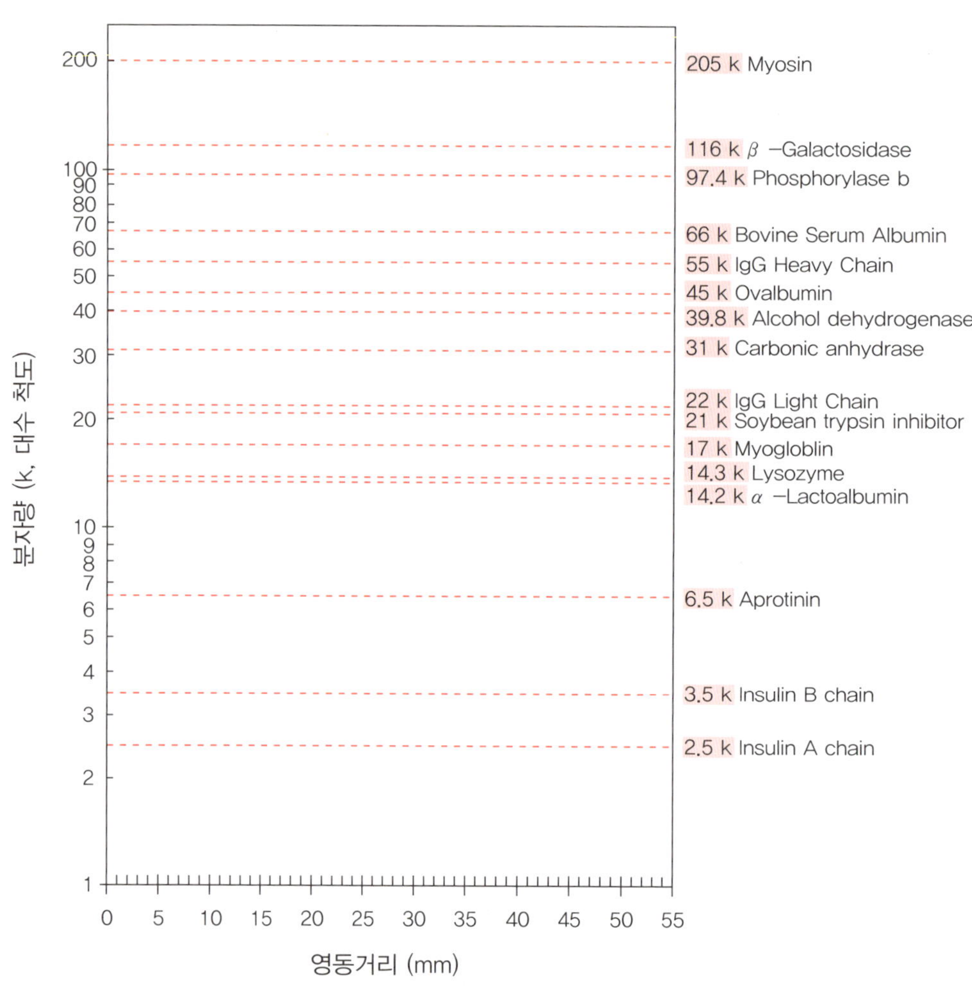

① 단백질 분자량 마커의 이동거리를 측정하여 검량선을 작성한다.

② 분자량은 동물의 종에 따라 다르기 때문에 마커를 구입하면 첨부된 설명서로 실제 분자량을 확인한다. 또한 설명서에 표기된 분자량이 서열로 계산되는 분자량과 다른 경우가 있지만, 이것은 아마도 그 단백질의 이동도를 고려한 것으로 여겨지므로, 분자량 마커로 사용할 때는 설명서의 표기에 따르는 것이 좋다.

③ 마커에는 색소를 결합시켜 염색하지 않고도 눈에 보이도록 한 것, biotin 표지로 Western blotting에서 쉽게 검출할 수 있도록 한 것 등이 있지만, 이들은 당연히 변형되기 전보다 분자량이 커져 있다. 이것도 설명서에 쓰여 있으므로 따르는 것이 좋다.

④ 마커 단백질 중에는 생리적 조건에서 다량체를 형성하고 있는 것과 복수의 subunit이 S-S 결합으로 연결되어 있는 것이 있으므로 일반적인 SDS-PAGE 이외의 전기영동 경우에는 그것을 고려해야 한다.

⑤ 보다 저분자량의 마커가 필요한 경우는 적당한 분자량의 생리활성 펩티드를 구입하면 좋다.

본서에 언급된 시약류 · buffer · 배지의 목록

숫자는 게재된 페이지를 나타낸다.

찾아보기

숫 자

기 호

국 문

ㄱ~ㄷ

ㄹ~ㅅ

ㅇ~ㅊ

ㅌ~ㅎ

영 문

찾아보기